DU CALCUL

DE L'EFFET

DES MACHINES.

DU CALCUL

DE L'EFFET

DES MACHINES,

OU

CONSIDÉRATIONS SUR L'EMPLOI DES MOTEURS
ET SUR LEUR ÉVALUATION,

POUR SERVIR D'INTRODUCTION A L'ÉTUDE SPÉCIALE DES MACHINES;

Par CORIOLIS, Ingénieur des Ponts et Chaussées.

PARIS,
CARILIAN-GOEURY, LIBRAIRE
DES CORPS ROYAUX DES PONTS ET CHAUSSÉES ET DES MINES,
QUAI DES AUGUSTINS, N° 41.

1829

AVERTISSEMENT

Je me suis proposé dans cet Ouvrage de présenter toutes les considérations générales qui tendent à éclairer les questions sur l'économie de ce qu'on appelle communément la *force* ou la *puissance mécanique*, et de donner des moyens de reconnaître facilement quels sont les avantages et les inconvéniens de certaines dispositions dans la construction d'une machine. Je pense qu'après avoir lu ce Mémoire on sera en état de se diriger convenablement dans toutes les recherches de calcul et d'expérience qui se rapportent à ce sujet.

Les traités spéciaux qu'on a publiés jusqu'à présent sur les machines n'ont pas complètement développé la théorie de l'emploi des moteurs, qui paraît en effet devoir rentrer plus naturellement dans l'enseignement de la Mécanique rationnelle. D'un autre côté, les ouvrages qui traitent de cette science ne contiennent presque rien sur cette théorie. J'ai tâché de remplir cette lacune, et de donner ainsi un utile complément aux cours de Mécanique de l'École Polytechnique, en même temps qu'une introduction à ceux des écoles d'application.

La table des matières fera voir plus particulièrement quelles sont les questions que j'ai traitées : je pense qu'elles n'offriront point de difficultés aux personnes qui ont quelques notions d'analyse infinitésimale et de mécanique. Si cependant on veut passer les calculs qu'on ne suivrait pas assez facilement, on pourra le faire sans inconvénient ; une simple lecture de tout le reste suffira pour donner les principales notions sur la théorie des machines (*).

(*) J'ai indiqué dans la table, par un astérisque, les numéros des articles qui ne sont pas nécessaires à l'intelligence du reste de l'ouvrage, et que l'on pourra passer si on le veut. En ne lisant même que le premier chapitre, le troisième jusqu'à l'article 73, et le quatrième depuis l'article 130, on prendra déjà d'utiles notions sur les machines.

Ce Mémoire devait être le commencement d'un travail plus étendu que j'avais entrepris déjà anciennement, mais que d'autres occupations m'ont obligé d'abandonner. J'avais communiqué, en 1819, cette première partie à plusieurs personnes, entre autres à MM. Mallet, Bélanger et Drappier, ingénieurs, à plusieurs élèves de l'École Polytechnique, et depuis à M. Ampère en 1820, et à M. Poncelet en 1824. Comme je n'entrevois plus aujourd'hui que je puisse m'occuper de continuer ce travail; que d'ailleurs la suite qu'il eût demandée pour l'étude spéciale des machines, se trouvera donnée dans les cours que de savans professeurs vont publier pour les écoles d'application des services publics, et qu'en outre les recherches sur les petits ébranlemens des corps, qui devraient compléter la théorie, sont entreprises par de célèbres géomètres; je me suis décidé à publier ce premier Mémoire tout imparfait qu'il est, et à le donner, à peu de chose près, tel que je l'avais composé il y a dix ans : je n'ai ajouté depuis que quelques calculs sur l'emploi du vent et de la vapeur.

J'étais parvenu dans mon premier travail à des considérations qui m'avaient semblé neuves en quelques points. Il n'y avait, en effet, à ma connaissance sur ce sujet que l'ouvrage de Carnot et celui de M. Gueniveau (*); mais en même temps que je m'occupais de cette théorie, Petit insérait dans les *Annales de Physique* un Mémoire succinct sur l'emploi du principe des forces vives, et un peu après M. Navier a donné ses utiles et savantes Notes sur l'*Architecture hydraulique* de Bélidor. Ces publications m'ont ôté aujourd'hui toute priorité sur quelques idées où il était naturel de se rencontrer, en sorte qu'en plusieurs points ce petit ouvrage ne différera de ce qu'on a écrit sur le même sujet, que par la manière dont ces mêmes points y sont traités. Néanmoins, j'ai pensé qu'il ne serait pas sans utilité de réunir et de présenter sous une autre

(*) J'ai eu connaissance, il y a peu de temps, d'un article publié en 1815 par M. Burdin dans le n° 221 du *Journal des Mines*, où cet ingénieur a donné sur les machines de très bonnes considérations qui, je crois, n'avaient pas encore été aussi bien présentées.

forme toutes les considérations qui se rattachent à une théorie aussi importante que celle des machines (*).

J'ai employé dans cet Ouvrage quelques dénominations nouvelles : je désigne par le nom de *travail* la quantité qu'on appelle assez communément *puissance mécanique*, *quantité d'action* ou *effet dynamique* (**), et je propose le nom de *dynamode* pour l'unité de cette quantité. On trouvera aux articles (16), (30) et (31), les raisons qui m'ont porté à me servir de ces dénominations. Je me suis permis encore une légère innovation en appelant *force vive* le produit du poids par la hauteur due à la vitesse. Cette force vive n'est que la moitié du produit de ce qu'on a désigné jusqu'à présent par ce nom, c'est-à-dire de la masse par le carré de la vitesse. Si l'on avait éprouvé comme moi combien les élèves sont embarrassés par les dénominations mal choisies, je crois qu'on ne blâmerait pas ce léger changement. Il est très gênant d'avoir un nom pour le double d'une quantité qu'on retrouve à chaque instant. Si l'on a donné anciennement le nom de *force vive* au produit de la masse par le carré de la vitesse, c'est qu'on ne portait pas son attention sur le *travail*, et que ce n'était pas le produit du poids par la hauteur due à la vitesse qu'on avait eu à désigner le plus souvent. Tous les praticiens entendent aujourd'hui par *force vive* le travail que peut produire la vitesse acquise par un corps; et certainement, quoi qu'on fasse, il y aurait toujours deux acceptions en usage, dont l'une s'appliquerait à une quantité double de l'autre, si les géomètres n'adoptaient pas la dernière, qui est réellement la plus commode pour l'étude du mouvement des machines. Au reste, quand

---

(*) M. Bélanger, ingénieur des Ponts et Chaussées, auteur d'un mémoire très intéressant sur l'écoulement des eaux dans les canaux, qui s'est occupé avec succès de la théorie des machines et de ses applications, a bien voulu revoir mon manuscrit et m'aider de ses conseils : je lui dois plusieurs améliorations qui ont mis plus de clarté et plus d'ordre dans cet Ouvrage.

(**) Ce mot de *travail* vient si naturellement dans le sens où je l'emploie, que, sans qu'il ait été ni proposé, ni reconnu comme expression technique, cependant il a été employé accidentellement par M. Navier dans ses Notes sur *Bélidor*, et par M. de Prony dans son *Mémoire sur les Expériences de la Machine du Gros-Caillou*.

même on ne voudrait pas introduire cette nouvelle dénomination dans la Mécanique rationnelle, ne pourrait-on pas encore se le permettre dans les ouvrages sur les machines ? Si les lecteurs sont versés dans la Mécanique rationnelle, ce changement ne les gênera pas ; d'une autre part, il aura certainement de l'avantage pour un bien plus grand nombre de personnes qui étudient les machines sans pousser plus loin l'étude de la Mécanique.

Il y a quelque temps que des membres de l'Académie des Sciences ayant demandé qu'on fît un choix pour l'unité du travail ou de la puissance mécanique, j'avais remis alors une note pour proposer les dénominations dont je viens de parler. Le célèbre Laplace, qui faisait partie d'une commission nommée pour cet objet, voulut bien me dire qu'il ne croyait pas que l'Académie dût prendre l'initiative pour choisir des noms, qu'elle ne pourrait que sanctionner l'usage lorsqu'il commencerait à s'établir. Selon cet illustre géomètre, c'était aux personnes qui s'occupaient des machines à essayer d'introduire les termes qu'elles jugeaient les plus convenables. D'après une opinion d'un aussi grand poids, il m'a semblé que l'on ne pourrait me blâmer de proposer et d'employer des dénominations qui m'ont paru plus claires et plus convenablement choisies dans leurs étymologies.

TABLE DES MATIÈRES.

Nota. Les articles marqués d'un astérisque * sont ceux qui se rattachent moins aux idées générales sur l'effet des machines, et que l'on pourra passer si on le veut.

CHAPITRE PREMIER.

CHAPITRE II.

CHAPITRE III.

CHAPITRE IV.

TABLEAUX.

NOTE

DU

CALCUL DE L'EFFET

DES

MACHINES.

CHAPITRE PREMIER.

Revue des Préliminaires de Dynamique. — Équation des Forces vives. — Principe qu'on en déduit pour les Machines considérées sous un point de vue rationnel. — Définition du Travail comme quantité. — Comment le Travail sert à mesurer la valeur d'une faculté de mouvement ou d'un moteur. — De l'Unité du travail. — Distinction entre le Travail et le Transport horizontal des fardeaux.

(1) Les machines peuvent être étudiées sous trois points de vue différens : 1°. en considérant les forces qui se produisent dans l'état d'équilibre, comme on le fait dans le levier, la vis, les moufles, et toutes les machines destinées plutôt à exercer de grands efforts qu'à produire du mouvement; c'est le domaine de la Statique; 2°. en considérant le déplacement seulement pour connaître les dépendances de mouvement, comme on le fait dans l'étude des différens modes de renvois de mouvement et de toutes les mécaniques qui ont pour objet de suppléer à l'adresse de l'homme; c'est le domaine de la Géométrie; 3°. enfin, en considérant à la fois les forces et le mouvement, comme on le fait dans les machines destinées aux fabrications de tout genre où l'économie du moteur doit être prise en considération; c'est le do-

maine de la Dynamique. C'est sous ce dernier point de vue seulement que nous étudierons les machines.

Pour être bien compris, il est nécessaire de rappeler en peu de mots quelques notions préliminaires de Mécanique, et de bien fixer dans quel sens on emploiera différens termes en usage dans cette science.

La première idée que nous ayons de la force naît de la sensation que nous éprouvons lorsque nous faisons un effort pour déplacer un corps ou pour modifier sa vitesse, soit en grandeur, soit en direction. Les corps inanimés produisant, dans certaines circonstances, des effets semblables à la force de nos membres, nous avons étendu la conception de la force aux cas où ces agens sont substitués à notre propre effort pour produire des effets semblables. De là, on est venu à comparer les forces, et par suite à les introduire comme grandeurs dans le calcul. Sous ce rapport, il en est à peu près de la force comme de la chaleur, dont la première idée a été aussi celle d'une sensation; on l'a introduite aussi dans le calcul à l'aide de ses effets pour dilater les corps.

(2) Plusieurs géomètres ont considéré deux espèces de forces. La première, qui est celle dont je viens de parler, ne peut produire instantanément un changement sensible, soit dans l'intensité, soit dans la direction de la vitesse du corps qu'elle sollicite; cette force peut être assimilée à l'action d'un poids ou d'un ressort; ce sera la seule que nous considérerons dans cet ouvrage. La deuxième est celle que l'on suppose capable de modifier instantanément d'une quantité finie la vitesse d'un corps, soit en grandeur, soit en direction. Bien qu'on reconnaisse qu'on ne puisse, à la rigueur, admettre cette modification instantanée, cependant comme avec une très grande force on produit dans un temps très court des changemens sensibles, on s'est permis de supposer l'existence de forces de l'espèce que nous venons d'indiquer, en les concevant pour ainsi dire infiniment grandes, mais comparables entre elles. Nous reviendrons plus loin, en parlant du choc, sur l'usage qu'on peut faire de cette dynamique: nous verrons qu'elle est basée plutôt sur une certaine métaphysique que sur la véritable physique.

Comme la considération de ces forces instantanées n'est pas nécessaire pour ce que nous avons à exposer sur la théorie des machines, nous ne nous en servirons pas. Dans ce que nous allons dire, le mot de force s'appliquera donc seulement à ce qui est analogue aux poids, c'est-à-dire à ce qu'on appelle, dans plusieurs cas, pression, tension, ou traction. En ce sens, une force ne peut jamais faire changer sensiblement la direction et la grandeur d'une vitesse sans la faire passer par tous les états intermédiaires, et sans que ce changement exige un temps appréciable.

(3) Rappelons en peu de mots ce que l'expérience a appris sur la dépendance qui existe entre la force et le mouvement.

Toutes les observations sur le mouvement concourent à faire adopter les lois suivantes :

1°. Un corps ne peut changer sa vitesse en grandeur ou en direction qu'autant qu'il est soumis à une force; c'est ce qu'on appelle la *loi d'inertie*.

2°. Pour produire sur le même corps des accroissemens ou des diminutions de vitesse plus ou moins grands dans des temps égaux, en agissant avec des forces constantes dirigées dans le sens de la vitesse ou en sens directement contraire, il faut que ces forces soient proportionnelles à ces accroissemens ou à ces diminutions de vitesse : c'est la loi de proportionnalité entre les forces et les variations de vitesse.

3°. Si un corps ayant déjà une vitesse vient à être sollicité par une force, qu'on rapporte son mouvement à trois axes passant par la position qu'il aurait occupée si cette force n'eût pas existé; le mouvement par rapport à ces axes, dont l'origine est mobile, sera le même que si le corps n'eût pas eu de vitesse quand la force a commencé à agir sur lui, et que le mouvement fût ainsi rapporté à des axes immobiles. C'est la loi de l'indépendance entre le mouvement acquis et l'effet des forces.

4°. Pour produire sur différens corps le même accroissement de vitesse dans un temps donné, il faut des forces de différentes intensités. Ces différentes intensités qui produisent en nous l'idée de masses (*), sont proportionnelles aux poids des corps pris dans un même lieu de

(*) On dit souvent que la masse est la quantité de matière d'un corps; mais pour peu qu'on y réfléchisse, on voit de suite que dès qu'il s'agit de corps de natures différentes, et qu'on ne peut plus prendre le volume pour mesure de la masse, il n'y a plus pour nous d'autre mesure de cette quantité que la force capable de produire le même mouvement accéléré.

la terre : c'est la loi de la proportionnalité entre les masses et les poids pour un même lieu. Comme, dans le calcul des machines, on n'a pas à considérer ces poids à différens lieux, on peut, en vertu de cette loi, prendre les poids comme des quantités proportionnelles aux masses.

(4) C'est sur ces lois d'observations qu'est fondée toute la dynamique d'un point matériel. Il est facile d'en conclure pour le mouvement en ligne droite, que si l'on prend pour unité de force un poids quelconque, par exemple, le kilogramme, un corps dont le poids est p, étant soumis à une force F, qui agit avec une intensité constante pendant une 1″ de temps dans la direction du mouvement, acquerra pendant ce temps une vitesse qui sera $\frac{F}{p}g$, en désignant par g l'accroissement de vitesse des corps graves tombant verticalement pendant une 1″, c'est-à-dire celui que produirait le poids p agissant seul sur le corps dont il est question. Si la force F est variable avec le temps, la vitesse sera donnée par l'équation $\frac{dv}{dt} = \frac{F}{p}g$.

Pour le mouvement en ligne courbe, on conclut aussi de ces mêmes lois, que si une force F a pour composante dans le sens de trois axes fixes les forces variables X, Y, Z, dont l'unité est le kilogramme, et qu'elle agisse seule sur un point matériel libre, dont le poids, exprimé en kilogrammes, est représenté par p, elle produira un mouvement tel qu'on ait à chaque instant les équations

$$\frac{d^2x}{dt^2} = \frac{X}{p}g, \quad \frac{d^2y}{dt^2} = \frac{Y}{p}g, \quad \frac{d^2z}{dt^2} = \frac{Z}{p}g,$$

x, y, z étant les coordonnées du point matériel. En sorte que la position de ce point et ses vitesses dans le sens des axes, étant connues à un certain instant, il suffira de pouvoir exprimer à chaque instant les composantes X, Y, Z, de la force qui agit sur le point libre pour en déduire, par l'intégration de ces trois équations, la connaissance complète du mouvement.

A l'aide de diverses considérations qu'on trouve développées dans les traités de Mécanique, on conclut de ces équations, que si l'on décompose la force F en deux, l'une agissant suivant la tangente à la courbe décrite, et l'autre suivant la normale à cette courbe, la composante suivant la tangente aura pour expression $\frac{p}{g}\frac{d^2s}{dt^2}$, en désignant par s l'arc décrit par le point mobile ; sa composante normale aura pour expression $\frac{p}{g}\frac{v^2}{r}$, en désignant par v la vitesse, et par r le rayon de courbe (*).

Le rapport $\frac{p}{g}$ est ce qu'on appelle *la masse;* on le désigne ordinairement, pour abréger, par m; mais il nous a paru que, pour éviter les erreurs que pourrait faire commettre dans les applications l'emploi de la masse m, il était plus convenable, dans cet ouvrage, de laisser paraître les poids, de manière que le kilogramme soit partout l'unité de force.

(5) Pour passer à la dynamique d'un ensemble de points matériels liés entre eux d'une manière quelconque, c'est-à-dire à la recherche du mouvement d'une machine, il faut admettre que les mêmes relations qui doivent exister entre des forces pour qu'elles ne produisent point de mouvement, en agissant sur des points en repos liés entre eux par certaines conditions géométriques, sont aussi celles qui doivent exister pour que ces forces ne modifient en rien les mouvemens qu'auraient déjà les mêmes points liés de la même manière, s'ils étaient sollicités par d'autres forces. Par exemple, si deux forces se font équilibre dans le levier en repos, lorsqu'elles sont dans le rapport de leurs distances au point fixe, elles ne modifieront nullement le mou-

---

(*) On établit facilement cette décomposition de la manière suivante. Les principes de calcul différentiel donnent

$$\frac{d^2x}{dt^2}=\frac{d\left(\frac{dx}{dt}\right)}{dt}=\frac{d\left(\frac{dx}{ds}\frac{ds}{dt}\right)}{dt}=\frac{d^2x}{ds^2}\left(\frac{ds}{dt}\right)^2+\frac{d^2s}{dt^2}\frac{dx}{ds}.$$

Si l'on désigne par α l'angle que le rayon de courbure r de la courbe décrite par le point mobile fait avec l'axe des x, et par a l'angle que la tangente à cette courbe fait avec le même axe, on sait qu'on a $\cos\alpha = r\frac{d^2x}{ds^2}$, et $\cos a=\frac{dx}{ds}$: ainsi l'équation précédente devient $\frac{d^2x}{dt^2}=\frac{1}{r}\left(\frac{ds}{dt}\right)^2\cos\alpha+\frac{d^2s}{dt^2}\cos a$. Comme on a de pareilles équations pour $\frac{d^2y}{dt^2}$ et $\frac{d^2z}{dt^2}$, on en conclut que la force qui produit le mouvement du point mobile se décompose en deux forces $\frac{p}{g}\frac{1}{r}\left(\frac{ds}{dt}\right)^2$, et $\frac{p}{g}\frac{d^2s}{dt^2}$, l'une tangente et l'autre normale à la courbe décrite.

vement que pourrait avoir ce levier, pourvu qu'elles soient toujours dans ce même rapport : c'est dans ce sens que nous dirons que des forces capables de produire l'équilibre sont des forces qui se détruisent toujours. Ainsi par forces qui se détruisent, nous entendrons celles qui, par elles-mêmes, ne tendent en rien à produire le mouvement quand il n'existe pas, ni à changer celui qui est déjà produit par d'autres forces.

En admettant ce principe pour un point retenu sur une surface, et pour le levier ou telle autre machine simple, on pourrait bien conclure qu'il subsiste en général dans toute espèce de système de liaison; mais nous ne nous arrêterons pas sur cet objet : il nous suffit de bien montrer les vérités d'où il faut partir pour établir toute la Dynamique. Essayer de baser ces vérités sur d'autres un peu plus simples, serait un exercice d'esprit qui ne doit pas trouver place dans cet ouvrage.

(6) A l'aide des principes précédens, on peut traiter le problème de la recherche du mouvement de points matériels liés entre eux d'une manière quelconque, lorsqu'on connaît, 1°. les forces qui produisent ce mouvement; 2°. les liaisons qui existent entre les points; 3°. les positions et les vitesses des points matériels au moment où les forces commencent à être connues.

Mais avant de nous en occuper, il convient de fixer les idées sur ce que nous entendrons par liaisons entre des points matériels, et de dire comment nous concevrons d'abord les machines sous un point de vue rationnel, avant d'en venir à les considérer dans leur véritable composition physique.

Certains corps, n'étant pas susceptibles de changer de forme sensiblement sous de très fortes pressions, on les regarde d'abord, dans la Mécanique rationnelle, comme tout-à-fait invariables dans leurs dimensions. Il en résulte que les masses qui en font partie ou qui y sont attachées sont obligées de laisser subsister cette invariabilité dans leur mouvement. C'est en combinant l'emploi des corps qui rendent ainsi certaines dimensions invariables, qu'on produit ce que nous appelons des *liaisons*. On doit les considérer comme des relations géométriques entre les positions des points mobiles, lesquelles doivent toujours exister pendant le mouvement. Ces relations ou liaisons peuvent s'exprimer par des équations où entrent les coordonnées des points mobiles : telles sont, par exemple, les verges rigides qui réunissent des masses mobiles, les chaînes, les axes fixes autour desquels certaines masses ne peuvent que tourner, les engrenages qui établissent des relations entre deux mouvemens de rotation.

Nous commencerons donc par considérer d'abord les machines comme un ensemble de points matériels, dont les mouvemens doivent satisfaire à certaines conditions géométriques que nous appellerons *liaisons*.

Il n'est pas inutile de remarquer que, si l'on interposait entre deux corps mobiles des ressorts ou tout autre mode de liaison qui, sans produire une invariabilité parfaite de certaines dimensions, et sans introduire des relations géométriques susceptibles d'être mises en équation, n'auraient d'autre effet que de développer des forces d'attraction ou de répulsion entre les points mobiles; bien qu'il résulte de ces ressorts interposés ou de ces attractions ou répulsions une espèce de liaison entre les points mobiles, dans le sens qu'on attache à ce mot suivant le langage ordinaire, cependant il ne faudrait nullement confondre ces liaisons avec celles que nous considérons ici. Ces dernières sont purement des relations géométriques; les autres, qui résultent des ressorts et de tout autre mode d'attraction ou de répulsion, ne se considèrent dans la Mécanique que comme des moyens de produire des forces qu'il faut connaître *à priori* en fonction de certaines variables pour les introduire comme données dans les questions relatives au mouvement. Pour les liaisons que nous considérons, nous verrons qu'au contraire on n'a pas besoin de connaître les forces qu'elles ajoutent pour arriver à la détermination du mouvement; il suffit de bien comprendre tout ce que renferment les conditions géométriques introduites par ces liaisons. En supposant qu'on mette en équation ces conditions qui lient entre elles les coordonnées de points mobiles, ces équations remplacent toujours, dans la recherche du mouvement, la connaissance des forces que les liaisons qu'elles expriment ajoutent à celles qui sont données comme produisant le mouvement.

Il arrive quelquefois que, dans l'impossibilité de connaître toutes les forces auxquelles est dû le mouvement qu'on cherche, et pour résoudre le problème au moins avec quelque approximation, on admet que certains mouvemens connus d'avance seront nécessairement produits. On pose alors certaines équations où le temps entre avec les coordonnées des points mobiles, et l'on suppose que les mouvemens que nécessitent ces équations doivent avoir lieu d'une manière obligatoire. Quoique ces mouvemens obligatoires aient été appelés par quelques auteurs des conditions ou liaisons, fonctions du temps, il faut se garder de les assimiler à ce que nous venons de définir comme liaisons: ces dernières peuvent toujours être exprimées par des équations où le temps n'entre pas, et elles n'entraînent par elles-mêmes aucun mouvement. Les conditions qui exigent des mouvemens par elles-mêmes supposent qu'on se dispense d'avoir égard à toutes les forces et à toutes les vitesses initiales qui concourent au mouvement. Si, par exemple, on veut s'occuper des oscillations d'un pendule en ayant égard au mouvement de la terre; comme on peut admettre que ce mouvement n'est pas sensiblement altéré par celui du pendule, on pourra supposer que le point de suspension a un mouvement obligatoire; alors, pour arriver à la connaissance complète des oscillations de ce pendule, on sera dispensé de connaître les forces qui sont appliquées à son point de suspension. Les cas semblables sont très rares dans les applications aux machines; mais comme on s'en occupe dans la Mécanique rationnelle, il est bon d'éviter que quelque chose de commun dans les termes ne puisse faire confondre les liaisons avec les mouvemens obligatoires, qui ne sont ordinairement qu'une supposition approximative destinée à simplifier certaines questions.

(7) Revenons maintenant aux considérations qui servent à trouver le mouvement dans une machine rationnelle, c'est-à-dire dans un ensemble de points matériels assujettis à certaines liaisons.

Supposons, pour fixer les idées, que les forces qui produisent le mouvement soient seulement les poids de divers points matériels, et que les liaisons soient formées de verges invariables en longueur, qui réunissent deux à deux certains points. On remarquera d'abord que ces poids ne produiront pas sur les points qu'ils sollicitent les mouvemens qu'ils communiqueraient si ces points n'étaient pas liés entre eux: en effet, il n'arrivera pas, en général, qu'ils descendront tous en décrivant des paraboles, comme cela aurait lieu s'ils étaient libres. Or, un mouvement ne pouvant être modifié qu'à l'aide de forces, il faut que les liaisons qui effectivement modifient le mouvement produisent, pendant qu'il a lieu, des forces qui se combinent avec ces poids, pour obliger ces points à se dévier des courbes paraboliques:

ces forces dues aux liaisons seront ici, par exemple, les tensions ou pressions des verges qui réunissent certains points. On conçoit que si l'on connaissait ces forces de liaisons, il suffirait de les combiner avec les poids pour obtenir les forces qui seules, sans le secours d'aucune liaison entre les points, produiraient sur chacun d'eux, considéré comme tout-à-fait libre, le mouvement qu'il prend réellement, conséquemment pour obtenir les mouvemens eux-mêmes qui sont une conséquence de ces forces résultantes.

Nous appellerons *forces données*, celles qui, comme les poids dans l'exemple que nous venons de choisir, déterminent le mouvement et ne proviennent pas des liaisons; nous appellerons *forces des liaisons*, celles qui, comme les tensions ou pressions des verges, résultent des liaisons elles-mêmes; enfin, nous désignerons par *forces totales*, celles qui sont les résultantes de ces deux systèmes de forces, et qui, sans le secours d'aucune liaison, produiraient sur les points devenus tout-à-fait libres, les mêmes mouvemens que ceux qui résultent des forces données quand les liaisons existent.

On sait par la Dynamique d'un point matériel libre que, connaissant la force totale qui le sollicite, on peut en conclure le mouvement du point: ce sont donc les forces totales qu'il faut chercher à déterminer. Examinons quelles relations elles peuvent avoir avec les forces données.

A cet effet, remarquons que si, en conservant les liaisons, on appliquait les forces totales au lieu des forces données, on aurait toujours le même mouvement; car ces forces totales étant capables de produire, sans le secours des liaisons, précisément des mouvemens qui sont compatibles avec celles-ci, on ne changera rien à ce mouvement en les rétablissant.

Or, les forces totales n'étant autre chose que les forces données, auxquelles on a ajouté les forces de liaison, il faut bien que celles-ci soient de nature à ne rien changer au mouvement; elles sont donc des forces qui se détruisent, c'est-à-dire qui pourraient produire l'équilibre à l'aide des liaisons. Cette conséquence peut s'énoncer en d'autres termes, en disant que les forces données et les forces totales sont équivalentes: car en Statique, on appelle équivalens, deux systèmes de forces, tels qu'on passe de l'un à l'autre en ajoutant des forces en équilibre.

Cette équivalence entre les forces données et les forces totales sert à exprimer les relations d'où l'on tire les inconnues du problème du mouvement d'un système de points matériels : tout revient donc à mettre en équations les conditions d'équivalence entre deux systèmes de forces. Pour y arriver, disons d'abord quelque chose des conditions d'équilibre, que nous transformerons facilement ensuite en conditions d'équivalence.

(8) On sait que la Statique, dont le but est de faire connaître les relations qui doivent exister entre les forces en équilibre, est toute renfermée dans le principe des vitesses virtuelles. Comme nous allons employer ce principe, il est bon de rappeler en quoi il consiste, en indiquant comment on doit en faire usage.

Disons d'abord ce qu'on appelle *vitesses virtuelles.*

Lorsque des points mobiles sont assujettis entre eux à certaines liaisons de position purement géométriques, on appelle vitesses virtuelles, les espaces infiniment petits que ces points parcourraient en même temps, en quittant infiniment peu leur position, et en prenant l'un quelconque des mouvemens compatibles avec l'état de liaison. On a donné le nom de vitesse à ces espaces infiniment petits, décrits en même temps, parce qu'ils sont proportionnels aux vitesses que peuvent prendre les points, celles-ci n'étant en effet que les rapports entre les espaces et un même temps infiniment petit employé à les parcourir. Les vitesses virtuelles sont, comme on voit, des quantités purement géométriques qui ne dépendent que des relations de position des points; elles ne concernent que l'étude géométrique des machines, et n'ont rien de commun avec les forces qui produisent le mouvement; c'est par cette raison qu'on les appelle *virtuelles.* Ces vitesses virtuelles étant infiniment petites, n'entrent dans le calcul que par les rapports qu'elles ont entre elles; c'est ce qui fait qu'on emploie à volonté, ou les arcs infiniment petits, ou les vitesses avec lesquelles on peut les supposer parcourus. Pour deux points liés par un levier qui peut tourner dans tous les sens autour d'un point fixe, les vitesses virtuelles seront de petits arcs de courbe dirigés perpendiculairement aux bras du levier, et ayant entre eux le rapport des distances au point fixe.

Dans les cas fort rares où les conditions qui lient les positions des points mobiles forment ce que nous avons appelé des mouvemens obligatoires, et qu'ainsi les équations auxquelles doivent satisfaire les coordonnées de points sont de telle nature que le temps entre dans ces équations ; les vitesses virtuelles sont alors les espaces infiniment petits que décriraient en même temps les différens points, si on leur faisait quitter leur position sans rien changer à l'état de liaison, tel qu'il était à un instant déterminé ; c'est-à-dire en supposant qu'en contradiction avec les conditions du problème, le mouvement obligatoire serait arrêté à partir de cet instant, et que, pour ainsi dire, on ait suspendu le temps dans les équations qui exprimaient ces mouvemens. Par exemple, si l'on se donne comme condition que l'axe autour duquel tourne un levier ait un mouvement uniforme de translation qui ne puisse être dérangé en rien, et soit tout-à-fait obligatoire, les vitesses virtuelles, pour une position donnée de ce levier, seront les espaces infiniment petits que décriraient les points où sont appliquées les forces, si, sans que l'axe fixe continuât à se mouvoir, on venait à faire tourner ce levier infiniment peu.

Définissons encore, avant d'en venir au principe des vitesses virtuelles, ce que nous appellerons *travail virtuel élémentaire* : dénomination que, pour des motifs que nous expliquerons plus tard, nous substituerons à celle de *moment virtuel*, qu'on a employée jusqu'à présent.

Si un point matériel faisant partie d'un système est soumis à une force ; qu'on conçoive une vitesse virtuelle pour ce point, et qu'on décompose la force en deux, l'une agissant suivant la même droite que la vitesse virtuelle, et l'autre agissant perpendiculairement ; qu'on multiplie la composante dans le sens de la vitesse virtuelle, par cette même vitesse ; le produit infiniment petit qu'on obtiendra sera ce que quelques géomètres ont désigné par *moment virtuel*, et ce que nous appellerons *travail virtuel élémentaire*. Voici maintenant en quoi consiste le principe des vitesses virtuelles.

(9) Lorsque des forces appliquées à différens points matériels liés entre eux d'une manière quelconque, se détruisent mutuellement, ou, en d'autres termes, sont en équilibre ; si l'on fait pour toutes ces forces la somme des produits que nous venons de nommer travaux virtuels élémentaires, en prenant négativement ceux de ces produits pour lesquels la composante agit en sens contraire de la vitesse virtuelle, cette somme sera toujours nulle, quelles que soient les vitesses virtuelles qu'on ait choisies. Réciproquement, si la somme des travaux virtuels élémentaires est nulle pour toute espèce de vi-

tesses virtuelles différentes, ces forces se détruiront mutuellement.

Ce principe fournit autant d'équations qu'on peut prendre de systèmes différens de vitesses virtuelles. Le nombre de ces équations réellement différentes est égal à celui des coordonnées ou des quantités géométriques qu'il faudrait se donner pour fixer la position du système.

Ce même principe s'applique aussi bien aux conditions d'équivalence qu'aux conditions d'équilibre. En effet, puisqu'on passe d'un système de forces à un autre système équivalent, en ajoutant des forces en équilibre, et que les travaux virtuels élémentaires dus à ces forces sont nuls, il en résulte que, pour que deux systèmes de forces soient équivalens, il faut que les travaux virtuels élémentaires soient égaux de part et d'autre.

(10) C'est à l'aide de ce principe qu'on met en équation tous les problèmes de mouvemens; il suffit pour cela de poser les conditions d'équivalence qui en résultent pour les deux espèces de forces que nous avons appelées forces données et forces totales. On en tire autant d'équations qu'on peut choisir de systèmes différens de vitesses virtuelles; et comme on démontre que le nombre de ces systèmes différens est égal à celui des coordonnées à déterminer en fonction du temps, il en résulte qu'on a autant d'équations qu'il est nécessaire pour ramener le problème à une question d'analyse.

(11) Nous ne nous arrêterons pas sur les applications de cette méthode, nous allons seulement choisir, parmi les équations qu'elle fournit, celle dont la considération est le plus utile dans la théorie des machines: nous voulons parler de l'équation connue jusqu'à présent sous la dénomination d'équation des forces vives.

Pour obtenir cette équation, il suffit, en appliquant le principe des vitesses virtuelles à l'équivalence entre les forces totales et les forces données, de choisir pour les vitesses virtuelles les chemins infiniment petits réellement décrits dans le mouvement qui a lieu en vertu des forces données. Il est clair que ces petits chemins rentrent bien dans ce que nous avons appelé vitesses virtuelles, puisque les mouvemens réellement produits sont toujours compatibles avec les liaisons. Dans le cas seulement où l'on voudrait considérer des mouvemens obligatoires, les vitesses effectives ne seraient plus des vitesses virtuelles, parce que ces dernières résultent d'un mouvement fictif, en contradiction avec les données de la question, ainsi que nous l'avons déjà dit. Mais cette circonstance n'empêche nullement qu'on ne puisse toujours, sans exception, prendre pour vitesses virtuelles les chemins décrits dans le mouvement effectif. Il suffira pour cela de se débarrasser de la considération des mouvemens obligatoires en ne négligeant pas certaines forces et certaines vitesses initiales qui en tiennent lieu; et alors il ne restera plus que des liaisons pour lesquelles on aura à établir l'équivalence entre les forces totales et les forces données, ces dernières comprenant nécessairement celles qui concourent à produire les mouvemens qu'on aurait pu supposer obligatoires pour un certain degré d'approximation. Ainsi, les vitesses effectives sont toujours des vitesses virtuelles propres à donner les équations d'équivalence entre les forces totales et les forces données, pourvu qu'on comprenne dans ces dernières toutes celles qui, avec les vitesses initiales, concourent au mouvement, et sans lesquelles les points resteraient toujours immobiles, s'ils n'avaient pas ces vitesses initiales.

(12) Si e désigne l'arc décrit par un point mobile libre, soumis à une force qui existe seule pour produire le mouvement du point, c'est-à-dire qui soit celle que nous avons appelée force totale; d'après ce que nous avons rappelé article (4), la composante de cette force dans le sens de la tangente à la courbe décrite, a pour expression $\frac{p}{g}\frac{d^2e}{dt^2}$, en désignant par p le poids de ce point mobile. Comme on peut prendre le petit arc de réellement décrit par ce point pendant le mouvement, pour vitesse virtuelle, le travail virtuel élémentaire de cette force totale sera exprimé par

$$\frac{p}{g}\frac{d^2e}{dt^2}de.$$

Ce produit devra toujours être pris avec le signe qui lui arrivera par les facteurs de et $\frac{d^2e}{dt^2}$; car ce signe sera d'accord avec celui qu'on doit choisir pour appliquer le principe des vitesses virtuelles. En effet, si la composante $\frac{p}{g}\frac{d^2e}{dt^2}$ tombe en sens inverse de l'arc de, il arrivera en même temps que $\frac{d^2e}{dt^2}$ sera de signe contraire à de.

Nous appellerons ce produit simplement *travail élémentaire.* Il est naturel, en effet, de supprimer le mot virtuel qui n'était nécessaire, en général, que pour rappeler que le petit arc *de* pouvait être pris dans un mouvement qui n'avait pas lieu, et qui n'était qu'une conception géométrique; tandis que, dans ce cas, cet arc virtuel devient le véritable arc effectivement décrit.

Comme la considération des forces totales s'applique à tous les points matériels d'un système en mouvement, et que celle des forces données ne s'applique souvent qu'à une partie de ces points, nous désignerons par s les arcs de courbe décrits par ces derniers, pour les distinguer des arcs e, décrits par tous les points en mouvement.

Concevons que chaque force donnée, appliquée à un certain point du système, soit décomposée en deux, l'une agissant dans le sens de la tangente à la courbe décrite par ce même point, pendant le mouvement, et l'autre dans le sens de la normale; désignons par P la première composante. ds étant le petit arc décrit que nous prenons pour vitesse virtuelle, il s'ensuivra que le travail élémentaire dû à chacune de ces forces données sera le produit Pds. Il faudra, d'après le principe des vitesses virtuelles, distinguer celles des composantes P qui tombent en sens contraire de l'arc décrit ds, c'est-à-dire celles qui proviennent de forces dont les directions font des angles obtus avec les arcs, et prendre négativement les produits Pds qu'elles fourniront: désignons par P' ces composantes, et par s', les arcs décrits par les points auxquels elles sont appliquées. Les forces qui font ainsi des angles obtus avec la direction de la vitesse, et qui conséquemment produisent des travaux élémentaires négatifs $P'ds'$, sont celles qui s'opposent au mouvement; nous les appellerons *forces résistantes*: les autres qui font des angles aigus avec les vitesses, et qui conséquemment produisent des travaux élémentaires positifs Pds, sont celles qui favorisent le mouvement; nous les appellerons *forces mouvantes*.

(13) Si nous employons le signe Σ pour indiquer toute espèce d'addition de termes analogues dans une même équation, $\Sigma Pds - \Sigma P'ds'$ représentera la somme des travaux élémentaires des forces données, qui sont appliquées à différens points du système, et $\Sigma \frac{p}{g} \frac{d^2e}{dt^2} de$ représentera la somme analogue pour les forces totales appliquées à tous les points matériels du système. Comme ces deux espèces de forces sont équivalentes, on aura, en vertu du principe des vitesses virtuelles,

$$\Sigma P ds - \Sigma P' ds' = \Sigma \frac{p}{g} \frac{d^2 e}{dt^2} de,$$

les sommes $\Sigma P ds$ et $\Sigma P' ds'$ s'étendant à toutes les forces qui produisent le mouvement avec le secours des liaisons.

Si l'on représente par v la vitesse $\frac{de}{dt}$ de chaque point matériel en mouvement, cette équation devient

$$\Sigma P ds - \Sigma P' ds' = \Sigma \frac{p}{g} v dv.$$

Comme elle a lieu pendant tout le mouvement, et qu'elle renferme des élémens différentiels correspondans au même accroissement dt du temps, on pourra prendre l'intégrale de ses deux membres entre deux instans quelconques. Si l'on désigne par v_0 la vitesse d'un point quelconque du système au commencement du temps, pendant lequel on veut considérer le mouvement, et par v, la vitesse à la fin de ce même temps, on aura en intégrant

$$\Sigma \int P ds - \Sigma \int P' ds' = \Sigma \frac{p v^2}{2g} - \Sigma p \frac{v_0^2}{2g},$$

les intégrales du premier membre s'étendant à toutes les portions des arcs s, décrits par les points pendant le temps que l'on considère.

Telle est la formule connue sous le nom d'*équation des forces vives*; elle subsiste pour le mouvement de tout système de points matériels, pourvu qu'on comprenne dans les forces données, dont P et P′ sont les composantes, toutes celles qui concourent au mouvement à l'aide des liaisons et des vitesses initiales.

Si l'on considérait des mouvemens obligatoires, alors, en ne tenant compte que des forces données qui doivent être jointes à ces mouvemens obligatoires, l'équation des forces vives ne subsiste plus en général; mais cela n'a rien d'étonnant, puisque, dans ce cas, on n'y introduit pas toutes les forces qui devraient y entrer.

(14) Les géomètres ont donné différens noms aux quantités de l'espèce de $\int P ds$: on les a appelées *effet dynamique*, *puissance mécanique*, *quantité d'action*, et même simplement *force*, en détournant ce mot de la signification ordinaire. Nous aurons à faire continuellement usage de cette quantité, dans les questions qui se rapportent à l'effet des machines. On peut la définir de la manière suivante.

Si un point en mouvement est soumis à une force ; qu'on décompose cette force en deux, l'une perpendiculaire à la courbe décrite par le point, et l'autre dans la direction de cette courbe ; qu'on multiplie cette dernière composante par la différentielle de l'arc parcouru, l'intégrale de l'élément différentiel que forme ce produit sera la quantité en question.

Si la composante tangentielle à la courbe est constante, l'intégrale devient le produit de cette composante par le chemin que parcourt le point où elle est appliquée : dans tous les cas, elle s'assimile toujours au produit d'une force par une longueur.

Si l'on conçoit que le chemin parcouru soit porté en ligne droite sur un axe, et serve d'abscisse à une courbe dont l'ordonnée serait la force composante P, l'aire comprise entre cette courbe, l'axe des abscisses et les deux ordonnées qui répondent aux limites de l'intégrale, sera la valeur de cette quantité.

(15) Il est bon de remarquer que si F est la force dont P est la composante dans le sens de l'arc décrit ds, et si δ est l'angle que fait cette force F avec cet arc ds, on aura $P = F \cos \delta$, et par suite $Pds = F \cos \delta \, ds$. Mais on peut regarder $\cos \delta \, ds$ comme la projection de l'arc ds sur la direction de la force F ; si l'on appelle df cette projection, on aura $Pds = Fdf$, et conséquemment $\int Pds = \int Fdf$. Ainsi on pourrait aussi bien définir la quantité $\int Pds$ par le moyen de $\int Fdf$, en disant que c'est l'intégrale de l'élément différentiel qu'on obtient en multipliant une force qui agit sur un point en mouvement par la projection de l'élément de la courbe décrite sur la direction de la force. Cette seconde manière de considérer cette quantité présente en général moins de netteté à l'esprit ; nous ne nous en servirons que dans les cas particuliers où elle offre quelque avantage dans le calcul.

(16) La dénomination de *quantité d'action*, employée aujourd'hui par quelques géomètres pour désigner l'intégrale $\int Pds$, a l'inconvénient d'introduire le mot d'action, qui a déjà deux acceptions dans la Mécanique : on le prend souvent pour synonyme de force, lorsqu'on parle d'action et de réaction ; dans le principe de la moindre action, il sert à désigner l'intégrale de la vitesse multipliée par la différentielle de l'arc parcouru.

Le même inconvénient existe pour l'expression de *puissance mé-*

canique, où le mot de puissance se trouve détourné de la signification ordinaire.

La dénomination d'*effet dynamique* a l'inconvénient d'introduire le mot d'effet, dont on a besoin dans la théorie des machines pour indiquer l'opération mécanique à laquelle une machine est destinée.

Ces diverses expressions assez vagues ne paraissent pas propres à se répandre facilement. Nous proposerons la dénomination de *travail dynamique*, ou simplement *travail*, pour la quantité $\int P ds$ définie comme on vient de le dire. Ce nom ne fera confusion avec aucune autre dénomination mécanique; il paraît très propre à donner une juste idée de la chose, tout en conservant son acception commune dans le sens de travail physique. On attache en effet au mot *travail*, dans ce sens, l'idée d'un effort exercé et d'un chemin parcouru simultanément : car on ne dirait pas qu'il y a un travail produit, lorsqu'il y a seulement une force appliquée à un point immobile, comme dans une machine en équilibre; on n'appliquerait pas non plus l'expression de travail à un déplacement opéré sans aucune résistance vaincue. Ce nom est donc très propre à désigner la réunion de ces deux élémens, chemin et force (*). Nous verrons d'ailleurs, à mesure que nous avancerons, que les propriétés des quantités telles que $\int P ds$ donnent encore plus de motifs de les désigner par le nom de travail.

(17) Quant à la dénomination de *force vive*, donnée jusqu'à présent aux quantités de la forme $\frac{p}{g} v^2$, c'est-à-dire au produit de la masse par le carré de la vitesse, nous la conserverons pour ne pas multiplier les nouveaux termes; seulement, nous appliquerons cette dénomination à la moitié de ce produit, en sorte que la *force vive* sera le produit de la masse par la moitié du carré de la vitesse. Cette légère modification à l'usage ancien introduira plus de simplicité dans les énoncés des principes que nous avons à donner. Comme le facteur $\frac{v^2}{2g}$ n'est autre chose que la hauteur de laquelle devrait tomber un corps pesant, dans le vide, pour qu'il acquît la vitesse v, on le

(*) C'était pour être d'accord avec cette dénomination, qui nous paraît tout-à-fait convenable, que nous avons déjà nommé *travail élémentaire* le produit $p ds$, qui est en effet l'élément différentiel de ce que nous appelons travail.

nomme la hauteur due à la vitesse v : en sorte que la force vive est le produit du poids par la hauteur due à la vitesse. Nous verrons plus tard ce qui a motivé l'expression de *force vive;* pour le moment, il ne faut la considérer que comme une manière abrégée de désigner ce produit du poids par la hauteur due à la vitesse.

(18) Reprenons l'équation précédemment trouvée

$$\Sigma\int Pds - \Sigma\int P'ds' = \Sigma\,\frac{pv^2}{2g} - \Sigma\,\frac{pv_0^2}{2g}.$$

En se servant des dénominations que nous venons d'établir, on peut l'énoncer de la manière suivante : *Dans tout système de corps en mouvement, la différence entre la somme des quantités de travail dues aux forces mouvantes, et la somme des quantités de travail dues aux forces résistantes, pendant un certain temps, est égale à la variation de la somme des forces vives de toutes les masses du système pendant le même temps.*

Lorsque l'on considère le mouvement entre deux instans où les vitesses ont été nulles, c'est-à-dire depuis l'origine du mouvement jusqu'à son extinction, ou bien entre deux instans où les sommes des forces vives ont repris les mêmes valeurs, ce qui aura lieu particulièrement dans tous les cas où les vitesses sont redevenues les mêmes; alors, le second membre de l'équation ci-dessus devenant nul, on a

$$\Sigma\int Pds = \Sigma\int P'ds' ;$$

C'est-à-dire que *la somme des quantités de travail dues aux forces mouvantes est égale, dans ce cas, à la somme des quantités de travail dues aux forces résistantes.*

Cet énoncé renferme le principe le plus important de la Mécanique; on peut le nommer *principe de la transmission du travail,* parce qu'en effet, quand on considère le mouvement depuis la naissance des vitesses jusqu'à leur extinction, le travail produit par les forces mouvantes, c'est-à-dire par celles qui proviennent du moteur, se retrouve tout entier dans celui qui est dû à toute espèce de forces résistantes.

(19) Convenons une fois pour toutes, afin d'abréger, de désigner par *premier* instant et par *dernier* instant, ceux qui limitent les intégrales $\int Pds$ et auxquelles correspondent les vitesses v et v_0, en sorte

que ce sera toujours entre le premier et le dernier instant que s'appliquera seulement l'équation des forces vives. Convenons aussi de désigner par *travail moteur* celui qui est dû aux forces mouvantes, et par *travail résistant* celui qui est dû aux forces résistantes.

Considérons le mouvement depuis un premier instant pour lequel les vitesses sont nulles; l'équation des forces vives deviendra

$$\Sigma\int Pds - \Sigma\int P'ds' = \Sigma\frac{pv^2}{2g}.$$

Le second membre étant nécessairement positif, il faut que le travail moteur l'emporte sur le travail résistant, quand on les calcule l'un et l'autre à partir de l'instant où le mouvement a commencé.

Si l'on suppose dans cette dernière équation qu'il n'y ait point de forces résistantes jusqu'au dernier instant, ou au moins qu'elles puissent être négligées, on trouve

$$\Sigma\int Pds = \Sigma\frac{pv^2}{2g};$$

ce qui peut s'énoncer en disant que, *lorsqu'il n'y a pas de forces résistantes, le travail produit par les forces mouvantes, ou le travail moteur, a pour mesure la somme des forces vives du système au dernier instant.*

Si nous supposons au contraire que le système étant déjà en mouvement au premier instant, toute force mouvante P cesse d'agir, et qu'il n'y ait plus que des forces résistantes P', en prenant pour dernier instant celui où les vitesses v sont anéanties, on aura, en changeant les signes des deux membres,

$$\Sigma\int P'ds' = \Sigma\frac{pv_0^2}{2g}.$$

Équation qu'on énoncera en disant *que, dans le cas où il n'y a que des forces résistantes, le travail résistant qu'elles doivent produire pour anéantir le mouvement, a pour mesure la somme des forces vives qu'avait le système au premier instant où ces forces ont commencé à agir.*

(20) L'équation générale des forces vives, savoir

$$\Sigma\int Pds - \Sigma\int P'ds' = \Sigma\frac{pv^2}{2g} - \Sigma\frac{pv_0^2}{2g},$$

ne suppose aucune continuité dans les forces P et P'; elles peuvent sauter d'une valeur finie à zéro et rester nulles pendant une partie du mouvement, soit ensemble, soit séparément; elles peuvent reparaître ensuite tout à coup et changer de valeur subitement, sans passer par les degrés intermédiaires : rien de tout cela n'empêchera l'équation d'avoir lieu. Les intégrales $\int Pds$, $\int P'ds'$ se calculeront toujours comme on calculerait des aires planes comprises entre l'axe des abscisses et différentes portions de courbes discontinues qui seraient terminées chacune à certaines ordonnées.

(21) Tout ce que nous venons de dire s'applique à une machine en mouvement, en tant qu'on la considère d'abord rationnellement, c'est-à-dire qu'on l'assimile à un système de points matériels liés entre eux d'une manière quelconque.

Dorénavant nous nous servirons de la dénomination de *machine* pour désigner les corps mobiles auxquels nous appliquerons l'équation des forces vives : en ce sens, un seul corps qui se meut serait une machine tout comme un ensemble plus compliqué. Dans chaque cas particulier, une fois qu'on saura bien de quels corps en mouvement se compose la machine dont on veut s'occuper, il suffira pour y appliquer les principes précédemment établis, de bien connaître quelles sont les masses qui doivent entrer dans le calcul des forces vives, et quelles sont les forces mouvantes et résistantes qui doivent entrer dans le calcul des quantités de travail. Nous allons donner quelques éclaircissemens à ce sujet.

D'abord, quant aux forces vives, il faut avoir soin que les points matériels qu'on a considérés comme faisant partie de la machine au premier instant, soient encore les mêmes points matériels qui en font partie au dernier instant. Les calculs des différens termes de l'équation des forces vives doivent s'appliquer à un même système, et en ce sens, un même système, c'est l'ensemble des mêmes particules matérielles : il faut les suivre dans leur mouvement, et prendre leur vitesse au premier et au dernier instant. Si, par exemple, un fluide en mouvement se trouve au nombre des corps de la machine, pour y appliquer l'équation des forces vives, ainsi que nous montrerons que cela se peut, il faudra comprendre les mêmes particules de fluide dans le calcul des forces vives au premier et au dernier instant, et non pas des particules différentes, bien qu'elles occuperaient la même place à ces deux instans.

Quant aux forces, il faut remarquer que celles qui doivent entrer dans le premier membre de l'équation des forces vives sont seulement les forces dues au moteur et aux résistances. On ne doit nullement y comprendre celles qui résultent des liaisons, c'est-à-dire les actions et réactions qu'exercent les uns sur les autres les corps qui composent la machine. Seulement il faut avoir égard aux frottemens que produisent ces actions et réactions, en remarquant que chaque frottement entre deux corps qui font partie de la machine introduit une force appliquée à chacun des corps en contact. Si l'on introduisait dans l'équation des forces vives toutes les forces dues aux liaisons, elles ne donneraient, à l'exception des frottemens, que des quantités de travail qui se détruiraient à chaque intant; en sorte qu'elles ne paraîtraient pas dans le calcul du travail qui forme le premier membre de l'équation des forces vives : c'est en cela que cette équation offre des applications très commodes.

Lorsqu'on veut supposer qu'un corps qui d'abord était compris dans la machine n'en fait plus partie, il suffit de chercher quelles forces il exerce sur les autres corps de la machine avec lesquels il est en contact, et de mettre ces forces au nombre de celles qui doivent entrer dans l'équation des forces vives: en sorte que ces mêmes forces qui d'abord n'y paraissaient pas, ou au moins n'y entraient que pour les doubles frottemens qu'elles produisent, y paraissent ensuite lorsque le corps ne fait plus partie de la machine, et concourent à produire, soit le travail moteur, soit le travail résistant. Dans ce cas, au lieu d'avoir égard aux deux frottemens sur les deux corps en contact, on ne tient plus compte que de celui qui agit sur le corps qui fait partie de la machine.

Lorsque, dans l'application de l'équation des forces vives, on veut au contraire se débarrasser de la considération de certaines forces mouvantes ou résistantes exercées par des corps, on n'a qu'à comprendre ceux-ci dans la machine, et alors on n'a plus à considérer que les forces données qui sont appliquées à ces corps, sans avoir à s'occuper des actions que ceux-ci exercent sur les différentes parties de la machine : il faut seulement tenir compte des frottemens qui résultent de ces actions. Dans beaucoup de cas, à l'aide de cette faculté de remonter ainsi plus ou moins loin dans la série des corps qui se communiquent leur mouvement pour y choisir ceux qui terminent la machine et reçoivent le travail moteur ou le travail résistant, on simplifie l'équation des forces vives, et l'on aperçoit plus facilement les conséquences utiles qu'on en peut déduire.

(22) Les machines qui nous occuperont plus spécialement dans le reste de cet ouvrage, sont celles qui sont destinées à communiquer le mouvement à des outils qui doivent opérer continuellement une certaine fabrication. On peut faire à ces machines l'application des principes précédens, pourvu qu'on conçoive les corps solides comme réalisant parfaitement certaines liaisons géométriques. Nous allons donc rester d'abord dans cette conception rationnelle, et établir dans cette hypothèse les conséquences des principes précédens : nous verrons plus tard comment ces conséquences doivent être modifiées quand on cesse de regarder les corps comme invariables dans leurs formes.

Dans une machine qui travaille continuellement, comme celles à l'aide desquelles les chutes d'eau ou la vapeur sont employées à une fabrication, toutes les quantités $\int P ds$ vont continuellement en croissant avec le temps, à l'exception de quelques instans où elles peuvent rester stationnaires lorsque les forces P seraient nulles. Il est clair que ces intégrales ne peuvent jamais aller en diminuant, puisque les élémens $P ds$ sont toujours pris positivement. Lorsqu'il y a périodicité dans les phénomènes du mouvement, comme cela arrive ordinairement dans les machines dont le mouvement se continue indéfiniment, le travail moteur dû à une seconde période s'ajoute à celui d'une première, et ainsi de suite; et comme le travail dû à chacune des périodes est sensiblement le même, puisque nous admettons que toutes les circonstances sont à peu près les mêmes, il en résulte que le travail moteur total qui doit figurer dans l'équation des forces vives devient sensiblement proportionnel au nombre des périodes, c'est-à-dire à peu près au temps pendant lequel on considère le mouvement. Quant à la somme des forces vives, elle ne peut augmenter indéfiniment pendant ce temps, puisque l'expérience prouve que les vitesses ont toujours un maximum, qu'elles atteignent même bientôt. Cette somme des forces vives maximum est égale à la différence $\Sigma \int P ds - \Sigma \int P' ds'$, les intégrales étant prises pendant le temps qu'il a fallu à la machine pour acquérir ce maximum. Ce temps n'est ordinairement que de quelques minutes; ainsi la somme des forces vives, et à plus forte raison sa variation dans un temps quelconque $\Sigma\frac{pv^2}{2g}-\Sigma\frac{pv_0^2}{2g}$, n'aura qu'une très petite valeur comparativement à celle de $\int Pds$ prise pour un espace de temps considérable, comme une heure ou une journée. Il résulte donc de l'équation

$$\Sigma\int Pds-\Sigma\int P'ds'=\Sigma\frac{pv^2}{2g}-\Sigma\frac{pv_0^2}{2g}$$

que la différence entre le travail moteur $\Sigma\int Pds$ et le travail résistant $\Sigma\int P'ds'$ ne peut être que très petite comparativement à la valeur de ces quantités.

Ainsi, *dans toute machine de l'espèce dont nous nous occupons, où la somme des forces vives est susceptible d'un maximum qu'elle atteint dans un temps limité, il y a sensiblement égalité entre le travail moteur et le travail résistant, calculés l'un et l'autre pour un temps un peu considérable par rapport à celui qu'il faut pour que la machine acquière son maximum de vitesse.* C'est sous ce point de vue, comme nous le verrons de plus en plus, que le principe de la transmission du travail trouve son application continuelle aux machines destinées à opérer diverses fabrications à l'aide des moteurs continus, comme les chutes d'eau, la vapeur, et les animaux.

Bien que, dans tout ce que nous venons de dire, nous considérions les corps qui entrent dans une machine en mouvement comme inaltérables dans leurs formes, et que nous fassions ainsi des machines une conception rationnelle, cependant rien n'empêche d'appliquer tous les principes précédens aux cas où l'on ne peut négliger les frottemens; il suffit de considérer ceux-ci comme donnant lieu à des forces dirigées tangentiellement aux corps qui sont en contact, et d'avoir égard aux quantités de travail qui proviennent de ces forces. Nous verrons dans le chapitre suivant comment, en s'aidant de quelques données de l'expérience, on peut calculer ces quantités de travail : pour le moment, il suffit qu'on conçoive que l'introduction de ces forces au nombre de celles qui sont données, ne change rien aux principes précédens.

(23) Si nous concevions, pour un instant, les machines d'une manière entièrement rationnelle, en y faisant abstraction de ces frottemens; alors, dans tous les cas où les forces résistantes sont exercées par des corps, on pourra présenter les énoncés précédens sous un point de vue qui est propre à faire ressortir la convenance de la dénomination

de principe de la transmission du travail, et à justifier en même temps le nom de force vive qu'on a donné au produit de la masse par la moitié du carré de la vitesse : c'est ce que nous allons faire voir.

Si une force résistante est produite par l'action d'un corps sur un des points de la machine, celui-ci recevra à son tour une pression dirigée en sens opposé ; et comme il sera lui même mobile aussi en général, la force à laquelle il sera soumis donnera lieu à une quantité de travail. On va voir que cette quantité, quand on fait abstraction des frottemens, est égale à la quantité de travail résistant produit sur la machine.

Remarquons d'abord que les points du système ne recevront de forces résistantes des points extérieurs immédiatement en contact avec eux que de deux manières : ou bien les deux points qui se pressent ou qui se tirent seront liés l'un et l'autre et décriront le même chemin élémentaire ds' ; ou bien les deux points ne seront pas liés, et les corps dont ils font partie glisseront l'un sur l'autre en se pressant, de sorte que les chemins élémentaires des points en contact ne seront pas les mêmes. Dans les deux cas, la force qui agit sur le système réagira avec une intensité égale sur le corps extérieur. Dans le premier cas, les points en contact décrivant à chaque instant le même chemin élémentaire ds', il s'ensuit que les composantes des forces dans le sens de ce chemin seront les mêmes, seulement l'une d'elles produisant un travail résistant sur la machine, l'autre, qui lui est opposée, produira un travail moteur sur le corps extérieur. Ainsi le travail résistant $\int P'ds'$ sera égal au travail moteur produit par la force qui agit sur le corps extérieur. Dans le second cas, la force qui agit sur la machine et qui réagit en sens contraire sur le corps extérieur avec une intensité égale, sera nécessairement normale aux deux surfaces en contact, si l'on néglige toutefois le frottement entre les surfaces. Pour calculer le travail dû à cette force, servons-nous de la seconde expression que nous avons vu qu'on pouvait lui donner, savoir, l'intégrale $\int F'df'$; en désignant par F' la force dans sa propre direction, et par df' l'élément du chemin décrit projeté sur la direction de la force. Les points en contact ayant, comme on sait, des vitesses égales dans le sens de la normale aux surfaces en contact, c'est-à-dire dans le sens de la force, les projections df' des arcs décrits pendant le temps dt sur la direction de cette force, lesquelles sont proportionnelles à ces vitesses égales, seront aussi égales; donc le travail résistant $\int F'ds'$ dû à la force F' qui agit sur la machine, sera égal au travail moteur produit sur le corps extérieur.

On voit donc que, tandis qu'à l'aide des forces développées par certains corps, il y a un travail résistant produit sur une machine, ceux-ci reçoivent un travail moteur tout-à-fait égal, pourvu qu'on néglige les frottemens. Ainsi on peut, dans ce cas, substituer au travail résistant de la machine, le travail moteur produit sur les corps extérieurs. Plusieurs des énoncés précédens peuvent donc se présenter en d'autres termes. Ainsi on peut dire *que lorsqu'on fait abstraction des frottemens, la différence entre le travail moteur que reçoit un système de corps en mouvement, et le travail moteur que ceux-ci produisent sur des corps qui résistent à ce mouvement, est égale à la variation de la somme des forces vives du système : en sorte que quand cette somme des forces vives n'a pas changé, ou que la variation peut être négligée, tout le travail moteur est transmis aux points où se produisent les forces résistantes;*

Que le travail moteur qu'un système déjà en mouvement peut produire sur des corps extérieurs jusqu'à ce que ce mouvement soit anéanti, a pour mesure la somme des forces vives au premier instant où elle a commencé à agir.

Ces énoncés ainsi présentés, dans la supposition où ce sont des corps qui produisent les forces résistantes, peuvent prendre avec plus de raison le titre de principe de la transmission du travail, que nous avions déjà donné à la première interprétation des équations qui les fournissent.

(24) On peut expliquer maintenant d'où vient la dénomination de force vive pour la quantité $\frac{pv^2}{2g}$. Remarquons pour cela que le principe que nous venons d'énoncer, s'appliquant à toute espèce de système de points en mouvement, a lieu à plus forte raison pour un seul point matériel mobile. Ainsi on peut dire qu'en faisant abstraction des frottemens, un corps qui a une vitesse v et un poids p, peut produire un travail égal à $\frac{pv^2}{2g}$ en agissant sur d'autres corps jusqu'à ce qu'il ait perdu toute sa vitesse. Cette quantité $\frac{pv^2}{2g}$ est donc la mesure du travail qu'on pourrait retirer au maximum de la vitesse d'un point ma-

tériel ; elle est donc le travail disponible. Comme on donnait autrefois le nom de force à ce que nous désignons ici par travail, on conçoit qu'on ait appelé *force vive* ce que nous pourrions nommer *travail disponible ou travail possédé par un corps*. Nous emploierons quelquefois ces expressions : ainsi quand nous parlerons du travail possédé par un corps ayant un poids p et une vitesse v, nous voudrons désigner la quantité $\frac{pv^2}{2g}$. Mais le plus souvent nous conserverons l'ancienne dénomination de force vive, afin de distinguer le travail qu'on peut retirer d'une vitesse acquise de celui qu'on peut retirer de ressorts comprimés, et de tout autre moteur. Comme nous l'avons déjà dit, on peut remplacer $\frac{v^2}{2g}$ par la hauteur h due à la vitesse v ; la quantité $\frac{pv^2}{2g}$ devient alors ph, et le travail disponible est égal à celui qui est dû à l'effort p exercé sur un point dans le sens d'un chemin parcouru qui est égal à h.

On dit assez souvent que ph est le travail nécessaire pour élever un poids p à la hauteur h ; mais cela n'est exact que dans un certain sens. En effet, si $\int Pds$ désigne le travail moteur produit pour élever le poids p à la hauteur h, comme le travail résistant est ph, on aura, par l'équation des forces vives,

$$\int Pds - ph = \frac{pv^2}{2g} - p\,\frac{v_0^2}{2g}.$$

v et v_0 sont les vitesses du poids à l'instant de départ et à l'instant d'arrivée. Or, ce n'est que dans le cas où ces vitesses sont égales, que le travail moteur $\int Pds$ est égal à ph ; c'est donc avec cette restriction seulement qu'il faut entendre que ph, ou $\frac{pv^2}{2g}$, est le travail nécessaire pour élever dans le vide le poids p à la hauteur h ou $\frac{v^2}{2g}$.

(25) Il résulte de ce que nous avons dit jusqu'à présent, que ce que nous avons appelé *travail* est une quantité que l'on ne peut augmenter par l'emploi des machines : celles-ci sont destinées à augmenter ou à diminuer, soit la force, soit le chemin décrit ; à les partager en plusieurs portions, à modifier leurs positions et leurs directions ; en un mot, à changer tout ce qui constitue une force et un chemin, mais sans pouvoir jamais augmenter le travail. La portion de cette

quantité que les machines peuvent reproduire est d'autant moins différente de celle qu'elles ont reçue, que les frottemens sont moins considérables. Si l'on supposait qu'on pût construire des machines sans frottement, on pourrait dire alors que le travail est une quantité qui ne se perd pas.

Pour se représenter avec facilité la transmission du travail dans le mouvement des machines, on peut la comparer à celle d'un fluide qui se répandrait dans les corps en se communiquant de l'un à l'autre par les points de contact comme lieux de passage ; soit en se divisant en plusieurs courans, dans le cas où un corps en pousse plusieurs autres ; soit en formant réunion de plusieurs courans, dans le cas où plusieurs corps en poussent un seul. Ce fluide pourrait en outre s'accumuler dans certains corps et y rester en réserve jusqu'à ce que de nouveaux contacts ou des contacts avec écoulement plus considérable en fissent sortir une plus grande quantité. Ce travail en réserve, que nous assimilons ici à un fluide, est ce que nous avons appelé *la force vive* ; elle dépend, comme on sait, des vitesses que possèdent les corps. En suivant toujours cette comparaison ; une machine, dans le sens qu'on donne ordinairement à ce mot, est un ensemble de corps en mouvement disposés de manière à former une espèce de canal par où le travail prend son cours pour se transmettre le plus intégralement possible sur les points où l'on en a besoin. Une fois produit par le moteur, le travail passe successivement d'un corps dans un autre ; il peut s'accumuler, se diviser et se réunir. Nous ferons voir plus loin qu'il se perd peu à peu par les frottemens et par les brisemens des corps, ou bien qu'il va se répandre dans la terre, où il devient insensible en s'étendant indéfiniment.

(26) Nous allons montrer maintenant qu'il résulte des propriétés des machines relativement au travail, que cette quantité sert de base à l'évaluation des moteurs dans le commerce ; que c'est le travail qu'on doit chercher à économiser, et que c'est à cette même quantité que se rapportent principalement toutes les questions d'économie dans l'emploi des moteurs.

Nous ne produisons rien de ce qui est nécessaire à nos besoins, qu'en déplaçant les corps ou en changeant leur forme ; ce qui ne peut se faire à la surface de la terre qu'en surmontant des résistances, et en exerçant certains efforts dans le sens du mouvement. C'est donc une chose utile que la faculté de produire ainsi le déplacement accompagné de la force dans le sens du déplacement, c'est-à-dire que la faculté de produire la quantité que nous appelons *travail*. Soit qu'on la tire des animaux, de l'eau ou de l'air en mouvement, de la combustion du charbon, de la chute des corps, elle est limitée pour chaque temps, pour chaque lieu; elle ne se crée pas à volonté. Les machines ne font qu'employer et économiser le travail, sans pouvoir l'augmenter; dès lors la faculté de le produire se vend, s'achète, et s'économise comme toutes les choses utiles qui ne sont pas en extrême abondance.

Si nous n'avions pas les machines à notre disposition, deux déplacemens différens seraient deux choses de natures distinctes qui n'admettraient en général aucune base mathématique dans leur évaluation : il en serait de ces déplacemens comme de beaucoup de choses utiles, dont les valeurs ne sont pas établies en général sur des calculs mathématiques. Mais les machines, comme on va le voir, donnent le moyen de poser pour les déplacemens des bases d'évaluation analogues à celles qu'on a pour les quantités d'une même matière.

Lorsqu'une machine, qui reçoit ses forces mouvantes d'un certain moteur, est destinée à opérer un certain effet utile, il en résulte que les points qui agissent sur les corps à déplacer ou à déformer reçoivent de ceux-ci des forces résistantes; mais ces forces ne sont pas en général les seules qui produisent le travail résistant; les frottemens et diverses autres résistances, dont on ne peut se débarrasser, viennent ajouter un travail résistant à celui qui résulte de l'effet utile. Cependant, comme il y a une possibilité rationnelle à ne laisser subsister en forces résistantes, que celles qui naissent de l'effet utile, ou au moins à diminuer considérablement toutes les autres forces comparativement à celles-là, on peut d'abord raisonner dans cette hypothèse, absolument comme on raisonne d'abord sur des machines, en faisant abstraction des frottemens : on verra facilement comment il faut modifier, dans la pratique, les conclusions qu'on tire de cette première abstraction. Supposons donc, pour le moment, que tout le travail résistant est produit par l'effet utile seulement.

Remarquons que si nous avons la faculté de produire un déplacement en exerçant un certain effort, nous pouvons, à l'aide d'une machine qui modifiera convenablement le mouvement et les forces, appliquer cette faculté à produire une certaine fabrication, par exemple, à moudre du blé ou à tordre du fil. Or, il est clair que la mouture de chaque litre de blé, ou la filature de chaque mètre du même fil, étant en général accompagnée des mêmes circonstances, exigera que les points sur lesquels la machine a agi aient décrit le même chemin en recevant la même force; ainsi cette mouture ou cette torsion de fil donnera toujours lieu à la production d'une même quantité de ce que nous avons appelé *travail résistant* : par conséquent, le nombre de litres de blé moulus ou le nombre de mètres de fil tordus par le moyen de cette faculté de mouvement sera proportionnel au travail résistant produit sur la machine par cette mouture ou cette filature. Or, comme d'après la supposition que nous venons de faire, qu'on pouvait d'abord négliger les résistances étrangères à l'effet utile, cette quantité de travail résistant forme à elle seule toute celle qui est produite sur la machine, il en résulte qu'en la prenant pour un temps qui n'est pas très petit, elle est sensiblement égale au travail moteur; ce dernier sera donc aussi proportionnel à la quantité de ce blé moulu ou de ce fil tordu.

Si donc on veut comparer ensemble deux facultés de mouvement, il suffira de concevoir qu'on ait construit des machines à l'aide desquelles on puisse ainsi appliquer ces facultés à la même fabrication, par exemple, à moudre du blé: le nombre de litres de blé qu'on pourra moudre sera de même sensiblement proportionnel aux quantités de travail moteur produit sur ces machines à l'aide de ces facultés de mouvement. Mais il est clair que la valeur comparative des deux moutures sera mesurée par les nombres de litres de blé moulus; et comme ces derniers sont sensiblement proportionnels aux quantités de travail moteur produit sur chaque machine, il s'ensuit que les deux facultés de mouvement auront des valeurs proportionnelles à ces quantités de travail qu'elles peuvent produire sur ces machines.

C'est donc à cause de la facilité qu'on a aujourd'hui, et qu'on aura de plus en plus, de construire des machines pour y appliquer différentes facultés de mouvement, c'est-à-dire différens moteurs, et pour exécuter avec ces machines la même nature d'ouvrage, que l'on établit ainsi un mode de comparaison entre ces moteurs, par le moyen des quantités de ce même ouvrage qu'ils sont capables de produire. L'invention, le perfectionnement et la multiplicité des machines ont amené et répandront de plus en plus ce mode d'évaluation, à peu près comme l'invention et le perfectionnement des outils destinés à diviser les matériaux ont amené et ont répandu la mesure de leur valeur dans le commerce, par la quantité géométrique qu'on appelle le *volume*.

(27) Dans ce mode de comparaison de la valeur des facultés de mouvement, nous avons supposé deux choses : 1°. que, dans toutes les machines, le travail résistant dû à l'effet utile à produire est égal au travail moteur ; 2°. qu'il n'en coûte rien pour se procurer des machines et pour les entretenir.

Il est facile de voir que ces hypothèses ne sont pas absolument nécessaires, et que la rigueur des conclusions subsiste encore si l'on admet seulement : 1°. que le travail résistant dû à l'effet utile, au lieu de former tout le travail résistant qui est produit, soit seulement en proportion constante avec celui-là, c'est-à-dire que les pertes de travail dues aux frottemens et à toute autre cause, soient proportionnelles au travail moteur ; 2°. que les frais d'établissement et d'entretien soient aussi proportionnels à ce même travail moteur. Ces proportionnalités, quoique se rapprochant plus de la réalité, n'ont cependant pas lieu en général dans la pratique ; aussi n'est-ce pas uniquement d'après la quantité de travail que peuvent produire les moteurs qu'on les paie dans le commerce ; on a égard en outre au plus ou moins de perte de travail qui sera du aux frottemens, et aux résistances étrangères à l'ouvrage à exécuter dans les machines que l'on devra employer, et l'on tient compte des frais nécessaires à l'établissement de ces machines. Mais il est toujours indispensable de commencer par calculer le travail moteur qui peut être produit ; c'est la mesure abstraite d'où l'on part pour y apporter les modifications voulues par chaque circonstance particulière.

(28) Il en est du travail, pour évaluer les moteurs, comme de plusieurs élémens de mesures géométriques qui supposent aussi des abstractions ; dans la pratique, ils ne donnent plus que des approximations.

Par exemple, quand on établit la valeur de certains corps en mesurant leurs volumes, comme on le fait pour la pierre et pour les bois, on admet qu'avec un corps qui a un volume de deux unités on peut faire deux volumes unitaires. Or, pour réaliser cette conception, il faut scier ou tailler ce corps, et en perdre une partie par cette opération. Cette perte n'étant pas en proportion avec le volume, la rigueur du rapport géométrique ne subsiste plus pour l'évaluation en argent.

Sous ce rapport, il y a tout-à-fait analogie entre le volume pour l'évaluation de certains corps, et le travail pour l'évaluation des moteurs. Les pertes de travail dues aux frottemens, dans les machines, correspondent aux pertes de matière dues à la division. Quant aux machines qui seraient nécessaires pour appliquer différens moteurs à la fabrication de différentes quantités d'une même espèce d'ouvrage, et pour comparer ainsi ces moteurs par le travail qu'ils peuvent produire, les frais d'établissement et d'entretien qu'elles exigent correspondent aussi à ce qu'il en coûterait en main-d'œuvre, en outils, ou en machines, pour effectuer les divisions de matière qui ramèneraient les différens volumes à des volumes unitaires servant de comparaison.

Ainsi, le travail, comme nous l'avons défini, calculé pour toutes les forces que développe un moteur, joue le même rôle pour l'évaluation des moteurs dans le commerce que le volume pour l'évaluation de certaines matières.

On peut entrevoir déjà combien l'étude de cette quantité est nécessaire à la théorie des machines et des moteurs. Ce que nous dirons dans le reste de cet ouvrage achèvera d'établir toute conviction à cet égard.

(29) Il ne sera pas inutile de répondre ici à une difficulté qu'on fait quelquefois au sujet de la mesure de la valeur du déplacement par le travail, tel que nous l'avons défini : on dit que le temps est aussi un élément de valeur du déplacement, et que ce dernier ne doit pas être considéré indépendamment du plus ou moins de promptitude qu'on met à l'opérer. Sans doute, dans beaucoup de cas, il est plus ou moins utile qu'un certain effet mécanique, c'est-à-dire un certain déplacement, soit produit plus ou moins promptement ; mais ce genre d'utilité est du nombre de ceux qui ne sont pas susceptibles de mesure fixe. Lorsqu'on achète, on consulte sa convenance sous ce rapport comme sous beaucoup d'autres, sans que le calcul ait prise sur ces circonstances de valeur. Deux déplacemens semblables, comme le transport de deux fardeaux, exécutés dans des temps différens, sont deux choses utiles de natures distinctes, qui, sous le rapport du temps, n'admettent pas de comparaisons géométriques. Remarquons d'ailleurs que lorsqu'il s'agit d'opérer avec une machine une certaine quantité

de déplacemens semblables, comme il n'en coûte pas plus dans beaucoup de cas de les opérer simultanément que successivement, on ne peut faire entrer le temps comme élément de valeur de ces quantités de déplacemens opérés. Supposons, par exemple, qu'on se propose d'employer dix hommes à élever des fardeaux : si l'on désire ensuite exécuter plus promptement cette élévation, on pourra toujours y employer simultanément vingt hommes ; et sans qu'il en coûte plus de journées, le même effet sera effectué dans un temps moitié moindre. Cette diminution de temps, pouvant ainsi être obtenue à volonté, ne peut pas se payer en général. Supposons encore que l'on considère une machine à vapeur destinée à laminer du fer. Si l'on a intérêt à produire beaucoup de fer dans un jour, rien n'empêchera d'employer simultanément deux machines semblables; et alors, sans qu'il en coûte plus de charbon pour un poids déterminé de fer, on produira dans un jour, avec deux machines, ce qu'une seule produisait en deux jours. Puisqu'on a la faculté de diminuer le temps qu'il faut pour produire une certaine fabrication, sans qu'il y ait dans les dépenses une différence très sensible, le temps n'est donc pas en général un élément qu'on puisse faire entrer dans l'estimation de la valeur du déplacement; ou s'il peut y entrer quelquefois, c'est tout-à-fait en dehors du travail.

La distinction entre le temps et le travail, dans l'évaluation des moteurs, est tout-à-fait semblable à celle qui doit se faire dans l'achat de certaines matières, entre la quantité qu'on achète et le temps qui sera employé à la livrer. Quoiqu'il soit souvent très utile que la fourniture d'une marchandise qui s'effectue peu à peu, à tant par jour, soit terminée dans huit jours au lieu de l'être dans un mois, cependant cela n'empêche pas que la quantité de cette marchandise ne forme toujours l'élément principal du marché, et celui qu'on ne pourrait omettre d'énoncer dans le contrat de vente.

(30) Le nom de *travail*, que nous avons adopté, nous paraît très propre à donner une idée juste de la quantité qu'il sert à désigner. On se rappellera facilement, lorsqu'on parlera du travail qu'un cheval produit par jour, que c'est l'effort avec lequel il peut tirer dans le sens du chemin multiplié par ce chemin, ou plus généralement que c'est l'intégrale du produit de cet effort multiplié par l'élément du chemin. Lorsqu'on dira que la vapeur que fournit un kilogramme

de charbon, produit une certaine quantité de travail, on se représentera facilement que cette quantité est la pression exercée sur le piston, multipliée par le chemin qu'il décrit, ou intégrée par rapport à ce chemin.

Les expressions de *travail moteur*, *travail résistant*, *travail utile*, et *travail perdu*, qui forment toutes les distinctions à établir dans l'emploi de ce mot pour la théorie des machines, seront d'un usage clair et facile.

(31) Le travail ayant pour élément le produit d'un chemin infiniment petit par une force agissant dans le sens du chemin, aurait naturellement pour unité le travail qui résulte de l'unité de force, ou du kilogramme, exercée dans le sens du chemin, sur un point qui décrit l'unité de chemin, ou le mètre. Mais comme, pour les moteurs les plus ordinaires, tels que les chutes d'eau, les animaux, et la vapeur, les nombres de ces unités, produites dans peu de temps, seraient trop considérables et gêneraient les énoncés, on est généralement convenu de prendre pour unité le travail qui résulte de la force de *mille kilogrammes*, exercée sur un point qui parcourt *un mètre* dans le sens de cette force. Cette unité paraît la plus convenable en ce qu'elle est assez petite pour dispenser d'un usage fréquent des fractions, et en ce que néanmoins elle est assez grande pour que l'on n'ait jamais à énoncer des nombres par trop considérables. Le travail que l'homme produit dans la journée est exprimé par des centaines de cette unité; celui que produit le cheval par des mille; et celui des machines à vapeur et des chutes d'eau, toujours dans une journée, l'est ordinairement par des centaines de mille: ces nombres ne sont pas assez considérables pour être hors d'usage.

Il serait à désirer qu'on adoptât un nom pour cette unité de travail. Quelques mécaniciens ont proposé de l'appeler *dynamie*. Si l'on veut prendre ainsi une dénomination dérivée du grec, on devrait y conserver quelque chose des racines de force et de chemin : sous ce rapport, nous proposerions l'expression de *dynamode*; nous l'emploierons dans le reste de cet ouvrage (*).

(*) M. Hachette, qui peut faire autorité à ce sujet, a l'intention d'adopter cette dénomination dans la première édition de son *Traité des Machines*.

Nous reviendrons plus loin sur la proposition faite par quelques savans, de donner le nom de *dyname* à une autre espèce d'unité, pour les sources continues de travail.

(32) Il est bien important de ne pas perdre de vue que, pour que le produit d'une force par un chemin se rapporte à la quantité que nous appelons *travail*, il faut que la force soit estimée dans le sens du chemin. A ce sujet, nous ferons remarquer que dans quelques ouvrages où l'on a donné des tableaux des quantités de travail qui peuvent être produites dans une journée par les hommes et par les chevaux dans différentes circonstances, on a mis dans ces tableaux les chemins que peuvent faire un homme ou un cheval en portant ou en traînant différens fardeaux sur différentes espèces de routes, et l'on a inscrit le produit du chemin par le fardeau dans la même colonne que les quantités de travail, en leur attribuant le même nom. Sans doute il est utile de consigner aussi divers résultats sur le transport horizontal des fardeaux; mais il ne faut pas désigner le produit du chemin et du poids transporté par le même nom qu'on donne au produit que nous appelons *travail;* je pense qu'il ne faut pas même donner de nom au premier produit.

D'abord, pour qu'on puisse confondre dans la même dénomination le travail et le produit d'un chemin par une force qui lui est perpendiculaire, il faudrait qu'il y eût une espèce d'équivalence entre ces deux quantités, que l'une pût se transformer dans l'autre; or, c'est ce qui n'est pas. Le même travail peut être accompagné d'une force perpendiculaire au chemin, celle-ci étant plus ou moins grande: ainsi avec la même force de tirage, un cheval peut traîner horizontalement depuis une voiture légère jusqu'à un bateau d'un poids énorme. La faculté de produire le déplacement d'un corps, tandis qu'il est soumis à une force perpendiculaire au chemin décrit, ne peut donner lieu à un travail qui dépende en aucune manière du produit du chemin par une force normale; et réciproquement, un certain travail ne peut donner lieu à un chemin et à une force normale dont le produit ait un rapport déterminé avec ce travail. Il n'y a aucune relation nécessaire entre ces deux espèces de produit; l'un des deux ne peut en général faire présumer ce que sera l'autre: il ne faut donc pas les désigner par le même nom.

Ce serait aussi faire une erreur que de donner un nom au produit d'un chemin par une force normale, puisque les deux facteurs de ce produit ne peuvent s'échanger l'un dans l'autre à l'aide des machines, comme cela arrive pour le travail, et que deux produits égaux, dans ce sens, ne s'appliquent point en général à des choses qui ont une certaine espèce d'équivalence. Si par circonstance particulière, cela paraît être ainsi, c'est que la force dans le sens du chemin, devenant parfois une espèce de frottement, se trouve à peu près proportionnelle à une pression qui lui est perpendiculaire, et qu'alors le travail devient aussi proportionnel au produit du chemin par cette pression normale. Comme les deux élémens du travail peuvent se changer l'un dans l'autre, on peut en faire autant, dans ce cas, des deux élémens de l'autre produit ; mais ce serait uniquement à cause de cette proportionnalité. Dès qu'elle n'a plus lieu, on ne peut plus comparer ensemble deux produits de chemin par des forces qui leur soient perpendiculaires. Par exemple, quand il s'agit du tirage des chevaux sur une même nature de route, comme il y a à peu près proportionnalité entre les poids et la force du tirage, c'est-à-dire le nombre des chevaux à employer, et comme presque tous les fardeaux peuvent se diviser et se transporter sur plusieurs voitures, il en résulte qu'il en coûte à peu près autant de journées de cheval pour transporter une certaine quantité de marchandises à une certaine distance, que pour transporter une quantité moitié moindre à une distance double; ensorte que l'on peut approximativement regarder la dépense des transports, sur une espèce de route déterminée, comme proportionnelle aux produits des poids transportés par les chemins parcourus. Mais cette proportionnalité est subordonnée à ce qu'on puisse regarder le nombre des chevaux, ou la force de tirage dans le sens du chemin, comme proportionnelle au poids des matériaux; ce qui suppose qu'on ne considère qu'une même route. Dès que la viabilité change, il faut changer les bases d'évaluation, précisément en raison de la quantité que nous appelons *travail*, et en revenir à ne prendre que cette quantité pour évaluer les transports. Ainsi, lorsque le roulage demande 10 fr. de 1000 kilo à transporter à 10 lieues, sur certaines routes; toutes choses égales d'ailleurs, il demandera 20 f., si le mauvais état des routes exige des chevaux, un travail double; en sorte que ce sera toujours le travail, tel que nous l'avons défini, qui sera la véritable base de ces estimations.

CHAPITRE II.

Du Calcul du travail pour les poids. — Pour les actions mutuelles. — De la Raideur ; son influence sur la répartition du travail dans les compressions lentes. — Du Travail produit par l'expansion des gaz ; application au calcul de celui qu'on tire de la vapeur avec une quantité de chaleur donnée. — Du Travail transmis par un courant fluide, à un canal et à un plan mobiles. — Du Travail dû aux frottemens. — Du Calcul des forces vives. — Le principe de la transmission du Travail a encore lieu pour certains mouvemens relatifs.

(33) Nous allons maintenant nous occuper du calcul du travail dans différentes circonstances où il se réduit à des règles susceptibles d'être énoncées.

Examinons d'abord le travail qui est dû à des poids.

Rappelons-nous que l'élément de travail dû à une force F étant le produit Pds du petit arc ds par la composante P de cette force dans le sens de cet arc, peut aussi s'exprimer par le produit de la force F, par la projection de l'élément ds sur la direction de la force. Si donc, cette force F est un poids et agit dans la direction de la verticale, et que z représente l'ordonnée verticale du point mobile, comptée positivement de haut en bas, en sorte que dz soit positif quand le poids descend ; dz sera la projection de ds sur la direction de la force, et Fdz sera égal à l'élément de travail Pds. De plus, Pds devant entrer dans l'équation générale des forces vives avec un signe négatif quand l'angle de la force F avec ds est obtus, c'est-à-dire quand dz est négatif dans le mouvement réellement produit, il s'ensuit que l'élément de travail Fdz prendra le signe qu'il doit avoir dans l'équation des forces vives, et qu'on peut l'y introduire par addition algébrique, en laissant à dz à en déterminer le signe.

Si l'on a à considérer dans le mouvement d'une machine plusieurs poids p, p', p'', etc., la quantité de travail moteur ou résistant que ces poids introduiront dans l'équation générale des forces vives, aura pour expression

$$\int pdz + \int p'dz' + \int p''dz'' + \text{etc.}$$

Les poids p, p', etc., étant constans pendant le mouvement, il en résulte que si l'on désigne par z_0 et z, les ordonnées des positions correspondantes au premier et au dernier instant, ces intégrales deviennent

$$p\,(z - z_0) + p'\,(z' - z_0') + p''\,(z_0'' - z_0'') + \text{etc.},$$

ou bien

$$pz + p'z' + p''z'' + \text{etc.} - pz_0 - p'z'_0 - p''z''_0 - \text{etc.}$$

Si l'on désigne par P le poids total $p + p' + p'' + \text{etc.}$, et par ζ, et ζ_0 les ordonnées du centre de gravité de ces poids au premier et au dernier instant, l'expression précédente devient

$$\mathrm{P}\,(\zeta_1 - \zeta_0),$$

résultat qu'on peut énoncer en disant que *le travail moteur ou résistant dû à plusieurs poids, est égal au produit du poids total par la hauteur verticale dont le centre de gravité s'est abaissé ou élevé, ou en d'autres termes,* qu'*il est égal au travail dû à une force unique, égale au poids total, et appliquée au centre de gravité de tous les poids.*

Si ce centre de gravité s'est abaissé, le travail produit dans le mouvement sera un travail moteur; s'il s'est élevé, ce sera un travail résistant.

Nous remarquerons ici, à l'occasion des signes des élémens pdz, qu'en général lorsqu'on cherche le travail moteur produit par certaines forces, comme c'est toujours dans le but de l'introduire dans l'équation des forces vives, on ne doit faire d'autre distinction entre le travail moteur et le travail résistant, que celle qui résulte de leurs signes; et comme ceux-ci sont toujours renfermés dans une même formule qui les fournit tels qu'ils doivent être, on est sûr que lorsqu'on calcule un certain travail moteur, par une formule, celle-ci tient compte du travail résistant, et ne donne que l'excès du premier sur le dernier; c'est-à-dire qu'elle ne donne que ce qu'on doit introduire dans l'équation. Ainsi, dans le cas des poids, on peut supposer qu'une partie est descendue pendant le mouvement, et qu'une autre partie s'est élevée; toujours l'excès du travail moteur sur le travail résistant est exprimé par une même intégrale qui devient le produit du poids total par la hauteur dont le centre de gravité est descendu.

L'énoncé précédent, où on introduit le centre de gravité, suppose que les poids sont constans, c'est-à-dire qu'on en considère la même quantité pendant le mouvement. Si certains poids commencent à agir ou cessent d'agir sur la machine à un instant différent des autres, alors il ne serait plus permis, pour avoir le travail total, de remplacer tous les poids par une force unique appliquée à leur centre de gravité.

L'erreur que l'on commettrait en opérant ainsi provient de ce que, lorsqu'à des poids occupant certaines positions dans l'espace, on réunit un autre poids qui n'est pas situé au centre de gravité des premiers, il en résulte un déplacement du centre de gravité total: ce déplacement subsisterait toujours, quand même tous les poids seraient immobiles, c'est-à-dire quand même il n'y aurait pas de travail produit; il ne faudrait donc pas faire entrer ce genre de déplacement, qui est étranger aux chemins parcourus par les poids, et conséquemment au travail produit. Or, c'est ce qu'on ferait si l'on prenait le travail dû à une force variable qui serait appliquée au centre de gravité. Il faudra, pour calculer le travail, prendre simplement la somme des produits de chaque poids constant, multiplié par la hauteur positive ou négative dont il est descendu. Si l'on imagine, par exemple, qu'un premier poids p descend d'une hauteur h, et que lorsque ce poids a déjà commencé sa course, un nouveau poids p' commence la sienne et descende ensuite d'une hauteur h'; le travail total produit par ces deux poids sera $ph + p'h'$. Si l'on veut passer à une somme d'élémens très petits, la somme $ph + p'h' +$ etc., deviendra une intégrale qui aura pour valeur la somme des momens par rapport à un plan horizontal, de tous les poids lorsqu'ils sont situés à leur position d'arrivée, moins la somme des momens des mêmes poids placés à leurs positions de départ. Cette valeur ne sera pas $\int \mathrm{P}d\zeta$, P étant le poids total, et ζ l'ordonnée verticale du centre de gravité: il faudrait supposer pour cela que tous les élémens de poids, qui par le fait peuvent ne pas agir simultanément, partent néanmoins ensemble, et arrivent ensemble après être descendus ou montés avec des vitesses différentes. Le poids total étant alors constant, le travail produit pendant le déplacement conçu de cette sorte, pourra se calculer par le produit du poids total par le chemin décrit par le centre de gravité. Mais il faut remarquer que ce centre de gravité sera celui d'une réunion hypothétique des poids élémentaires, et non celui des poids disposés comme ils le sont en réalité.

(33) Il est bon de faire voir que le calcul du travail dû à des poids en mouvement, se simplifie encore plus quand un certain nombre de ces poids vient prendre la place qu'occupaient d'autres poids égaux, comme cela a lieu quand on s'occupe d'une masse déterminée de liquide en mouvement dans un canal ou un vase quelconque. Alors, si le temps pendant lequel on veut calculer le travail n'est pas assez grand pour que tout le volume d'eau que l'on considère ait quitté tout l'espace de sa première position, il y aura une partie du vase qui aura toujours été occupée par une portion de cette eau. Examinons l'expression du travail dans ce cas.

Supposons des poids dont la somme est constante et égale à P; le travail qu'ils produisent aura pour expression

$$P\zeta - P\zeta_0,$$

ζ et ζ_0 étant les ordonnées des positions du centre de gravité au premier et au dernier instant. Si p désigne une partie du poids total, formée par une suite de particules qui, au dernier instant, occupent des positions qui étaient occupées au premier instant par d'autres particules formant un poids égal, il en résulte qu'en appelant z l'ordonnée du centre de gravité de ces poids p dans leur position commune au premier et au dernier instant, et en désignant par z' et z'_0 les ordonnées du centre de gravité du reste des poids $P-p$ au premier et au dernier instant, le travail total $P\zeta - P\zeta_0$ pourra, en vertu des propriétés connues des centres de gravité, se transformer en

$$pz + (P-p)z' - pz - (P-p)z'_0,$$

ou en réduisant

$$(P-p)z' - (P-p)z'_0,$$

expression qui n'est autre chose que le travail qui serait produit par les seuls poids $P-p$, tandis que leur centre de gravité serait descendu de la hauteur $z'-z'_0$. Ce résultat fait voir que le travail, dans ce cas, peut s'évaluer sans considérer la partie des corps pesans dont le premier emplacement a été occupé par d'autres corps égaux en poids, et qu'il suffit de le calculer, comme si des corps pesans avaient passé de la position des premiers poids P—p au premier instant, à la position des autres poids P—p au dernier instant. Ainsi, dans le cas d'un courant d'eau s'écoulant dans un canal, le travail produit sera le même que si une masse d'eau avait passé de l'emplacement abandonné en haut, à l'emplacement nouvellement occupé en bas. Si, par exemple, on ouvre une vanne dans une retenue d'eau, et qu'on en laisse sortir horizontalement un mètre cube, le travail dû à la descente très peu sensible de toutes les particules d'eau de la retenue dans le mouvement produit, sera le même que si le mètre cube d'eau écoulé était descendu de la tranche supérieure du bief pour aller occuper l'espace où il se trouve après l'écoulement. Ce résultat s'aperçoit sans démonstration lorsqu'on tire l'eau par la superficie, parce qu'alors le mètre cube tiré descend en effet de toute la hauteur de la retenue ; mais quand on ouvre une vanne au fond, ce n'est pas l'eau qui occupait la tranche supérieure qui vient sortir par la vanne, et néanmoins le travail produit a la même valeur que si c'était cette même eau qui fût descendue, sans que le reste du liquide eût pris part au mouvement.

(34) Après avoir examiné tout ce qui est relatif au travail dû aux poids, nous allons considérer celui qui est dû à des réactions mutuelles.

Supposons qu'il y ait, au nombre des forces appliquées à un système, des attractions ou répulsions mutuelles, comme seraient, par exemple, des forces produites par un ressort qui agirait, soit pour rapprocher, soit pour écarter avec des forces égales les points placés à ses extrémités. Cherchons le travail produit pendant le mouvement, par deux forces de cette espèce.

Désignons par R la force du ressort que nous supposerons répulsive, et par r, la distance qui sépare les deux points sur lesquels agissent les répulsions. Ces forces seront dirigées dans le sens de la ligne r, et tendront à l'augmenter. Représentons par ds et ds' les arcs infiniment petits décrits pendant le mouvement par ces deux points, et par δ et δ', les angles formés par les directions de ces arcs ds et ds' avec les forces répulsives, ou, ce qui revient au même, avec les prolongemens de la ligne r qui joint les points où les forces sont appliquées.

L'élément du travail dû à la force R, qui agit sur le premier point qui parcourt l'élément de chemin ds, sera R cos δds ; le travail produit dans un temps donné sera donc $\int R \cos \delta ds$, l'intégrale étant prise entre le premier et le dernier instant. Il en sera de même pour l'autre force R appliquée au second point ; le travail qu'elle produira sera $\int R \cos \delta' ds'$. Le travail total dû aux deux forces du ressort sera donc

$$\int R \cos \delta ds + \int R \cos \delta' ds',$$

ou bien

$$\int R(\cos \delta ds + \cos \delta' ds').$$

La distance r pouvant être considérée comme une fonction des deux arcs s et s' décrits par les points mobiles, on a, par les principes du calcul différentiel,

$$dr = \frac{dr}{ds} ds + \frac{dr}{ds'} ds'.$$

Les dérivées partielles $\frac{dr}{ds}$ et $\frac{dr}{ds'}$ ne sont autre chose que cos δ et cos δ'; car le dr partiel qui est au numérateur de la première fraction, par exemple, étant l'accroissement que prendrait la distance r, si le premier point seulement se déplaçait de ds, c'est-à-dire si la ligne r tournait autour du second point, il sera la projection de ds sur la ligne r; en sorte qu'on a $dr = \cos \delta ds$, ou $\frac{dr}{ds} = \cos \delta$, cette égalité existant pour le signe comme pour la valeur numérique. Comme on a de même $\frac{dr}{ds'} = \cos \delta'$, il en résulte que

$$\cos \delta ds + \cos \delta' ds' = dr.$$

Si les forces R étaient attractives, on aurait $\frac{dr}{ds} = -\cos \delta$, $\frac{dr}{ds'} = -\cos \delta'$, ce qui donnerait

$$\cos \delta ds + \cos \delta' ds' = -dr.$$

De sorte qu'en substituant dans $\int R(\cos \delta ds + \cos \delta' ds')$, qui est l'expression du travail produit par les forces attractives ou répulsives, on a

pour les forces répulsives, $\int R dr$,
pour les forces attractives, $-\int R dr$.

Ce résultat est extrêmement remarquable en ce qu'il ne dépend plus des arcs s et s' parcourus par les points. Pour obtenir ces intégrales, il n'est pas nécessaire de connaître le mouvement propre de chaque point, il suffit de savoir comment la force R a varié par rapport à la distance r.

Le signe définitif du travail $\int Rdr$ proviendra de deux signes qui se superposeront : d'abord de celui qui vient du sens dans lequel la force R agit, et ensuite de celui qui provient de ce que les limites devant suivre l'ordre du temps, dr sera négatif si r décroît avec le temps. De ces deux signes il résultera en définitive une quantité positive quand ils seront de même espèce, c'est-à-dire quand la force agira dans le sens du chemin décrit suivant la ligne r, et une quantité négative quand ils seront de différente espèce, c'est-à-dire quand la force agira en sens contraire de ce chemin. Ainsi, dans le premier cas, il y aura un travail moteur produit, et dans le second ce sera un travail résistant.

On peut assimiler ce travail moteur ou résistant à un autre travail produit avec des circonstances plus simples. Car si l'on fait abstraction du mouvement propre des points, et qu'on suppose qu'une des extrémités de la ligne r étant fixe, l'autre s'en rapproche ou s'en écarte sans que cette ligne r change de direction, le travail dû à la force R qui est appliquée à l'extrémité mobile sera, d'après la définition, $\int Rdr$ ou $-\int Rdr$. Il sera moteur ou résistant, suivant que la force R agira dans le sens de dr, ou en sens opposé. Ainsi ce travail sera tout-à-fait égal et tout-à-fait de même espèce que celui qui est produit quand on ne fait pas abstraction des mouvemens propres des points ; en sorte qu'on peut dire que *lorsqu'il existe, dans une machine, des forces attractives ou répulsives entre deux points, le travail dû à ces forces est le même que celui qui aurait été produit, si, sans donner aucun mouvement à l'un de ces points, ni sans changer la direction de la distance qui les sépare, on eût écarté ou rapproché l'autre point d'autant qu'il l'a été dans le mouvement, sans rien modifier à la manière dont l'attraction ou la répulsion a varié avec cette distance.*

Ce théorème a beaucoup d'applications dans les machines, parce que les forces que développent les corps, par leurs compressions ou par leur extension, sont composées d'attractions ou de répulsions mutuelles qui présentent chacune deux actions égales et en sens opposé, ce qui est la seule condition de l'énoncé précédent.

Dans ce qui suit, nous désignerons pour abréger ces actions réciproques par les noms de *réactions* ou de *ressorts*.

(35) Lorsque les réactions R reprennent les mêmes valeurs quand r repasse par la même grandeur, c'est-à-dire lorsqu'elles restent les mêmes fonctions des distances, nous les appellerons *élastiques*. Nous dirons que des réactions sont imparfaitement *élastiques*, lorsque les forces ne reprennent pas des valeurs aussi grandes quand la distance des points revient la même. Ce sera ainsi appliquer aux réactions en général ce qu'on dit des ressorts.

Pour des réactions élastiques, l'intégrale $\int Rdr$ est nulle entre deux instans pour lesquels la distance r est redevenue la même : car alors cette intégrale se partage en deux portions parfaitement égales et de signes contraires, l'une pour l'extension de r, l'autre pour son décroissement; en sorte que le travail moteur et le travail résistant, produits entre les deux instans pour lesquels r a repris la même valeur, sont égaux et se compensent. Il n'y a alors dans le premier membre de l'équation des forces vives ni perte ni gain entre ces deux instans.

Un certain travail moteur ayant été employé à comprimer ou étendre un ressort parfaitement élastique, celui-ci peut ensuite revenir à la longueur primitive, et reproduire un travail moteur parfaitement égal à celui qu'il a reçu, puisque les deux portions de l'intégrale $\int Rdr$, l'une pour le travail résistant que le ressort produit en se déformant, et l'autre pour le travail moteur qu'il communique en revenant à la longueur primitive, seront parfaitement égales. C'est en ce sens qu'on dit qu'un ressort comprimé rend tout le travail qu'il a reçu et qu'il peut s'assimiler à une force vive, c'est-à-dire à un corps possédant de la vitesse, et pouvant produire un certain travail égal à celui qu'il a reçu.

Si la réaction n'est pas parfaitement élastique, l'intégrale $\int Rdr$ sera alors la différence entre les quantités de travail résistant et de travail moteur produits, d'une part pendant le dérangement du ressort, et d'une autre pendant son retour à la longueur primitive. Pour se représenter cette valeur de $\int Rdr$ étendue à une suite d'oscillations du ressort, on n'a qu'à concevoir une courbe dont r soit l'abscisse et R l'ordonnée. Le premier dérangement du ressort, produisant une force R dirigée en sens contraire de dr, donnera un travail résistant $\int Rdr$ qui sera l'aire de cette courbe; ensuite le ressort retournant à sa position de départ, le travail produit sera moteur : il se retranchera du premier précisément comme l'aire engendrée, quand l'abscisse r décroît, se retranche de la première aire engendrée, et la ramène à zéro quand l'abscisse revient au point de départ, si toutefois l'ordonnée R a conservé les mêmes valeurs à l'allée et au retour. Mais si R devient plus petit au retour de r à la même valeur, alors la seconde aire décrite ne sera pas égale à la première ; la différence, qui sera un travail résistant, sera l'aire comprise entre les deux courbes fournies par les deux valeurs de R. Si les oscillations se répètent, et qu'il y ait toujours ainsi une diminution dans la force R, il y aura à chaque oscillation un excès du travail résistant sur le travail moteur : ce sera la différence totale qu'il faudra introduire dans l'équation des forces vives pour la valeur de l'intégrale $\int Rdr$, c'est-à-dire pour la valeur totale du travail résistant dû aux réactions du ressort. Quelque peu élastique que soit ce ressort, cette différence totale, qui est la somme d'une série de termes de signes alternés allant tous en décroissant, ne pourra jamais être qu'inférieure au plus grand terme de la série, c'est-à-dire au travail qu'on emploierait à produire la plus grande compression et la plus grande extension qui a eu lieu pendant le mouvement.

On conclut de ce qui précède, que si l'on se sert de l'intermédiaire d'un ressort pour transmettre à un corps le travail qu'une force produit sur un autre corps, il sera transmis en totalité, au moins sensiblement, si le temps pendant lequel on considère le mouvement est assez considérable pour qu'on puisse négliger devant ces quantités de travail, d'une part, celle qui est due une fois pour toutes à la plus grande compression et à la plus grande extension que le ressort a prises pendant le mouvement ; et d'une autre, la variation de la force vive du corps qui est intermédiaire entre la force et le ressort. Ceci résulte évidemment de ce que la différence entre le travail reçu par le premier corps et le travail transmis au second, est égale à celle qui est due aux compressions et aux extensions du ressort qui les sépare, augmentée de la variation de la force vive du premier corps.

(36) La considération des forces produites par un ressort, ou par toute espèce de réactions mutuelles, donne lieu à l'introduction d'une quantité dont la notion est très utile dans la théorie du travail.

Si R désigne une force de réaction mutuelle, et r la distance qui sépare les points, nous appellerons *raideur*, dans cette réaction, la quantité $\frac{dR}{dr}$ qui mesure la rapidité avec laquelle la force R croît ou décroît avec la variation de distance. Cette dénomination est conforme au sens qu'on donne à ce mot, quand on parle de la raideur d'un ressort. En effet, on dit dans le langage ordinaire qu'un ressort est plus ou moins raide, suivant que, pour un même dérangement d'une de ses extrémités, il réagit avec une force plus ou moins grande. La raideur est donc, dans ce sens, le rapport entre la force produite et le petit dérangement qui la fait naître. Comme on part alors de la position naturelle du ressort pour laquelle la force est toujours nulle, la force produite après le dérangement est, dans ce cas, l'accroissement de R correspondant à ce dérangement : la raideur, dans l'acception ordinaire de ce mot, est donc alors la quantité $\frac{dR}{dr}$. Il est naturel d'étendre cette définition à tout autre état du ressort, et d'appeler de même raideur d'un ressort déjà comprimé, le rapport des accroissemens dR et dr, pris pour un changement très petit à partir de l'état que l'on considère. Il faut bien prendre garde qu'un ressort déjà comprimé ne serait pas très raide pour cet état de compression, par cela seul qu'il produirait une très grande force, mais seulement parce que cette force croîtrait rapidement si l'on venait à le comprimer davantage. Il peut avoir une raideur nulle ou très faible pour une très grande force de compression. Ceci doit s'entendre non-seulement des ressorts proprement dits, mais aussi des actions mutuelles, comme les attractions ou les répulsions entre les particules matérielles. Dans tous les corps très solides, les réactions ont une grande raideur, puisqu'un dérangement insensible produit un accroissement de force très considérable. Enfin, dans la supposition purement rationnelle que des corps sont parfaitement invariables de forme, les réactions entre leurs particules auront une raideur infinie, puisque la force croît sans que la distance change, et qu'alors $\frac{dR}{dr}$ est infini.

(37) On va déjà voir, par ce qui suit, combien la considération de cette raideur peut être utile dans les questions qui se rapportent à la répartition du travail.

Concevons différens ressorts placés bout à bout en ligne droite, pour former un système susceptible de compression. Supposons que des forces opposées P et P′ soient appliquées aux deux extrémités de ce système, et qu'il en résulte une compression dans les ressorts. Admettons en outre que ces forces P et P′ croissent assez lentement pour que le mouvement se fasse sans vitesses sensibles, de manière qu'on puisse négliger les forces vives. Désignons par R, R′, R″, etc., les forces des ressorts qui seront variables, soit avec le degré de compression, soit avec le temps, mais sensiblement égales pour les différens ressorts, et représentons par dr, dr', dr'', etc., les élémens de compression de ces ressorts. Comme nous supposons que les vitesses sont assez petites pour qu'on puisse négliger la variation de la somme des forces vives, le travail dû aux forces extrêmes sera égal à celui qui est absorbé par les compressions des ressorts, en sorte qu'on aura

$$\int Pds + \int P'ds' = \int Rdr + \int R'dr' + \int R''dr'' + \text{etc.},$$

si les forces P et P′ produisent chacune un travail moteur; et

$$\int Pds - \int P'ds' = \int Rdr + \int R'dr' + \int R''dr'' + \text{etc.},$$

si la force P′ produit un travail résistant, c'est-à-dire si le point sur lequel elle agit se meut en sens contraire de cette force.

Il est utile, dans beaucoup de cas, de savoir comment le travail total, produit par les forces extrêmes, s'est réparti entre les différens ressorts lorsque la compression a lieu ainsi lentement. Ce sont les valeurs des intégrales $\int Rdr$, $\int R'dr'$ qu'il faut donc comparer entre elles. Dans cette hypothèse des mouvemens lents, on a sensiblement à chaque instant

$$R = R' = R'' = \text{etc.};$$

les intégrales $\int Rdr$, $\int R'dr'$, prises pour l'étendue de la compression, peuvent se transformer en

$$\int \left(R\frac{dr}{dR}\right) dR, \quad \int \left(R'\frac{dr'}{dR'}\right) dR'.$$

Or, en intégrant ici par rapport à R et R′, les limites seront les mêmes dans les deux intégrales, puisqu'on a à chaque instant $R = R'$. Ces deux intégrales seraient donc égales si l'on avait aussi à chaque instant $\frac{dr}{dR} = \frac{dr'}{dR'}$. La première sera plus grande que la seconde si l'on a $\frac{dr}{dR} > \frac{dr'}{dR'}$, ou bien $\frac{dR}{dr} < \frac{dR'}{dr'}$; c'est-à-dire si la raideur de la première réaction R a été constamment moindre que celle de la seconde R'. Ainsi, *lorsque plusieurs réactions ou plusieurs ressorts, placés bout à bout en ligne droite, sont comprimés assez lentement pour que les forces soient égales à chaque instant, les ressorts les moins raides pendant la durée de la compression absorbent le plus de travail.*

Si certains ressorts ou certaines réactions de ce système ne sont pas élastiques, c'est-à-dire ne peuvent rendre tout le travail absorbé, il y en aura d'autant moins de perdu que ces réactions seront plus raides. Bien entendu que ceci s'applique aux extensions comme aux compressions.

(38) Cette influence de la raideur sur le travail absorbé par les réactions s'étend à tous les cas où, par une cause quelconque, il se maintient égalité entre les forces qui agissent à chaque instant pour comprimer ou pour étendre différens ressorts, ou pour modifier l'intervalle de deux points entre lesquels il y a répulsion ou attraction.

Si, par exemple, on conçoit qu'un fluide renfermé dans un vase presse des pistons d'égales surfaces, lesquels résistent par les réactions de certains ressorts, et qu'on suppose qu'en poussant lentement le fluide dans le vase, on l'oblige à faire céder les pistons d'un mouvement assez lent pour que l'on puisse admettre l'égalité de pression comme dans le cas d'équilibre, il arrivera que les ressorts les moins raides absorberont le plus de travail. Si, par exemple, les ressorts sont produits par des gaz comprimés dans des tubes, comme la raideur sera d'autant plus grande que les tubes seront plus courts, il s'ensuit que ce seront les tubes les plus longs qui absorberont le plus de travail.

(39) Si les forces qui agissent en même temps sur différens ressorts, au lieu d'être égales à chaque instant, devaient avoir des rapports constans entre elles, alors le travail absorbé dépendrait de deux élémens, et de ces rapports, et de la raideur. En effet, si l'on a à chaque instant

$$a\,\mathrm{R} = \mathrm{R}',\ a'\,\mathrm{R} = \mathrm{R}'',\ \text{etc.},$$

on aura entre les quantités de travail les relations

$$\int \mathrm{R}'\,dr' = a^2 \int \mathrm{R}\,\frac{dr'}{d\mathrm{R}'}\,d\mathrm{R},\ \int \mathrm{R}''\,dr'' = a'^2 \int \mathrm{R}\,\frac{dr''}{d\mathrm{R}''}\,d\mathrm{R},\ \text{etc.},$$

les intégrales étant prises entre les mêmes limites par rapport à la variable R. Ainsi ces quantités varieront d'un ressort à un autre proportionnellement aux carrés des rapports a, a', etc., et en raison décroissante, avec les raideurs $\frac{dR'}{dr'}$, $\frac{dR''}{dr''}$. C'est ce qui arriverait si dans l'exemple des pistons poussés dans des tubes par un fluide refoulé dans un vase, les surfaces de ces pistons étaient différentes.

(40) On a quelquefois occasion de considérer la raideur, non plus pour le rapprochement ou l'écartement de deux points, mais pour le déplacement d'un seul point dans l'espace, lorsqu'une force accompagne ce déplacement. En appelant ds le petit arc décrit par le point mobile, et P la composante de la force dans le sens de ds, ce que nous appellerons raideur, dans ce cas, sera $\frac{dP}{ds}$. Si l'on construit une courbe dont s soit l'abscisse et P l'ordonnée, la tangente de son inclinaison sera la raideur; tandis que l'aire de cette courbe sera le travail dû à la force.

(41) Si différentes forces agissent sur différens points mobiles, les quantités de travail produites en temps égaux seront $\int P ds$, $\int P' ds'$, etc., ou $\int P \frac{ds}{dt} dt$, $\int P' \frac{ds'}{dt'} dt$, etc. Si l'on suppose que les intensités des forces P et P' soient égales à chaque instant, on aura $P = P'$ pour une même valeur du temps. Les limites des intégrales étant les mêmes, les quantités de travail les plus grandes correspondront à ceux des points mobiles pour lesquels les vitesses $\frac{ds}{dt}$, $\frac{ds'}{dt'}$ auront été constamment plus grandes. On conclut de là que si des forces, agissant sur des masses différentes parfaitement libres, ont été constamment égales dans le sens du mouvement, et que ces masses n'aient pas eu de vitesses initiales, les quantités de travail les plus grandes correspondront aux plus petites masses. Car alors, comme on a à chaque instant, en raison de l'égalité entre les forces $m \frac{ds}{dt} = m' \frac{ds'}{dt} =$ etc., et par suite, $mv = m'v' =$ etc., vu que les vitesses initiales sont nulles, il s'ensuit que les vitesses les plus grandes correspondent aux masses les plus petites. On conclut encore que si un ressort ou une réaction quelconque agit d'un côté sur un corps libre, et d'un autre sur une masse qui, en outre de son inertie, offre une résistance, comme celle qui proviendrait par exemple des frottemens; alors, comme la vitesse de cette masse sera à chaque

instant moindre que si elle était libre, le travail qu'elle recevra sera encore plus petit en comparaison de celui qui est transmis à la masse libre qui est poussée par l'autre extrémité du ressort.

Il résulte de ces remarques, que, dans un canon où l'expansion du gaz produit des forces égales contre le projectile et contre la pièce; lorsque celle-ci est libre, le travail que reçoit le boulet est d'autant plus grand que la pièce a plus de masse: en sorte que, bien que ce qu'on appelle les quantités de mouvement, c'est-à-dire les produits des masses par les vitesses, soient égales de part et d'autre, les quantités de travail produites, qui sont mesurées ici par les forces vives, ne sont point égales pour le projectile et pour la pièce (*). Lorsque celle-ci est appuyée de manière à éprouver une résistance à son recul, en outre de son inertie, cette circonstance augmente le travail que reçoit le boulet et conséquemment sa vitesse.

(41) Nous allons donner maintenant la mesure du travail produit par un gaz ou une vapeur contenue dans une enveloppe d'une forme quelconque à parois mobiles, dans la supposition où l'extension de l'enveloppe n'est pas assez rapide pour que la pression qu'elle supporte ne soit pas sensiblement égale sur tous les points. Les résultats vont nous présenter de l'analogie avec ceux que nous avons trouvés pour les réactions ou les ressorts.

Concevons qu'un volume v terminé par une surface quelconque, soit rempli de vapeur à une certaine tension, que ce volume puisse se dilater et même se déplacer pendant que de nouvelles vapeurs y arrivent. Désignons par da un élément de la surface enveloppe à un instant quelconque; par h la hauteur d'une colonne d'eau qui produirait sur une base da la pression que ce même élément supporte par l'action de la vapeur; cette pression sera $\pi h da$, en désignant par π le poids de l'unité de volume de l'eau: cette force $\pi h da$ agira au centre de gravité de la surface da, et dans la direction de la normale. En représentant par dr la petite longueur interceptée sur cette normale, entre l'enveloppe que l'on considère à un certain instant et l'enveloppe considérée à l'instant suivant, l'élément de travail produit par la pression $\pi h da$,

(*) Petit a fait cette remarque dans une note sur les machines, insérée dans le Traité de Lantz et Bétancourt.

pendant un temps infiniment petit, sera $\pi h da dr$; cet élément ayant le signe plus, quand le déplacement dr se fait du dedans au dehors, et le signe moins dans le cas contraire. Le travail total produit dans ce même temps infiniment petit pour toutes les pressions produites sur l'enveloppe, sera l'intégrale de $\pi h da dr$ étendue à toute l'enveloppe. Comme nous admettons que la hauteur h, qui constitue l'intensité de la pression sur une surface donnée, est la même pour tous les points de l'enveloppe à un instant donné, ce travail a pour expression

$$\pi h \int da dr,$$

l'intégrale s'étendant à trois dimensions. Si l'on conçoit des normales qui entourent l'élément da, la portion de volume comprise entre les deux enveloppes consécutives et la surface presque cylindrique formée par ces normales, aura pour expression à la limite, le produit $da dr$; ainsi $\int da dr$ sera l'élément d'accroissement du volume total v: on aura donc,

$$\int da dr = dv,$$

l'élément $da dr$ devant être pris négativement quand le déplacement dr se fait du dehors au dedans, en sens contraire de la pression. Mais on sait qu'il fallait prendre les signes de la même manière pour l'élément du travail; ainsi, en désignant par T ce travail, on a toujours, quel que soit le signe,

$$d\mathrm{T} = \pi h dv, \text{ d'où } \mathrm{T} = \pi \int h dv;$$

résultat qui montre que le travail total, produit sur les différens élémens des parois par l'expansion du gaz, ne dépend ni de la forme de l'enveloppe ni de son mouvement dans l'espace; il résulte seulement de la manière dont la pression varie avec le volume, et des valeurs de ce volume au commencement et à la fin du mouvement. h pourra être ou constant ou variable avec v; quoi qu'il en soit, le travail moteur produit ne dépendra que de la relation entre h et v, et des premières et dernières valeurs de v. h pourrait dépendre d'autres élémens que de v, par exemple de la température de la vapeur: si elle n'est pas constante, cela ne changerait rien au principe, seulement on ne pourrait pas alors obtenir l'intégrale $\pi \int h dv$ sans savoir comment h varie, en même temps que v varie aussi.

Cette remarque est analogue à celle que nous avons donnée pour le travail produit par la réaction entre deux points. Nous avons vu qu'il était aussi indépendant du mouvement propre des points, et qu'il résultait seulement du changement de la distance des points et de la manière dont la force variait avec cette distance.

Si h est constant, on a, en désignant par v et v_0 les premières et dernières valeurs de v,

$$T = \pi h \int dv = \pi h (v - v_0),$$

c'est-à-dire qu'alors le travail produit par la vapeur est égal à celui qui est nécessaire pour élever à une hauteur h un poids d'eau d'un volume égal à l'accroissement qu'a pris celui de la vapeur. Si h était une hauteur de pression en mercure, alors $\pi(v - v_0)$ serait le poids d'un volume de mercure égal à ce même accroissement $v - v_0$.

(42) Comme le vide absolu n'existe jamais derrière les parois du vase qui renferme la vapeur, il s'ensuit qu'il ne faut calculer la pression qu'en raison de la différence des pressions qui s'exercent en sens contraire. Si l'on désigne par h_1 la colonne d'eau qui représente la pression du condensateur, on aura, pour le travail réellement produit par la vapeur,

$$\pi \int (h - h_1) dv.$$

Si l'on suppose différens gaz ou différentes vapeurs renfermées dans différentes enveloppes extensibles, dont les parois soient en contact, par exemple, deux vapeurs à tensions différentes renfermées dans deux cylindres et entre deux pistons mobiles dont l'un sert de séparation aux deux vapeurs, comme dans la machine de Woolf; le travail total produit par les deux vapeurs, sur les deux pistons mobiles, s'obtiendra en ayant égard à toutes les forces et à tous les déplacemens qui résultent de l'expansion de ces gaz. Or, d'après ce que nous venons de voir, tout ce qui est dû aux forces produites par l'une de ces vapeurs ne dépend pas de son mouvement propre, mais seulement de l'accroissement du volume. Il s'ensuit qu'en réunissant les quantités de travail dues à toutes les forces que produisent ces deux vapeurs, on aura aussi un résultat indépendant du mouvement propre des parois; il ne dépendra que de l'accroissement de chaque volume. Si l'un des gaz a une force élastique h et un volume v, l'autre une force élastique h' et un volume v', le travail total sera

$$\pi \int h dv + \pi \int h' dv'.$$

S'il y a une pression h_1 dans le condensateur, qui agisse constamment sur les parois extérieures du volume total, c'est-à-dire ici sur le piston extérieur, il faudra retrancher le travail résistant

$$\int h_1(dv + dv'),$$

puisque $dv + dv'$ est la différentielle du volume total ; il reste après cette soustraction

$$\pi \int (h - h_1)dv + \pi \int (h' - h_1)dv' :$$

c'est-à-dire que le travail moteur produit réellement sur les pistons, est le même que si la pression du condensateur eût agi immédiatement sur les parois de chaque volume partiel v et v'.

(43) Nous allons appliquer ces formules au calcul du travail que peut produire la vapeur qu'on formerait à différentes températures, en usant pour sa formation de la totalité de la chaleur que développe la combustion d'un kilogramme de charbon de terre (*).

Nous partagerons ce travail en deux parties, celui qui est produit par la vapeur pendant sa formation, et celui qui est produit par l'expansion de cette même vapeur, en supposant qu'elle ne gagne ni ne perde plus aucune nouvelle quantité de chaleur pendant cette expansion.

Le travail produit par la formation de la vapeur sera

$$\int \pi(h - h_1)dv,$$

h et h_1 étant comme précédemment les hauteurs des colonnes d'eau qui produisent les pressions de la vapeur dans le cylindre et dans le condensateur. Si on désigne par v_0 le dernier volume occupé par cette vapeur, et qu'on la suppose formée à une pression constante désignée par h_0, ce travail deviendra

---

(*) On trouve, dans les *Annales des Mines*, année 1824, un mémoire de M. Combe, où il a donné le calcul du travail qu'on peut obtenir avec une quantité de chaleur déterminée quand on l'emploie à former de la vapeur ; mais il a suivi une méthode différente de celle que nous donnons ici. Néanmoins, nous devons l'idée de cette question à la lecture de ce mémoire.

$$\pi\,(h_0 - h_1)\,v_0,$$

ou bien en prenant ici pour unité le poids π d'un mètre cube d'eau qui est de 1000 kilog., afin d'avoir le travail exprimé en dynamodes (*),

$$h_0 v_0 \left(1 - \frac{h_1}{h_0}\right).$$

Pour réduire cette formule en nombres, dans la supposition où l'on emploie toute la chaleur produite par la combustion d'un kilogramme de charbon, il faudrait connaître, 1°. cette quantité de chaleur; 2°. la masse ou le poids de vapeur qu'on peut former à une température déterminée avec une quantité de chaleur donnée; 3°. le volume, ou, ce qui revient au même, la densité de cette même vapeur; 4°. enfin, la relation entre les températures et les forces élastiques des vapeurs à l'état de saturation. A l'exception de cette dernière loi, il n'y a rien de bien précis aujourd'hui sur ces données physiques. On ne peut donc présenter ici que des résultats approximatifs qui soient autant que possible des limites inférieures et supérieures.

D'après les expériences de MM. Clément et Desormes, toute la chaleur dégagée par la combustion d'un kilogramme de charbon serait mesurée par celle qui élèverait d'un degré 7000 litres d'eau. M. Despretz dit, dans son *Traité de Physique*, qu'il faudrait porter cette quantité au-delà de 7914 litres que donne le charbon de bois d'après ses expériences.

On admet assez généralement jusqu'à présent que la quantité totale de chaleur nécessaire pour réduire en vapeur un poids donné d'eau prise à zéro de température, est sensiblement constante, quelle que soit la pression à laquelle on forme cette vapeur : les expériences de MM. Clément et Desormes donneraient ce résultat. Southern aurait trouvé que la quantité de chaleur augmentait de celle qu'il faut pour élever la température de l'eau vaporisée, en sorte que ce ne serait que la chaleur latente employée à réduire l'eau en vapeur qui serait constante. Jusqu'à 8 atmosphères, limite des pressions pour lesquelles nous étendrons nos calculs, le surplus de chaleur que donne la seconde loi ne s'élève qu'à un neuvième environ, différence presque négligeable

(*) Ce que nous avons appelé *dynamode*, est le travail qui résulte d'une force de 1000 kilogrammes, exercée sur un point qui parcourt un mètre dans le sens de cette force.

au degré d'approximation qu'on peut avoir ici. Nous pouvons donc admettre la supposition que la chaleur totale reste constante. Dans cette hypothèse, pour comparer les quantités de travail à une même consommation de chaleur ou de combustible, abstraction faite des pertes de calorique, il suffit de les comparer au poids de la vapeur formée, en sachant une fois pour toutes quelle quantité de chaleur il faut pour réduire en vapeur un kilogramme d'eau prise à zéro de température. En adoptant la moyenne des diverses expériences, cette quantité serait ce qu'il faut pour élever d'un degré 650 litres d'eau. Ainsi, la chaleur, dégagée par la combustion d'un kilogramme de charbon de terre, formerait un poids de vapeur qui pourrait être porté de $10^k,76$ à $12^k,15$. Afin d'avoir des résultats faciles à modifier suivant ce qu'on saura sur le poids d'eau qu'on peut vaporiser dans les machines à vapeur, eu égard aux pertes de chaleur, nous calculerons le travail pour 10 kilog.; ce nombre pourra être considéré comme le produit au *minimum* de toute la quantité de chaleur dégagée par la combustion d'un kilogramme de houille.

Les physiciens ne sont pas d'accord sur le volume qu'occupe un kilogramme ou un litre d'eau réduit en vapeur à différentes températures. La plupart admettent qu'on peut appliquer ici la loi de dilatation des gaz, c'est-à-dire que ces volumes sont en raison inverse des pressions, et s'accroissent en outre, sous une même pression, de 0,00375 pour chaque degré de température. Southern prétend qu'ils sont simplement en raison inverse des pressions, sans égard aux températures. Il paraîtrait assez naturel, en effet, que la densité, au point de saturation, devînt plus forte qu'elle ne le serait suivant la loi de dilatation des gaz (*). Nous donnerons les résultats fournis par chacune de ces deux hypothèses.

Un kilogramme d'eau vaporisée à 100° centigrades occupant un volume de $1^m,70$, et la vapeur exerçant une pression due à une hauteur d'eau de $10^m,32$; le volume v_0 pour 10 kilogrammes de vapeur à une température et une pression quelconque θ_0 et h_0, sera tel qu'on aura, d'après la loi de Southern, $h_0 v_0 = 175,44$, et d'après la loi de dilatation des gaz, $h_0 v_0 = 127,59\,(1 + 0,00375\theta_0)$. En substituant dans l'expression du travail produit par la formation de la vapeur, on obtiendra :

(*) C'est l'opinion à laquelle M. Dulong a été conduit par des expériences particulières, ainsi qu'il a bien voulu me le dire en me donnant des éclaircissemens sur l'état de cette question.

Suivant la loi de Southern, $175,44\left(1-\frac{h_1}{h^0}\right)$;

Suivant la loi de dilatation des gaz, $127,59\,(1+00375\theta_0)\left(1-\frac{h_1}{h_0}\right)$.

Si l'on se donne la pression h_1 derrière le piston ou dans le condenseur et qu'on prenne le rapport $\frac{h_0}{h_1}$ dans la table des forces élastiques qui a été donnée par M. Dulong comme la plus exacte qu'on ait jusqu'à présent, on trouvera les quantités de travail dues à la formation de 10 kilogrammes de vapeur. La quantité totale de chaleur employée à cet effet étant supposée constante, ces résultats donneront immédiatement la comparaison entre les quantités de travail et une même quantité de chaleur : ils sont portés dans le tableau qu'on trouvera à la fin de cet article.

Cherchons maintenant le supplément de travail qu'on pourrait obtenir théoriquement si avant la condensation on laissait la vapeur se dilater jusqu'à la pression h_1 qui a lieu dans le condenseur. Nous supposerons ensuite qu'elle ne se dilate que jusqu'à une pression supérieure à h_1.

Pour cela, reprenons la formule qui donne le travail de quelque manière que varie la force élastique avec le volume : elle est, en prenant le poids π d'un mètre cube d'eau pour unité,

$$\int (h-h_1)\,dv.$$

Ici les limites de l'intégrale devront correspondre au commencement et à la fin de l'expansion de la vapeur, c'est-à-dire que la première sera le volume v_0, qui répond à la pression h_0 de la formation, et la seconde le volume v_1, qui répond à la pression h_1 dans le condenseur. Ainsi, cette expression devient

$$\int_{v_0}^{v_1} h\,dv - h_1(v_1 - v_0).$$

Si maintenant on veut réunir dans une même formule le travail total, on ajoutera à ce dernier celui qui est dû à la formation du volume v_0 de vapeur; savoir : $v_0\,(h_0 - h_1)$; on aura ainsi

$$\int_{v_0}^{v_1} h\,dv - h_1 v_1 + h_0 v_0.$$

D'après la formule d'intégration par partie, cette expression se réduit à

$$\int_{h_1}^{h_0} v dh.$$

Telle est, indépendamment de toute hypothèse, la formule qui donne le travail total dû à la formation et à l'expansion de la vapeur, lorsqu'on pousse l'expansion aussi loin que possible, c'est-à-dire jusqu'à ce que la pression soit réduite à celle du condenseur.

Si l'on ne poussait l'expansion que jusqu'à ce que le volume et la pression eussent pris des valeurs h' et v' qui répondissent à une pression supérieure à celle de la condensation, ce qui arrive dans une machine à vapeur, parce que le volume v' est limité par la course du piston, on trouverait facilement que le travail se réduit à

$$\int_{v_0}^{v'} h dv + v_0 h_0 \left(1 - \frac{v' h_1}{v_0 h_0}\right).$$

Comme nous ne nous occupons ici que d'un *maximum* théorique, nous supposerons que l'expansion soit poussée jusqu'à la pression h_1 du condenseur, et nous n'appliquerons que la première de ces formules.

En partant de la loi sur les densités qui suppose la dilatation analogue à celle des gaz, et en laissant un coefficient quelconque α pour représenter la dilatation par chaque degré, nous renfermerons ainsi dans une même formule l'autre hypothèse, qui suppose qu'il n'y a point de dilatation due à la température ; il suffira, en effet, de poser alors $\alpha = 0$. Si l'on compare les variables v, h et θ, aux valeurs qu'elles ont pour le même poids de vapeur de 10 kilogrammes, formée à 100°, on aura

$$v = 175,44 \frac{(1 + \alpha\theta)}{h(1 + 100\alpha)}.$$

Le travail total dû à la formation et à l'expansion de la vapeur jusqu'au degré de pression du condenseur, ayant pour expression $\int_{h_1}^{h_0} v dh$, on mettra pour v la valeur précédente, et l'on aura

$$\frac{175,44}{(1 + 100\alpha)} \int_{h_1}^{h_0} (1 + \alpha\theta) \frac{dh}{h}.$$

Pour compléter le calcul, il ne restera plus qu'à substituer sous l'intégrale pour h sa valeur en θ, ou pour θ sa valeur en h.

Pour arriver à cette relation, nous remarquerons que puisqu'il s'agit d'un *maximum* théorique, on doit supposer que la vapeur ne communique point de sa chaleur aux corps environnans pendant son expansion. A la vérité, cela ne peut être rigoureusement ainsi en réalité, mais au moins les résultats fournis par cette hypothèse donneront la limite de laquelle on peut s'approcher d'autant plus dans la pratique que les machines sont mieux combinées pour éviter les pertes de chaleur. En admettant donc que ces pertes soient nulles, il s'ensuit que la quantité de chaleur renfermée dans le poids de vapeur qui prend de l'expansion restera la même. Mais puisqu'on admet que la quantité totale de chaleur renfermée dans une même masse de vapeur à saturation reste la même, quelle que soit sa densité, il s'ensuit que réciproquement, si un poids donné de vapeur se dilate sans perdre de chaleur, cette vapeur restera à l'état de saturation; de sorte que sa température s'abaissera pendant la dilatation, de manière qu'à chaque instant il y aura entre la force élastique et cette température la relation qui est donnée par la table de Dalton. Si l'on admettait la loi de Southern, qui suppose qu'un poids de vapeur à saturation a besoin d'un peu plus de chaleur à une pression et une densité plus fortes, alors, à mesure que l'expansion se produirait, cet excès de chaleur porterait la température et par conséquent la pression pour chaque état du volume à un point plus élevé que pour la vapeur à saturation; on obtiendrait donc plus de travail que dans la supposition où la chaleur totale reste constante. Ainsi, en adoptant cette dernière loi, nous aurons des résultats plutôt trop faibles que trop forts.

Pour exprimer la relation donnée par expérience entre les températures et les forces élastiques à saturation, nous nous servirons d'une formule d'interpolation qui paraît être à la fois la plus simple et la plus approchée dans toute l'étendue des expériences; savoir :

$$h=(a+b\theta)^{\mu},$$

On peut encore l'écrire ainsi :

$$\frac{h}{h_0}=\left\{\frac{1+\beta\theta}{1+\beta\theta_0}\right\}^{\mu} \text{(*)},$$

(*) Cette expression est celle qui a été employée depuis long-temps par M. Dulong. Je l'avais obtenue de mon côté, en remarquant que, comme dans la formule $\frac{h}{h_0}=\left\{\frac{1+0,00375\,\theta}{1+0,00375\,\theta_0}\right\}^{\mu}$, que M. Poisson a établie par des considérations théoriques, l'exposant μ ne pouvait rester constant dans une grande étendue, il y avait lieu

h_2 et θ_0 étant des valeurs de h et θ pour lesquelles on veut que la formule soit satisfaite.

On déterminera très facilement les constantes β et μ en choisissant dans la table dont nous avons parlé plus haut, trois points pour lesquels les pressions h_0, h_1 et h_2, correspondantes aux températures θ_0, θ_1 et θ_2, soient en progression géométrique. Nous avons pris ainsi pour l'étendue qu'on a lieu de considérer dans les machines à vapeur, $\theta_0 = 40°$, $\theta_1 = 92°$, et $\theta_2 = 173°$; ce qui donne

$$\beta = 0{,}01878 \text{ et } \mu = 5{,}355.$$

Avec ces nombres, la valeur de h coïncide généralement à moins d'un centième, avec les pressions données par l'expérience (*).

Nous conserverons, pour abréger l'écriture, les lettres β et μ dans l'expression de h. En la substituant dans celle qui donne le travail, on aura

$$\frac{175{,}44}{1 + 100\,\alpha}\int \mu\,\frac{(1 + \alpha\theta)\beta d\theta}{(1 + \beta\theta)},$$

ou bien

$$\frac{175{,}44}{1 + 100\alpha}\left[\mu\alpha\int d\theta + \mu\left(1 - \frac{\alpha}{\beta}\right)\int \frac{d\theta}{\frac{1}{\beta} + \theta}\right].$$

En intégrant depuis la température θ_0 de la formation jusqu'à la température θ_1 de la condensation, on trouve

$$\frac{175{,}44}{1 + 100\alpha}\left[\mu\alpha(\theta_0 - \theta_1) + \mu\left(1 - \frac{\alpha}{\beta}\right)\log\left(\frac{\frac{1}{\beta} + \theta_0}{\frac{1}{\beta} + \theta_1}\right)\right].$$

Cette formule servira pour toute valeur qu'on voudra donner au coefficient de dilatation α. Il suffit qu'on puisse admettre qu'il reste constant à tous les degrés de température. Si on veut le prendre égal à zéro, pour avoir le travail, d'après la loi de Southern, on aura en réduisant en nombre, et changeant les logarithmes népériens en logarithmes des tables,

$$2163{,}25 \log\left(\frac{53{,}24 + \theta_0}{53{,}24 + \theta_1}\right), \text{ ou encore } 403{,}97 \log\left(\frac{h_0}{h_1}\right).$$

---

d'essayer si, en changeant le coefficient de θ et de θ_0, on ne satisferait pas à une plus grande étendue des expériences, sans modifier cet exposant.

(*) Cette valeur donne à 224° une pression de 23,93 atmosphères. D'après ce que m'a dit M. Dulong, il résulte des expériences qu'il a faites avec la commission de l'Académie des sciences, qu'à cette température la pression est de 24 atmosphères.

Si l'on prend $\alpha = 0,00375$, comme le font la plupart des physiciens, on aura, en se servant toujours des logarithmes des tables,

$$2,562(\theta_0 - \theta_1) + 1259,20 \log \left(\frac{53,24 + \theta_0}{53,24 + \theta_1}\right).$$

Voici les résultats de ces formules et de celles qui donnent le travail quand on n'emploie pas l'expansion : les premiers supposent que l'expansion est poussée jusqu'à la pression du condenseur, qu'on a fait correspondre ici à 40°.

Température de la formation.	Pressions en atmosphères.	Quantités de travail dynamique pour 10 kil. de vapeur, en supposant qu'il n'y ait ni pertes de chaleur ni frottemens, et que la condensation se fasse à 40°. L'unité du travail est ici le dynamode ou 1000 kil. élevés à 1m,00.			
		Sans employer l'expansion.		En employant l'expansion.	
		D'après la loi de dilatation des gaz, le coefficient α étant de 0,00375.	D'après la loi de Southern, en prenant le coefficient de dilatation α égal à 0.	D'après la loi de dilatation des gaz, le coefficient α étant de 0,00375.	D'après la loi de Southern, en prenant le coefficient de dilatation α égal à 0.
100°	1	163d	163d	425d	466d
122°	2	179	169	555	593
135°	3	188	171	628	660
145°,2	4	193	172	682	710
154°	5	199	173	729	750
161°,5	6	202	173	767	784
168°	7	205	174	800	812
173°	8	208	174	825	832

(44) Nous allons nous occuper d'une autre question très utile que présente la théorie du travail, c'est la recherche de celui qu'un courant de fluide peut communiquer à un corps qui se meut dans ce courant. Cette question est, en d'autres termes, la même que celle de la résistance des fluides, ou de la force qu'ils produisent contre un corps qu'ils rencontrent dans leur mouvement.

Ce problème est trop compliqué pour qu'on puisse le résoudre en général; on ne s'en est jamais occupé que pour le cas où le mouvement du corps étant uniforme, et celui du fluide étant devenu permanent par rapport au corps, on peut considérer ce mouvement comme s'opérant autour du corps par filets de formes constantes; encore n'a-t-on la solution de cette question que dans quelques cas particuliers, et en faisant des hypothèses qui ne sont pas entièrement exactes. Cependant, comme on arrive à des résultats assez d'accord avec ceux que l'expérience a fournis, il est intéressant de voir comment la théorie peut ainsi en rendre raison (*).

Pour y parvenir, nous allons d'abord supposer qu'un fluide soit obligé de suivre un petit canal d'une section constante infiniment petite et d'une courbure quelconque, mais assez peu variable pour qu'on puisse admettre que les particules de ce fluide abandonnées à elles-mêmes, conservent des vitesses sensiblement constantes en se mouvant sans frottement dans ce canal supposé solide. Examinons à quelles actions celui-ci sera soumis en vertu des pressions que la force centrifuge du fluide produira sur chacun de ses élémens. Pour cela, cherchons, d'une part, les sommes des composantes de ces forces dans le sens de trois axes coordonnés, et d'une autre, les sommes de leurs momens.

Soit r le rayon de courbure pour un point quelconque de la courbe formée par le canal : en désignant par s l'arc de cette courbe, ce rayon sera égal à l'unité divisée par $\sqrt{\left(\frac{d^2x}{ds^2}\right)^2+\left(\frac{d^2y}{ds^2}\right)^2+\left(\frac{d^2z}{ds^2}\right)^2}$. Soit π le poids de l'unité de volume du fluide, u sa vitesse dans le canal, et a la section de celui-ci. La force centrifuge pour un élément fluide contenu dans la longueur très petite ds, sera $\pi\,\frac{au^2}{gr}\,ds$. Les cosinus des angles que cette force fait avec les axes sont, comme on sait,

$$r\,\frac{d^2x}{ds^2},\quad r\,\frac{d^2y}{ds^2},\quad r\,\frac{d^2z}{ds^2};$$

donc les composantes suivant les trois axes, de la force centrifuge pour un élément, seront

$$\pi a\,\frac{u^2}{g}\,\frac{d^2x}{ds^2}ds,\quad \pi a\,\frac{u^2}{g}\,\frac{d^2y}{ds^2}ds,\quad \pi a\,\frac{u^2}{g}\,\frac{d^2z}{ds^2}ds.$$

En intégrant ces composantes par rapport à s pour toute l'étendue de la courbe, et en désignant par α_0, β_0, γ_0; α_1, β_1, γ_1, les angles que font avec les axes les directions des élémens extrêmes, on aura

$$\pi\,\frac{au^2}{g}(\cos\alpha_1-\cos\alpha_0),\ \pi\frac{au^2}{g}(\cos\beta_1-\cos\beta_0),\ \pi\,\frac{au^2}{g}(\cos\gamma_1-\cos\gamma_0).$$

Ces sommes ne dépendent plus de la forme du canal, mais seulement

---

(*) Toute la théorie de cet article et du suivant est analogue à celle que Lagrange a donnée dans le *Recueil de Turin*, année 1784, en admettant que les filets fussent courbés en arcs de cercle.

des directions de ses élémens extrêmes. Nous allons voir qu'il en est de même pour les momens.

Pour un élément du canal, les momens estimés dans les plans coordonnés sont

$$\pi \frac{au^2}{g}\left(\frac{d^2x}{ds^2}y - \frac{d^2y}{ds^2}x\right),\ \pi \frac{au^2}{g}\left(\frac{d^2y}{ds^2}z - \frac{d^2z}{ds^2}y\right),\ \pi \frac{au^2}{g}\left(\frac{d^2z}{ds^2}x - \frac{d^2x}{ds^2}z\right).$$

Pour avoir la somme des momens, il faudra intégrer ces expressions par rapport à s. Or, il arrive que les intégrales s'obtiennent indépendamment de la forme du canal, parce que l'expression $\frac{d^2x}{ds^2}y - \frac{d^2y}{ds^2}x$ est la différentielle exacte de $\frac{dx}{ds}y - \frac{dy}{ds}x$. On aura donc, en intégrant entre les limites dont les coordonnées sont $x_0, y_0, z_0;\ x_1, y_1, z_1,$

$$\pi \frac{au^2}{g}(y_1 \cos \alpha_1 - x_1 \cos \beta_1 - y_0 \cos \alpha_0 + x_0 \cos \beta_0),$$

$$\pi \frac{au^2}{g}(z_1 \cos \beta_1 - y_1 \cos \gamma_1 - z_0 \cos \beta_0 + y_0 \cos \gamma_0),$$

$$\pi \frac{au^2}{g}(x_1 \cos \gamma_1 - z_1 \cos \alpha_1 - x_0 \cos \gamma_0 + z_0 \cos \alpha_0).$$

Ces expressions, comme les précédentes, ne dépendent qne de la position des points extrêmes.

L'ensemble de ces six dernières formules démontre que toutes les forces centrifuges dues au mouvement du fluide dans le canal, peuvent se remplacer par deux forces égales à $\pi \frac{au^2}{g}$, appliquées tangentiellement au canal à ses deux extrémités, et dirigées du dehors au dedans. Ces deux forces en effet auraient précisément les mêmes composantes et les mêmes momens que toutes celles qui sont dues au mouvement du fluide. Chacune d'elles ayant pour expression $\pi \frac{au^2}{g}$, sera égale au poids d'un cylindre de fluide qui aurait pour base la section a du canal, et pour hauteur $\frac{u^2}{g}$, ou le double de la hauteur due à la vitesse u.

Si l'on veut évaluer la pression que supporte le canal dans le sens de son premier élément, en appelant α l'angle de déviation que fait le dernier élément avec le premier, on trouve facilement que cette force est $\pi \frac{au^2}{g}(1 - \cos \alpha)$. Elle devient $2\pi \frac{au^2}{g}$ quand on a $\cos \alpha = -1$, c'est-à-dire quand le fluide sort du canal dans une direction opposée à celle qu'il avait en y entrant.

(45) Concevons maintenant qu'une veine d'un fluide incompressible ayant un mouvement horizontal, vienne rencontrer avec une vitesse u un plan vertical incliné d'un angle quelconque par rapport à la direction de cette veine, et qui la dépasse de tous côtés de manière à obliger tous les filets à devenir parallèles à sa surface. Nous pourrons faire abstraction du poids du fluide, qui n'a pas ici d'influence sensible sur les vitesses ni sur la pression contre le plan vertical.

Supposons que le mouvement soit arrivé à la permanence, c'est-à-dire que l'on puisse admettre que les molécules fluides qui passent par un même lieu ont la même vitesse, décrivent la même courbe, et se meuvent comme si elles suivaient un canal solide. Nous admettrons aussi que dans l'étendue de la courbure de ces canaux ou filets, la vitesse se conserve sensiblement la même, en sorte que les sections de ces filets seront constantes dans cette étendue. Ces hypothèses sont assez d'accord avec ce que l'on observe dans le mouvement d'un fluide qui rencontre un corps fixe. En effet, si l'on examine de petits atomes légers entraînés par le courant, on les voit décrire des courbes de formes constantes au même lieu, et l'on observe que les vitesses ne varient pas sensiblement dans l'étendue de ces courbes, en sorte que les particules se meuvent comme si elles glissaient sans frottement dans de petits canaux de formes invariables.

Pour trouver à l'aide de ces données la pression supportée par le plan, on peut employer deux considérations différentes : l'une qui peut ne pas paraître assez rigoureuse, mais qui a l'avantage d'être plus simple ; l'autre qui est plus conforme aux principes de Dynamique, et que, par cette raison, nous donnerons aussi, quoiqu'elle soit un peu plus longue. Voici la première :

Concevons des canaux rigides infiniment petits, dans lesquels les parties courbes de chaque filet fluide seraient obligées de se mouvoir, et supposons que ces canaux sans épaisseur soient posés les uns sur les autres : on ne changera rien par là au mouvement des particules du fluide. Si l'on regarde comme assez évident qu'on ne changera rien non plus à la pression que le mouvement produira contre le plan, on peut trouver facilement cette pression. En effet, ces tubes solides presseront le plan avec une force qui sera la composante normale au plan de la résultante des pressions auxquelles ceux-ci seront soumis. Or, en vertu de ce qu'on a vu à l'article précédent, chaque canal peut être considéré comme sollicité seulement par deux forces appliquées tangentiellement à ses extrémités. L'une de ces extrémités étant parallèle au plan, les forces qu'elle introduit ne devront pas entrer dans la somme des composantes normales au plan; on n'aura donc à tenir compte que des forces appliquées à l'origine de la courbure de chaque filet. Celles-ci seront toutes dans la direction de la veine fluide; et comme chacune a pour expression $\pi \frac{au^2}{g}$, a étant la section d'un filet, et π le poids de l'unité de volume du fluide, leur somme sera $\pi \frac{Au^2}{g}$, A étant la section totale de la veine. En désignant par α l'angle que le courant fluide fait avec le plan, la composante normale à ce plan aura pour expression $\pi \frac{Au^2}{g} \sin \alpha$: telle sera donc la valeur de la pression qu'il supporte.

Si l'on ne veut pas admettre, dans ce que nous venons de dire, que la supposition des canaux solides ne change rien aux pressions sur le plan, voici un autre genre de considération qui conduit aux mêmes conséquences.

Ainsi qu'on le fait dans tous les traités d'Hydro-dynamique pour trouver le mouvement des fluides, nous considérerons les systèmes de forces dont nous avons parlé (article 7), savoir: les forces données, qui seraient les poids des particules fluides, lorsqu'il faut y avoir égard; les forces de liaisons, qui sont les pressions qui se produisent pendant le mouvement; enfin les forces totales, qui sont les résultantes de ces deux espèces de forces.

Supposons toujours qu'on n'ait pas à considérer le poids du fluide, comme on peut le faire quand le courant a un mouvement horizontal et que le plan est vertical. Dans ce cas les forces données peuvent être regardées comme nulles, et les particules fluides, abandonnées à elles-mêmes, ne reçoivent de forces que celles qui résultent des pressions qui se produisent pendant le mouvement, tant à l'intérieur qu'à l'extérieur: au nombre de ces dernières, il faut mettre la réaction produite par le plan. Les forces totales, c'est-à-dire les forces qui, appliquées à chaque élément, produisent, sans le secours des pressions, le mouvement qui a lieu, sont ici les forces qui retiendraient chaque élément sur la courbe qu'il décrit. Les vitesses, étant supposées constantes, ces forces sont normales à ces courbes et directement opposées aux forces centrifuges. Comme elles doivent être, pour chaque élément, les résultantes des pressions qui agissent sur celui-ci, puisque nous faisons abstraction de la gravité, il devrait y avoir équilibre dans le fluide, si en laissant subsister les pressions comme elles existent pendant le mouvement, et en supposant que les particules n'aient pas de vitesses acquises, on venait à leur appliquer des forces opposées et égales aux forces totales, c'est-à-dire à les soumettre aux forces centrifuges elles-mêmes. Si maintenant on suppose que dans cet état d'équilibre on solidifie le fluide en le laissant indépendant du plan, cette solidification ne changera rien à la pression effective que ce plan supporte. Or, d'après les règles de la statique, cette pression, dans l'état d'équilibre, devra être la somme des composantes perpendiculaires au plan, d'abord pour toutes les forces centrifuges qu'on suppose agir sur le fluide devenu solide, et en outre pour les pressions sur la surface extérieure du fluide qui ne touche pas le plan. Or ces dernières pouvant être supposées égales à la pression atmosphérique, laquelle est ordinairement contre-balancée par la même pression qui agit derrière le plan, on peut ne pas en tenir compte : ainsi il ne reste à calculer que la résultante des forces centrifuges. Pour cela on pourra composer d'abord toutes celles qui agissent sur un même filet; on trouvera ainsi comme précédemment deux forces tangentielles à ses extrémités, l'une dans la direction de la veine fluide, l'autre parallèle au plan. En réunissant enfin toutes ces forces, on obtiendra pour la résultante perpendiculaire au plan, l'expression $\pi \frac{Au^2}{g} \sin \alpha$; A étant toujours la section du courant avant la déviation, π le poids de l'unité de volume du fluide, et α l'angle que le courant fait avec le plan.

Ce résultat ne s'applique, comme nous l'avons dit, qu'à un plan qui dépasse la veine fluide, parce qu'il faut que tous les filets deviennent parallèles à sa surface.

Pour le cas où le plan est perpendiculaire au courant, les expériences de Dubinat et Morosi donnent à un huitième près environ ce que fournit la formule $\pi \frac{Au^2}{g}$. On peut consulter à ce sujet la *Mécanique* de M. Christian, 1er vol., pag. 260 et suiv. Je ne connais pas d'expériences qui puissent servir de vérification quand l'angle α n'est pas droit; car toutes celles qu'on a sur les choses obliques sont faites dans d'autres circonstances que celles que nous avons admises: ou le courant avait plus de largeur que le plan; ou il n'était pas libre de se dégager sur ce plan; ou bien encore celui-ci faisait partie d'une proue triangulaire; ou enfin on n'a pas débarrassé les expériences de l'influence du poids du fluide, ni du frottement contre les surfaces quand celles-ci deviennent grandes comparativement à la section de la veine.

On pourrait appliquer la marche précédente pour trouver la pression produite contre la concavité d'une demi-sphère d'un diamètre plus grand qu'une veine fluide qui vient la rencontrer. Alors chaque filet se déviant de deux angles droits pour sortir de la demi-sphère, on trouverait que la pression, dans le sens de la veine, est $2\pi A \frac{u^2}{g}$, c'est-à-dire le double de celle qui a lieu contre un plan perpendiculaire au courant: c'est en effet ce qui est confirmé par d'autres expériences de Morosi.

Lorsque les mouvemens ne se font pas horizontalement, et qu'on ne peut pas négliger l'effet du poids du fluide, tous les résultats précédens devraient être modifiés; d'abord parce que la vitesse n'est plus constante dans les filets, et ensuite parce que la section de ceux-ci ne l'est pas non plus. Mais comme ordinairement dans les questions de ce genre qui sont applicables aux machines, les particules du fluide s'élèvent ou s'abaissent assez peu dans l'étendue des courbes de déviation des filets, la gravité ne modifie pas sensiblement la vitesse, et par conséquent la force centrifuge qui en résulte; en sorte qu'en calculant la pression sur le plan, d'après une vitesse moyenne entre celles qui subsistent dans l'étendue de la courbure, on ne commettra pas une grande erreur.

Dans le cas où le plan ne serait plus vertical, alors le poids du fluide augmente encore la pression qu'il supporte; mais il faut faire attention que ce poids ne commence à avoir de l'influence que pour la partie du fluide où le mouvement éprouve une modification à ce qu'il aurait été sans la présence du plan. C'est ce qu'on verrait facilement par la considération de l'équilibre entre les pressions ou forces de liaisons, les poids ou forces données, et les forces opposées à celles qui produisent les mouvemens qui ont lieu. Ainsi lorsqu'une veine fluide tombe verticalement sur un plan horizontal, une fois que le mouvement est arrivé à la permanence, la pression sur le plan pourra se calculer assez approximativement pour la pratique, d'abord en prenant pour la vitesse dans les filets courbes celle qu'a acquise le courant en arrivant sur le plan, et ensuite en ajoutant le poids de tout le fluide qui se meut sur ce plan, et qui n'a pas l'accélération de vitesse que produirait la gravité.

(46) Revenons maintenant au cas où l'on n'a pas besoin d'avoir égard au poids du fluide, et supposons qu'une surface plane est plongée dans un courant indéfini qui, au lieu d'être débordé par le plan comme nous l'avions supposé précédemment, le déborde au contraire de tous côtés sur une largeur assez considérable. Dans ce cas, on ne sait plus au juste, ni jusqu'où s'étendent les filets qui se dévient par la présence du plan, ni comment ils se dévient. On observe que, d'une part, ceux qui passent près du bord de la surface ne prennent plus une direction qui lui soit parallèle, et que d'une autre, des filets déjà éloignés de ce bord continuent encore à se dévier: en sorte que l'on ne peut plus trouver exactement la pression produite sur le plan. Cependant, si l'on admettait que la portion du courant qui se dévie est limitée à un cylindre circonscrit à la surface plane, et que les filets se dévient de manière à devenir parallèles au plan; si l'on pouvait supposer encore que les pressions dans le fluide, sur l'enveloppe extérieure de ces filets, peuvent être négligées comme égales à celle qui a lieu derrière le plan; alors B désignant l'aire de ce plan, et α l'angle qu'il fait avec la direction de la vitesse du courant, la pression produite normalement au plan serait $\pi B \frac{u^2}{g} \sin^2\alpha$: car il suffirait dans la formule que nous avons trouvée précédemment, de remplacer A par B sin α. On sait trop peu jusqu'à quel point on doit admettre ces suppositions pour qu'on puisse employer cette formule avec quelque confiance, hors des cas où elle pourrait être vérifiée par l'observation.

D'après les expériences de d'Alembert, Condorcet et Bossut, sur la pression produite contre une surface plane qui se meut dans l'eau, cette formule donnerait le double de la pression observée pour de petites vitesses de moins de $1^m,30$ par seconde, et pour de petites surfaces d'un à deux pieds carrés, inclinées sur le courant d'un angle compris entre 90° et 60°. Mais comme, d'après ces mêmes expériences, les pressions sont d'autant plus au-delà de la moitié de ce que donne la formule, que les vitesses sont plus grandes, on peut présumer qu'elle devient plus approchée pour des vitesses un peu considérables, quand l'angle α reste entre 90° et 60°. On peut croire aussi que la grandeur des surfaces ne serait pas sans influence sur l'exactitude de cette formule, comme Borda l'a observé pour le vent. Il serait à désirer qu'on refît, pour les courans d'eau, des expériences sur des surfaces plus grandes et des vitesses plus considérables. Au reste, il arrive heureusement que, dans le cas où le plan ne peut déborder le courant, celui-ci, ayant une grande étendue, on a moins besoin de traiter par le calcul des questions qui se rapportent aux moyens d'économiser le travail : on ne s'en occupe guère alors que pour ce qui regarde les moulins à vent. Quant aux surfaces inclinées de moins d'un angle droit, on ne connaît pas non plus d'expériences directes qui soient faites assez en grand et avec assez de précaution, pour rien faire préjuger sur la formule $\pi B \frac{u^2}{g} \sin^2\alpha$. Cependant, ce qui pourrait y faire ajouter quelque confiance, c'est que nous verrons plus loin que, pour des vents parcourant de 2^m à 9^m par $1''$, et agissant sur des surfaces de 20^m carrés, inclinées sur ces courans, si l'on applique cette formule ainsi qu'une autre que nous donnerons pour la diminution de l'expression derrière l'aile, on tombe sur des résultats plus approchés de l'expérience qu'on ne pourrait s'y attendre. Pour de petites surfaces et de petites vitesses, et pour de petites valeurs de l'angle α, on ne peut plus s'en servir. Ainsi, il faut tout-à-fait la rejeter pour des élémens de surface; et l'on ne peut l'employer à la détermination de la forme du solide qui reçoit la moindre pression dans le sens du courant.

(47) Pour passer de la pression supportée par un canal solide, ou par un plan, lorsque ceux-ci sont immobiles, aux pressions analogues lorsqu'ils ont un mouvement rectiligne uniforme, on remarquera que les pressions dues aux forces centrifuges, et même au poids du fluide, s'il y a lieu d'y avoir égard, ne seront nullement changées si l'on communique à tout le système du courant et du canal, ou du plan, un même mouvement uniforme qui détruise celui qu'avait le canal ou le

plan. Mais alors ceux-ci étant ramenés au repos, on rentrera dans le cas précédent, et l'on aura les pressions au moyen de la vitesse du courant doué de ce nouveau mouvement, c'est-à-dire de la vitesse relative de ce courant, par rapport au canal ou au plan.

Il sera facile maintenant de trouver le travail transmis, soit au canal soit au plan, dans l'unité de temps, en vertu de la pression qu'ils supportent. Il suffira de prendre la composante de cette pression dans le sens de leur vitesse, et de multiplier cette composante par l'espace rectiligne qu'ils décrivent dans l'unité de temps.

Ainsi concevons qu'un courant ayant une section A et une vitesse u, entre tout entier dans un canal solide qui ait lui-même une vitesse v dans le même sens, et qui soit disposé de manière que son entrée étant dirigée dans le sens du courant, sa sortie fasse un angle α avec cette première direction d'entrée. En partant toujours de l'hypothèse que les vitesses relatives par rapport au canal dans les filets fluides restent sensiblement constantes, la pression qui sera produite sur ce canal, dans le sens de sa vitesse v, sera

$$\pi A \left(\frac{u-v}{g}\right)^2 (1-\cos\alpha).$$

Il suffira pour avoir le travail que reçoit le canal dans l'unité de temps, de multiplier cette pression par l'espace v décrit pendant cette unité de temps, ce qui donnera

$$\pi A \left(\frac{u-v}{g}\right)^2 v(1-\cos\alpha).$$

Au lieu du travail reçu par le canal dans l'unité de temps, on a plus souvent besoin de celui que produit une fois pour toutes le passage d'une quantité de liquide dont le poids serait P et conséquemment le volume $\frac{P}{\pi}$; alors il est clair qu'au lieu de multiplier la pression par la vitesse v, ou l'espace décrit dans l'unité de temps, il faudrait la multiplier par l'espace que décrirait le canal pendant le temps que ce volume $\frac{P}{\pi}$ met à y passer. Ce temps est égal à la longueur $\frac{P}{\pi A}$ divisée par la vitesse d'entrée dans le canal qui est $(u-v)$: il est donc $\frac{P}{\pi A(u-v)}$. Le chemin décrit par le canal est donc $\frac{Pv}{\pi A(u-v)}$, et conséquemment le travail transmis devient

$$\frac{2Pv(u-v)}{2g}(1-\cos\alpha).$$

Si le courant, au lieu d'entrer dans un canal, arrivait librement contre un plan incliné d'un angle α sur ce courant, et qui eût aussi une vitesse v dans le même sens que celle du courant, alors pour obtenir le travail transmis à ce plan dans l'unité de temps, on calculera d'abord la pression normale au plan qui est $\pi A\frac{(u-v)^2}{g}\sin\alpha$, lorsqu'on peut négliger l'effet de la gravité ; on prendra la composante de cette force dans le sens de la vitesse, ce qui donnera $\pi A\frac{(u-v)^2}{g}\sin^2\alpha$; ensuite on multipliera cette composante par l'espace décrit dans l'unité de temps, c'est-à-dire par v. On trouvera ainsi pour le travail transmis au plan mobile

$$\pi A\frac{(u-v)^2v}{g}\sin^2\alpha.$$

Si l'on veut le travail, non plus dans une seconde, mais pendant le temps qu'un poids P de fluide emploie à couler contre le plan, on mettra, comme précédemment, au lieu de la vitesse v, le chemin que ce plan décrit pendant ce temps, c'est-à-dire $\frac{Pv}{\pi A(u-v)}$; on aura ainsi

$$\frac{(u-v)v}{g}\sin^2\alpha.$$

Si l'on compare les expressions du travail transmis par un même courant, d'une part à un canal mobile, et d'une autre à un plan mobile qui déborde ce courant ; on verra que, tant que l'angle α ne dépasse pas 90°, c'est la seconde qui l'emporte ; mais quand le canal force les filets à se courber de plus d'un angle droit, c'est toujours celui-ci qui reçoit plus de travail que le plan.

Toute la théorie précédente est sans doute assez incomplète ; comme elle suppose que les vitesses restent constantes dans les filets, elle ne serait rigoureusement applicable qu'autant que ces filets auraient une courbure constante, et qu'ils resteraient dans des couches d'égales pressions, ce qui ne peut avoir lieu, surtout à l'origine de la déviation et au centre de la veine. Cependant, comme quelques expériences sont d'accord, à peu de chose près, avec les résultats précédens, on peut regarder comme suffisamment exactes pour la pratique les hypothèses qui les ont fournis.

Il serait à désirer néanmoins qu'on fît encore, pour les apprécier avec plus de certitude, des expériences précises où l'on ait soin de ne pas sortir des dispositions que suppose chaque formule.

Nous reviendrons plus loin, à la fin du troisième chapitre, sur deux autres questions que présente encore la recherche du travail transmis par un courant fluide : l'une, pour obtenir le travail transmis à un vase mobile dans lequel entre une veine fluide; l'autre, pour trouver ce que reçoit un plan mobile par l'action d'un courant d'air, en ayant égard à la diminution de pression derrière le plan. Les considérations nécessaires pour résoudre ces problèmes, étant basées sur l'application du principe de la transmission du travail au mouvement des fluides, dont nous parlerons seulement dans le chapitre suivant, nous ne pouvions les exposer dans celui-ci, où nous nous sommes proposé seulement de donner le calcul du travail quand on connaît les forces, ou qu'on peut les trouver directement.

(48) Nous allons nous occuper maintenant du travail résistant produit par les forces qui naissent des frottemens.

Nous remarquerons d'abord que, dans l'évaluation de ce travail, on pourrait commettre une erreur contre laquelle il est bon d'être prévenu : c'est ce qu'on va voir par un exemple.

Les forces produites par le frottement d'un plan fixe contre la surface d'un cylindre qui tourne autour de son axe, se transportent successivement à tous les points du contour de ce cylindre. Après qu'un élément de travail Pds a été produit sur un point, un autre élément se produit sur le point voisin, et ainsi de suite; en sorte qu'en outre de la vitesse propre que possède le point matériel où est appliquée la force P, comme ce point n'est pas le même à chaque instant, le lieu où il se trouve a encore un déplacement dans l'espace. Or, il ne faut pas introduire ce déplacement dans l'évaluation du travail, mais seulement la vitesse effective du point matériel, puisque c'est cette vitesse qu'on prend pour vitesse virtuelle. Le transport de la force d'un point du corps à un point voisin n'entre pour rien dans le travail tel qu'il a été défini et tel qu'on doit l'introduire dans l'équation des forces vives. Ainsi, dans le calcul du travail dû aux frottemens, on devra faire abstraction du changement de position de la force par rapport au corps, et prendre l'intégrale $\int Pds$ en concevant l'élément ds comme se rapportant seulement au chemin décrit dans l'espace par les points matériels du corps où la force se trouve appliquée. Si l'on conçoit donc, comme nous venons de le dire, qu'un cylindre, tournant sur son axe, frotte contre un plan fixe qui lui est tangent, le frottement contre ce plan fixe produira une force P tangente au cylindre et perpendiculaire à sa génératrice; et quoique le point géométrique où est appliquée dans l'espace cette force P soit constamment au même lieu, il ne s'ensuit pas pour cela que le travail résistant dû aux frottemens soit nul. Pour calculer ce travail $\int Pds$, il faudra prendre pour ds les élémens de chemin parcouru par les points de la surface du cylindre où est appliquée successivement la force P, et ajouter ces élémens Pds produits à différens points du corps. Pour se représenter plus facilement cette somme, on peut supposer que la force ne change pas de point d'application sur le contour du cylindre, et suive ce point dans son mouvement. En effet, le point de ce contour où elle sera appliquée alors décrira toujours le même élément de chemin que les points successifs où le frottement se transporte réellement. On peut donc prendre $\int Pds$ pour le travail dû à une force égale au frottement, et appliquée tangentiellement au contour à un point matériel entraîné avec ce contour; en sorte que si le frottement est constant, ce travail sera le produit de cette force multipliée par le chemin décrit par un point de la surface du cylindre.

(49) Considérons maintenant le travail dû aux forces que produisent les frottemens dans les engrenages en général, c'est-à-dire dans le contact de deux cylindres à bases de formes quelconques, tournant autour de deux axes parallèles. Tout se réduira à considérer le contact dans des sections planes perpendiculaires aux axes. La direction des frottemens sera celle de la ligne qui joint les positions des deux points matériels qui viennent d'être en contact et qui commencent à se séparer, c'est-à-dire que ce sera celle de la tangente commune aux deux contours. Le frottement produira deux forces égales et opposées, l'une appliquée au premier corps frottant, et l'autre au second : il faudra calculer le travail dû à chacune de ces forces. Si l'on désigne par δ et δ' les angles que font les vitesses de chaque point frottant avec la direction du frottement qu'il reçoit, par F l'intensité de ce frottement, et par ds et ds' les élémens de chemins décrits par les points matériels qui frottent, le travail total dû aux deux frottemens sera

$$\int F \cos \delta \, ds + \int F \cos \delta' \, ds',$$

ou

$$\int F\,(\cos\delta ds + \cos\delta' ds').$$

Pour transformer cette expression, remarquons d'abord que la distance qui sépare les deux points matériels qui viennent se mettre en contact, décroît avant le contact, devient nulle au moment du contact, puis croît ensuite. De ce qu'elle est nulle au moment du contact il ne s'ensuit pas que sa différentielle, par rapport au temps, le soit aussi; cette différentielle a en général une valeur finie, puisque la distance a crû à l'instant suivant. Si nous désignons par $d\tau$ cette différentielle de la distance des points en contact, on aura $d\tau = \cos\delta ds + \cos\delta' ds'$. En effet si les angles δ et δ' se rapportaient à des directions opposées au frottement, le facteur $\cos\delta ds + \cos\delta' ds'$ serait la différentielle $d\sigma$ par rapport au temps de la distance qui sépare les deux points : c'est ce que nous avons établi (article 34). Donc, comme les angles δ et δ' se rapportent aux directions mêmes des frottemens, ce facteur $\cos\delta ds + \cos\delta' ds'$ est de signe contraire à cette différentielle; on aura donc pour le travail dû aux deux frottemens

$$-\int F d\tau\,;$$

le signe moins indiquant que ce travail est toujours résistant.

Si l'on appelle a et a' les arcs décrits sur chaque contour par le point géométrique où se fait le contact, il est facile de voir que la différentielle $d\tau$ de l'écartement des deux points matériels qui viennent se mettre en contact, ou ce qu'on peut appeler la vitesse de leur séparation, sera au moment même de ce contact $da - da'$. Pour s'en convaincre, il suffit de remarquer qu'on ne changera rien à la vitesse $d\tau$, en supposant un des cylindres en repos, et l'autre roulant et glissant autour de celui-ci, comme il le fait quand ils sont mobiles tous deux : le point matériel du cylindre immobile où se fait le contact aura alors une vitesse nulle; en sorte que la vitesse $d\tau$ de la séparation des points frottans sera la nouvelle vitesse absolue qu'aura, au moment du contact, le point du cylindre mobile. Mais, d'après ce qu'on sait sur les vitesse d'un corps qui roule sur un autre, ce dernier point n'aurait pas de vitesse s'il n'y avait que roulement des deux contours, en sorte qu'il ne lui restera pour vitesse, dans le cas où les contours glissent l'un sur l'autre, que celle de ce glissement, laquelle n'est autre chose que la différence entre les accroissemens des arcs a et a', c'est-à-dire que $da - da'$; ainsi on a $d\sigma = da - da'$. Cette différentielle $da - da'$, est ce qu'on peut appeler aussi la vitesse de glissement des deux contours.

Ainsi on peut énoncer généralement que *le travail résistant dû aux frottemens de deux cylindres, a pour mesure l'intensité du frottement intégré par rapport à l'arc de glissement.* Comme ou peut supposer le plus souvent dans la pratique que le frottement est constant, au moins pour un certain temps, alors le travail résistant qui lui est dû devient le produit de ce frottement multiplié par l'arc de glissement des deux contours, c'est-à-dire par la différence des arcs parcourus sur chaque contour par le point de contact.

Lorsque ce point de contact ne se déplace pas sur un des contours, l'arc de glissement devient l'arc parcouru par ce même point sur l'autre contour.

Si, par exemple, on conçoit qu'une came soulève verticalement une traverse horizontale pesante, cette came, d'après la forme de son contour qui est ordinairement construit en développante de cercle, touchera toujours la traverse au même point de celle-ci. Le frottement dépendant peu de la vitesse, mais principalement du poids que l'on peut supposer constant, sera sensiblement constant. Le travail perdu par le frottement de la came contre la traverse horizontale sera donc le produit de ce frottement par l'arc de glissement, lequel est dans ce cas la portion du contour de la came qui a frotté contre la traverse.

Si les corps frottent sur plusieurs points à la fois, il est clair qu'il faudra étendre l'intégrale $\int F\,(da - da')$ à tous les points frottans; et, comme le plus souvent, dans la pratique, la vitesse de glissement est la même pour les points frottans, il suffira de faire la somme des forces dues au frottement, et d'intégrer cette force par rapport à l'arc de glissement, ou si le frottement est constant, de faire le produit de cette force par l'arc total de glissement.

(50) Pour pouvoir donner une application intéressante des résultats précédens, nous ferons une remarque, qui du reste peut être utile aussi dans d'autres cas pour la recherche du travail; c'est que, des systèmes de forces équivalens dans une machine, comme on l'entend en Statique, produisent, sur cette machine en mouvement, des quantités de travail tout-à-fait égales: en sorte qu'on peut, dans le calcul du

travail, remplacer un système de forces par un autre système qui lui soit équivalent à l'aide de la machine.

On aperçoit facilement la vérité de cette proposition en se rappelant que deux systèmes de forces équivalens sont tels, qu'en retournant le sens de toutes les forces de l'un de ces systèmes, il fera équilibre à l'autre à l'aide de la machine. En appliquant à cet équilibre le principe des vitesses virtuelles, on en conclut que deux systèmes équivalens donnent lieu à des sommes égales de travaux virtuels élémentaires. Si l'on prend pour vitesses virtuelles les chemins infiniment petits réellement décrits pendant le mouvement, comme nous l'avons fait pour obtenir l'équation générale des forces vives, les élémens de travaux virtuels se changent en élémens de travaux effectifs; en sorte que deux systèmes, équivalens en vertu d'une machine, donnent lieu à chaque instant à des élémens de travail, qui, étendus à toutes les forces de chaque système, produisent des sommes égales.

Si l'on désigne par P les composantes des premières forces dans le sens des chemins décrits, par Q les composantes analogues pour les autres forces équivalentes, et par s et e les élémens de chemins décrits par les points auxquels sont appliqués ces deux systèmes de forces, on aura, en vertu de l'équivalence,

$$\Sigma P ds = \Sigma Q de ;$$

le signe Σ indiquant la réunion des termes analogues à Pds et à Qde, pour toutes les forces dont se compose chaque système. Comme cette équation a lieu à chaque instant, tant que les systèmes restent équivalens, il s'ensuit qu'on peut intégrer les deux membres par rapport au temps. On a donc aussi

$$\Sigma \int P ds = \Sigma \int Q de.$$

Cette équation exprime que *les quantités de travail dues à des forces équivalentes sont égales.*

Il résulte de cette proposition, que dans le calcul du travail on peut remplacer une force par ses composantes, ou celles-ci par leurs résultantes; que lorsque les forces sont appliquées à un corps solide, on peut transporter leur point d'application sur leur direction; que dans un corps qui tourne autour d'un axe, on peut remplacer une force par une autre qui ait le même moment par rapport à l'axe.

Si X, Y, Z désignent les composantes suivant trois axes fixes de la force qui, appliquée à l'un des points de la machine, produit un travail $\int Pds$; que x, y, z soient les coordonnées de ce point; en vertu de la proposition précédente, on aura

$$\int Pds = \int Xdx + \int Ydy + \int Zdz.$$

En effet, $\int Xdx$, $\int Ydy$, $\int Zdz$ sont les quantités de travail dues aux forces X, Y, Z, et celles-ci forment un ensemble équivalent à la force qui produit le travail $\int Pds$. Nous aurons occasion, plus loin, de remplacer ainsi le travail $\int Pds$ par son égal $\int (Xdx + Ydy + Zdz)$.

(51) On trouve une utile application de la proposition précédente ainsi que de celle qui concerne le travail dû aux frottemens, dans le calcul du travail résistant produit par un collier ou frein immobile qui frotte contre un arbre ou cylindre tournant, ainsi que M. de Prony s'en est servi pour mesurer le travail résistant dont il voulait augmenter celui qui était dû à l'effet utile dans une machine à vapeur.

Le frein étant supposé immobile, les forces auxquelles il est soumis par les frottemens ne peuvent donner lieu à aucun travail, puisque les points du frein sur lesquels ces forces agissent ont des vitesses nulles. Ainsi, le travail résistant dû au frottement sur l'arbre mobile est égal à lui seul au travail résistant que ce frottement doit introduire dans l'équation des forces vives, en comprenant le frein et l'arbre dans la machine. Ce travail a pour mesure $\Sigma \int Fd\sigma$: F étant une force égale au frottement en un certain point du contour de l'arbre tournant; σ étant l'arc de glissement, qui est ici l'arc réellement décrit dans l'espace par ce point du contour du cylindre; et le signe Σ indiquant la somme de toutes les intégrales semblables pour tous les points de la surface frottante. Or, on peut remplacer toutes les forces F dues au frottement par une force unique qui leur soit équivalente; en l'appliquant à un point convenable qui soit lié à l'arbre et tourne avec lui, on aura le travail $\Sigma \int Fd\sigma$. On peut prendre pour la grandeur de cette force un poids P, qui, appliqué au frein, le maintienne en équilibre autour de l'arbre pendant que celui-ci tourne et produit le frottement qu'on veut mesurer; car ce poids faisant équilibre à toutes les forces dues aux frottemens contre le frein, sera équivalent à l'ensemble de tous les frottemens égaux et opposés qui agissent contre l'arbre, pourvu qu'on le suppose appliqué à un point tournant avec cet arbre. Il suffira donc, pour avoir le travail résistant dû aux frottemens que le frein produit contre la machine, de calculer celui qui serait dû à cette force équivalente aux frottemens, c'est-à-dire de former le produit du poids P par l'arc que décrirait un point entraîné avec l'arbre, et placé à la même distance de l'axe que ce poids.

(52) Après avoir examiné ce qui est relatif aux moyens de calculer le travail dans différens cas utiles pour la pratique, nous allons donner semblablement quelques considérations qui faciliteront le calcul de la somme des forces vives, c'est-à-dire de la somme des produits des masses de différens corps en mouvement par la moitié du carré de leurs vitesses. On se rappelle que cette quantité entre aussi dans les énoncés des principes sur la transmission du travail.

Les mouvemens de translation et de rotation autour d'axes fixes, étant ceux qui se produisent le plus ordinairement dans les machines, nous allons examiner d'abord à quoi se réduit la somme des forces vives dans ces mouvemens.

Lorsque toutes les vitesses sont égales, la somme des forces vives se réduit évidemment au produit de la masse totale par la moitié du carré de la vitesse commune. Ainsi P étant le poids total des points matériels en mouvement, et v la vitesse commune, la somme des forces vives, dans le mouvement de translation, est

$$\frac{Pv^2}{2g}.$$

Lorsque le mouvement se fait autour d'un axe, dans un corps solide, ainsi que cela arrive pour presque tous ceux qui se meuvent dans les machines, les vitesses sont proportionnelles aux distances des points mobiles à l'axe. En désignant par ω la vitesse angulaire commune à tous les points, c'est-à-dire la vitesse pour un point situé à une distance de l'axe égale à l'unité, et par r les distances à l'axe; une vitesse quelconque est représentée par ωr. Substituant cette valeur dans la somme des forces vives $\Sigma\frac{pv^2}{2g}$, et remarquant que r et p changent seuls en passant d'un point à un autre, elle devient

$$\frac{\omega^2}{2}\Sigma\frac{pr^2}{g}.$$

La quantité $\Sigma \frac{pr^2}{g}$, qui est la somme des produits des masses par les carrés de leur distance à l'axe, se nomme *le moment d'inertie*. On trouve dans tous les traités de Mécanique le calcul de ce moment d'inertie pour une suite de points matériels formant un corps solide continu de forme quelconque. Cette quantité étant calculée pour un axe donné, en la multipliant par la moitié du carré de la vitesse angulaire, on obtient la somme des forces vives dans le mouvement de rotation autour de cet axe.

On peut remarquer que le moment d'inertie est un coefficient qui, dans l'expression de la force vive due au mouvement de rotation, paraît de la même manière que la masse dans la force vive due au mouvement de translation; l'un multiplie la moitié du carré de la vitesse angulaire, l'autre la moitié du carré de la vitesse de translation. Cette analogie aurait pu faire nommer la quantité $\Sigma \frac{pr^2}{g}$, *masse ou inertie de rotation;* on y a substitué l'expression de *moment d'inertie.*

Il est bon de se rappeler pour la pratique que la somme des forces vives pour le mouvement de rotation d'un cylindre plein et homogène, tournant autour de son axe, est la même que celle que donnerait un seul point matériel, ayant un poids moitié de celui du cylindre et placé à sa surface; et que celle d'une barre d'une petite épaisseur, tournant autour d'une de ses extrémités, est sensiblement la même que celle que donnerait un seul point matériel placé à l'autre extrémité et ayant un poids qui serait le tiers de celui de la barre.

(53) Considérons maintenant un mouvement quelconque s'appliquant à des points matériels qui feront ou ne feront pas partie d'un même corps solide, et cherchons comment la somme des forces vives dépend du mouvement commun avec le centre de gravité, et du mouvement relatif par rapport à des axes passant par ce centre.

Si l'on connaît la vitesse du point géométrique qui est à chaque instant le centre de gravité d'une réunion quelconque de points matériels, si l'on connaît aussi les vitesses de ces différens points prises relativement à trois axes de directions fixes passant par ce centre de gravité mobile, ce qu'on appelle pour abréger les vitesses relatives à ce centre; on pourra exprimer très facilement la somme des forces vives à l'aide de ces deux espèces de vitesses.

Pour le faire voir, désignons par ξ, η, ζ les coordonnées mobiles du centre de gravité par rapport à des axes fixes; par x, y, z, les coordonnées d'un quelconque des points en mouvement, par rapport aux mêmes axes; et par x', y', z', les coordonnées du même point, par rapport à des axes parallèles aux premiers, mais ayant pour origine le centre de gravité mobile: on aura pour chaque point

$$x = \xi + x',$$
$$y = \eta + y',$$
$$z = \zeta + z',$$

d'où, en différenciant par rapport au temps,

$$\frac{dx}{dt} = \frac{d\xi}{dt} + \frac{dx'}{dt}$$
$$\frac{dy}{dt} = \frac{d\eta}{dt} + \frac{dy'}{dt}$$
$$\frac{dz}{dt} = \frac{d\zeta}{dt} + \frac{dz'}{dt}.$$

Si p désigne le poids d'une quelconque des masses que l'on considère, et v sa vitesse, la somme des forces vives sera exprimée par $\Sigma \frac{pv^2}{2g}$, ou par $\Sigma \frac{p}{2g}\left(\frac{dx^2}{dt^2} + \frac{dy^2}{dt^2} + \frac{dz^2}{dt^2}\right)$. Substituant pour les quantités $\frac{dx}{dt}, \frac{dy}{dt}, \frac{dz}{dt}$ les valeurs précédentes, cette somme des forces vives devient

$$\Sigma \frac{p}{2g}\left\{\left(\frac{d\xi}{dt} + \frac{dx'}{dt}\right)^2 + \left(\frac{d\eta}{dt} + \frac{dy'}{dt}\right)^2 + \left(\frac{d\zeta}{dt} + \frac{dz'}{dt}\right)^2\right\}.$$

Développant cette expression, et remarquant que x', y', z' et p sont les seules quantités qui varient en passant d'un point du système à un autre, elle devient, en représentant par P, la somme des poids étendue à tous les points dont on considère le mouvement,

$$\frac{P}{2g}\left(\frac{d\xi^2}{dt^2} + \frac{d\eta^2}{dt^2} + \frac{d\zeta^2}{dt^2}\right) + \Sigma \frac{p}{2g}\left(\frac{dx'^2}{dt^2} + \frac{dy'^2}{dt^2} + \frac{dz'^2}{dt^2}\right) + 2\frac{d\xi}{dt}\Sigma \frac{p}{2g}\frac{dx'}{dt}$$
$$+ 2\frac{d\eta}{dt}\Sigma \frac{p}{2g}\frac{dy'}{dt} + 2\frac{d\zeta}{dt}\Sigma \frac{p}{2g}\frac{dz'}{dt}.$$

Or, en vertu de ce que le point qui sert d'origine aux coordonnées x', y', z', est le centre de gravité de tous les poids, on a à chaque instant

$$\Sigma p x' = 0, \quad \Sigma p y' = 0, \quad \Sigma p z' = 0;$$

donc, en différenciant par rapport au temps, on en conclut

$$\Sigma p \frac{dx'}{dt} = 0, \quad \Sigma p \frac{dy'}{dt} = 0, \quad \Sigma p \frac{dz'}{dt} = 0.$$

Ces équations font évanouir trois termes de l'expression ci-dessus, en sorte qu'elle se réduit à

$$\frac{P}{2g}\left(\frac{d\xi^2}{dt^2} + \frac{d\eta^2}{dt^2} + \frac{d\zeta^2}{dt^2}\right) + \Sigma \frac{p}{2g}\left(\frac{dx'^2}{dt^2} + \frac{dy'^2}{dt^2} + \frac{dz'^2}{dt^2}\right).$$

Le premier terme est la somme des forces vives qu'auraient les points s'ils avaient tous la même vitesse que le centre de gravité; le second terme est la somme des forces vives qu'auraient ces points s'ils n'avaient d'autres vitesses que celles qui sont relatives au centre de gravité, c'est-à-dire celles qui leur resteraient si l'on faisait abstraction du mouvement commun avec ce centre. Ainsi, *la somme des forces vives dans un mouvement quelconque se décompose toujours en deux parties, dont l'une est la somme des forces vives qu'aurait le poids total placé au centre de gravité, et l'autre est la somme des forces vives qu'on trouverait en ne donnant à chaque point que la vitesse relative à ce centre, c'est-à-dire en rapportant son mouvement à des axes mobiles passant par le centre de gravité, et restant parallèles à eux-mêmes.*

Pour donner un exemple de l'application de ce théorème, supposons qu'il s'agisse de calculer la somme des forces vives dans le mouvement d'un cylindre roulant sur un plan horizontal. Si p est le poids du cylindre, v la vitesse de translation de son axe, la vitesse de rotation par rapport au centre de gravité pour les points à la surface, sera égale à v. La somme des forces vives, calculée pour les vitesses relatives seulement, sera donc $\frac{pv^2}{4g}$; car on sait qu'on peut supposer, dans ce calcul, que la moitié du poids total est reportée à la surface. La force vive, pour les poids reportés au centre de gravité, est $\frac{pv^2}{2g}$; ainsi la force vive totale sera $\frac{3pv^2}{4g}$.

Il résulte du théorème précédent, que, dans le cas où la somme totale des forces vives doit rester la même, si les vitesses rapportées à des axes passant par le centre de gravité viennent à augmenter, il faudra que la vitesse du centre de gravité diminue, ou si ces vitesses relatives diminuent, celle du centre de gravité augmentera.

Si, par une cause quelconque, les vitesses relatives au centre de gravité viennent à s'éteindre dans un assemblage de points en mouvement, et que la vitesse du centre de gravité ne change pas, la somme des forces vives aura diminué de toute celle qui était due aux vitesses relatives.

Dans le cas du choc de deux corps libres qui se réunissent en un seul, comme on sait, par les principes connus de Mécanique rationnelle, que le centre de gravité conserve sa vitesse, on en conclut qu'à l'instant où les vitesses relatives à ce centre seront éteintes, la force vive totale aura diminué de toute celle qui était due à ces vitesses relatives.

(54) Dans l'évaluation de la variation de la somme des forces vives pour les mouvemens permanens des fluides, on peut introduire une simplification analogue à celle que nous avons donnée pour le calcul du travail des corps pesans, dans le cas où certains corps viennent prendre la place qui était occupée par d'autres : c'est ce que nous allons montrer.

On appelle *mouvemens permanens* ceux qui se font de manière que différens points matériels qui viennent passer au même lieu de l'espace prennent la même vitesse avec la même direction quand ils y sont arrivés; telle serait dans quelques cas le mouvement que présente l'écoulement des eaux, soit dans une rivière, soit dans un vase.

Concevons donc, pour fixer les idées, que de l'eau sort d'un bassin par une ouverture pour couler dans un canal horizontal, et qu'une source, amenant de nouvelle eau à la surface du bassin, entretienne le niveau constant de manière que le mouvement soit permanent. Pour appliquer l'équation des forces vives à une certaine masse d'eau, il faudra que cette masse soit formée au premier et au dernier instant des mêmes particules. Si par exemple, on considère au premier instant un volume d'eau encore tout renfermé dans le bassin, il faudra examiner où est le volume des mêmes particules d'eau au dernier instant, pour prendre la somme des forces vives de ces mêmes particules, et en retrancher la somme des forces vives qu'elles avaient au premier instant. Mais il est clair que tout le volume qui est commun aux deux espaces occupés par l'eau, au premier et au dernier instant, l'étant par des particules qui ont les mêmes vitesses et les mêmes masses, la force vive de ces particules se détruira dans la soustraction ; en sorte qu'il suffit de prendre la somme des forces vives des particules qui sont sorties de l'espace occupé primitivement, et d'en retrancher la somme des forces vives de celles qui occupaient la portion de ce même espace qui a été abandonnée par d'autres particules. Ainsi, dans ce cas, il faudra prendre la somme des forces vives qu'a le fluide écoulé hors du vase pendant le temps que l'on considère, et en retrancher la force vive qu'avait une portion de fluide occupant une tranche horizontale à la partie supérieure du bassin, et ayant un volume égal à celui qui s'est écoulé.

(55) Nous allons examiner maintenant comment il faut interpréter l'équation générale des forces vives lorsque tout le système des corps auxquels on veut l'appliquer participe à un mouvement uniforme tout-à-fait obligatoire, et qu'on ne tient pas compte de ce mouvement, comme cela arrive à la surface de la terre, où l'on fait abstraction de son mouvement propre, ou comme cela arriverait pour une machine placée sur un bateau ayant une vitesse uniforme qui ne serait pas sensiblement altérée par la machine.

L'équation générale des forces vives se déduit de l'équivalence entre les forces données et les forces totales; ces dernières étant, comme nous l'avons dit, celles qui produiraient sur chaque point, sans le secours des liaisons, les mouvemens qui ont lieu: cette équivalence s'exprime à l'aide du principe des vitesses virtuelles.

Nous avons dit que lorsque les conditions qui assujettissent les points matériels qui forment une machine, étaient dépendantes du temps, on ne pouvait plus prendre les vitesses effectives pour vitesses virtuelles ; celles-ci doivent résulter alors de la supposition où le temps ne varierait pas dans les conditions de liaisons. Ainsi, dans le cas où ces conditions obligent les points fixes de la machine à avancer nécessairement d'un mouvement uniforme dans un certain sens, il faut prendre pour vitesses virtuelles celles qui résulteraient de la supposition où ces points fixes cesseraient de se mouvoir, et redeviendraient réellement immobiles. Si donc, on suppose un observateur entraîné avec la machine, et ne pouvant s'apercevoir de son mouvement de translation, les vitesses effectives, pour cet observateur, pourront être prises pour vitesses virtuelles.

Désignons par x, y, z les coordonnées d'un point matériel quelconque de la machine, rapportées à des axes fixes dans l'espace, et par ξ, η, ζ les coordonnées du même point pour des axes qui participent au mouvement commun qui doit se produire nécessairement: ces coordonnées seront celles des positions des points pour un observateur qui ne tiendra pas compte du mouvement commun. Désignons par ds, ds', etc., les élémens des arcs décrits dans le mouvement relatif par les points où sont appliquées les forces données, soit mouvantes, soit résistantes. Représentons toujours par P et par P' ces deux espèces de forces décomposées suivant les élémens ds et ds'. Si p désigne le poids d'un point matériel quelconque du système, les composantes des forces totales suivant les axes, c'est-à-dire de celles qui, sans le secours des liaisons, produiraient les mouvemens qui ont lieu, seront $\frac{pd^2x}{gdt^2}$, $\frac{pd^2y}{gdt^2}$, $\frac{pd^2z}{gdt^2}$. Pour exprimer une des conditions d'équivalence entre les forces données et les forces totales, on peut employer pour vitesses virtuelles, dans le principe général de Statique, les vitesses relatives ds, ds', etc., ainsi que celles dont les projections sur les axes sont $d\xi$, $d\eta$, $d\zeta$. Pour former les quantités de travail virtuel élémentaire des forces totales, on pourra substituer à la force totale les trois composantes $\frac{p}{g}\frac{d^2x}{dt^2}$, $\frac{p}{g}\frac{d^2y}{dt^2}$, $\frac{p}{g}\frac{d^2z}{dt^2}$; et comme les vitesses virtuelles qui leur correspondent ont, pour projections sur les axes, $d\xi$, $d\eta$, $d\zeta$, le travail virtuel élémentaire de l'une de ces forces totales deviendra $\frac{p}{g}\frac{d^2x}{dt^2}d\xi + \frac{p}{g}\frac{d^2y}{dt^2}d\eta + \frac{p}{g}\frac{d^2z}{dt^2}d\zeta$. En sorte qu'une des équations que fournit l'équivalence entre les forces données et les forces totales, sera

$$\Sigma \text{P}ds - \Sigma \text{P}'ds' = \Sigma \frac{p}{g}\left(\frac{d^2x}{dt^2}d\xi + \frac{d^2y}{dt^2}d\eta + \frac{d^2z}{dt^2}d\zeta\right).$$

Le mouvement commun à toute la machine peut être supposé parallèle à l'axe des x; comme il est uniforme, on a $x = at + \xi$ et $y = \eta$, $z = \zeta$. On en conclut $\frac{d^2x}{dt^2} = \frac{d^2\xi}{dt^2}$, $\frac{d^2y}{dt^2} = \frac{d^2\eta}{dt^2}$, $\frac{d^2z}{dt^2} = \frac{d^2\zeta}{dt^2}$; substituant dans l'équation ci-dessus, on trouve

$$\Sigma \mathrm{P}ds - \Sigma \mathrm{P}'ds' = \Sigma \frac{p}{g}\left(\frac{d^2\xi}{dt^2}\,d\xi + \frac{d^2\eta}{dt^2}\,d\eta + \frac{d^2\zeta}{dt^2}\,d\zeta\right).$$

Mais, en désignant par v l'une quelconque des vitesses dans le mouvement relatif, on a

$$v^2 = \frac{d\xi^2}{dt^2} + \frac{d\eta^2}{dt^2} + \frac{d\zeta^2}{dt^2},\ \text{d'où}\ v dv = \frac{d^2\xi}{dt^2}\,d\xi + \frac{d^2\eta}{dt^2}\,d\eta + \frac{d^2\zeta}{dt^2}\,d\zeta;$$

il vient donc

$$\Sigma \mathrm{P}ds - \Sigma \mathrm{P}'ds' = \Sigma \frac{pv}{g}\,dv.$$

En intégrant cette équation par rapport au temps, et en représentant par v_0 la valeur de la vitesse v pour le premier instant, on trouvera

$$\Sigma \int \mathrm{P}ds - \Sigma \int \mathrm{P}'ds' = \Sigma \frac{pv^2}{2g} - \Sigma \frac{pv_0^2}{2g}.$$

Cette équation, par rapport au mouvement relatif, est entièrement semblable à l'équation des forces vives que nous avons déjà établie pour le mouvement absolu dans l'espace. Elle démontre donc cette proposition, que, *dans le cas où tous les points fixes d'une machine sont entraînés d'un mouvement uniforme et rectiligne dans l'espace, les principes sur la transmission du travail ont encore lieu pour le mouvement relatif seulement.* Ainsi, par exemple, comme à la surface de la terre, le mouvement de tous les points qui y sont invariablement fixés peut être considéré comme nécessairement uniforme, on peut dire que le principe de la transmission du travail a lieu sans qu'on ait à considérer le mouvement propre de la terre. Il en serait de même sur un vaisseau qui aurait un mouvement sensiblement uniforme: on peut appliquer l'équation des forces vives à une machine qui y serait placée, sans tenir compte du mouvement du vaisseau.

(56) On peut appliquer ce même principe au mouvement d'un point matériel sur une courbe ou dans un canal infiniment étroit, auquel on donne un mouvement rectiligne et uniforme tout-à-fait obligatoire: les principes déduits de l'équation des forces vives auront encore lieu en faisant abstraction du mouvement du canal. Ainsi, lorsqu'il n'y a pas de frottement sensible dans ce canal, et qu'il n'y aura d'autres forces que la gravité, le point y entrant avec une certaine vitesse relative, s'y élèvera à la hauteur due à cette vitesse, et lorsqu'il redes-

cendra, il prendra les mêmes vitesses en repassant aux mêmes hauteurs relatives. Si le canal est tout entier dans un plan horizontal, le point y conservera partout sa vitesse relative.

(57) En partant de la remarque précédente, on retrouve l'expression que nous avions donnée par d'autres considérations à l'article (47), pour le travail transmis par un courant fluide qui circule dans un canal mobile, en supposant toutefois ce canal horizontal, pour pouvoir négliger l'effet du poids du fluide; ou bien en le supposant assez peu étendu pour que les vitesses relatives puissent ne pas y être sensiblement altérées par la gravité (*).

Conservons les mêmes notations qu'à l'article (47), c'est-à-dire désignons par u la vitesse du courant, par v celle du canal qui est dirigée suivant la même ligne, et par α l'angle que fait la dernière direction du canal avec la première qui est celle des vitesses u et v.

Concevons d'abord une seule particule, entrant dans le canal avec une vitesse absolue v et avec une vitesse relative $u-v$, qu'elle devra conserver en sortant dans une direction qui fera un angle α avec celle du mouvement du canal : cette particule alors aura en outre la vitesse v du canal qui l'entraîne dans son mouvement; donc elle possédera en définitive une vitesse qui, dans le sens horizontal parallèle au mouvement du canal, sera $v+(u-v)\cos\alpha$. Si l'on désigne par β et γ les angles que fait le dernier élément du canal avec deux autres axes fixes perpendiculaires à la direction de la vitesse v du canal, le carré de la vitesse de la particule en sortant du canal sera

$$[v+(u-v)\cos\alpha]^2+(u-v)^2\cos^2\beta+(u-v)^2\cos^2\gamma,$$

ou bien $$v^2+(u-v)^2+2(u-v)v\cos\alpha.$$

En désignant le poids de cette particule par p, et remarquant qu'elle avait en entrant dans le canal la vitesse u, on trouvera que la force vive qu'elle a perdue est

$$\frac{p}{2g}[u^2-v^2-(u-v)^2-2(u-v)v\cos\alpha];$$

(*) Ce qui suit m'a été suggéré par une considération de M. Poncelet, dans son *Mémoire sur les roues à palettes courbes*.

ou bien en réduisant

$$\frac{pv(u-v)}{g}(1-\cos\alpha).$$

Remarquons maintenant que bien qu'assujettir la particule à rester sur le canal en mouvement, ce soit établir une liaison dépendante du temps, néanmoins on peut se débarrasser de cette liaison pour revenir à appliquer le principe de la transmission du travail au véritable mouvement absolu dans l'espace. En effet, la condition de l'assujettissement de la particule à rester sur le canal, revient à l'action d'une certaine force qui agit sur cette particule dans une direction toujours normale au canal. Si l'on remplace ce canal par cette force, alors le principe de la transmission du travail est applicable au mouvement absolu, puisqu'il n'y a plus de liaison dépendante du temps et que la particule redevient un point matériel libre. On peut donc assurer que le travail résistant, produit par cette force normale sur ce point mobile, est égal à la diminution de sa force vive. Ainsi, l'expression ci-dessus est la valeur du travail résistant produit par le canal sur la particule mobile. Comme la pression que celle-ci exerce sur le canal est égale et opposée à celle que le canal produit sur elle, le travail moteur reçu par le canal sera égal au travail résistant produit sur la particule, c'est-à-dire à

$$p\frac{v(u-v)}{g}(1-\cos\alpha).$$

Si l'on veut avoir le travail transmis, non plus par une particule d'eau, mais par toutes celles qu'un courant animé de la vitesse u dans la même direction que v, fait entrer dans le canal, toujours dans l'hypothèse où celui-ci est sensiblement horizontal, il suffira de remplacer le poids p par celui de tout le fluide qui entre dans ce canal. En désignant ce poids par P, on a donc pour ce travail, l'expression

$$P\frac{v(u-v)}{g}(1-\cos\alpha).$$

Si, au lieu du travail transmis par un poids P de fluide, on voulait celui qui est produit dans l'unité de temps par le courant, en désignant par a la section du canal, et par π le poids de l'unité de volume du liquide, on remplacerait P par le poids de ce qui entre dans l'unité de temps, c'est-à-dire par $\pi a(u-v)$, et le travail devient alors

$$\pi a \frac{v(u-v)^2}{g}(1-\cos\alpha). \ (*)$$

Ces deux expressions sont semblables à celles que nous avions trouvées précédemment pour le même cas (article 47).

L'expression du travail transmis au canal par une seule particule s'étendrait au cas où celui-ci n'est pas horizontal, pourvu que la particule, après être redescendue, soit par la même branche, soit par une seconde, ressortît au même niveau relatif où elle est entrée, pour qu'elle reprît ainsi, en quittant le canal, la même vitesse relative $u-v$. Mais il faut bien prendre garde que, dans ce cas, on ne passe plus avec autant de généralité du travail produit par une particule à celui que transmet un courant. D'abord il faut admettre pour cela que le fluide s'élève par une branche et redescend par une autre, ou au moins que le canal est assez large pour qu'il s'y établisse un courant ascendant et un courant descendant qui ne se gênent pas l'un l'autre. En outre, comme les vitesses se ralentissent à mesure que le fluide s'élève, il faut que le canal ait, dans le haut, une largeur suffisante pour que la colonne liquide s'élargisse en vertu de ces diminutions de vitesses, sans quoi le courant serait gêné à son entrée dans le canal, et ne pourrait commencer à s'élever avec la vitesse relative $u-v$. Or, ces conditions ne peuvent être remplies dans la réalité quand on fait élever et redescendre le courant dans un même canal où le mouvement ascendant est gêné par le mouvement descendant. Elles ne peuvent guère s'appliquer qu'au cas où l'on fait entrer isolément et par intervalles de

---

(*) Il est facile de conclure de l'expression de ce travail, la pression totale à laquelle le canal, considéré comme un corps solide, est soumis dans le sens de son mouvement. En effet, si P est cette force, le travail transmis dans l'unité de temps est Pv, puisque P est estimé dans le sens de v; on a donc

$$Pv = \pi a \frac{v(u-v)^2}{g}(1-\cos\alpha);$$

d'où en ôtant le facteur commun v,

$$P = \pi a \frac{(u-v)^2}{g}(1-\cos\alpha);$$

expression qui est semblable à celle que nous avons trouvée à l'article 47.

très petites masses de liquides qui montent et descendent librement ; ou bien pour le cas d'un courant continu, lorsque le canal a une branche descendante, et qu'il est assez élargi dans la partie la plus haute pour que les vitesses y diminuent, sans empêcher que le fluide ne prenne à son entrée la vitesse $u-v$, comme si chaque particule était isolée.

(58) Nous allons revenir encore sur l'extension qu'on peut donner à l'équation des forces vives, en démontrant que cette équation a lieu aussi dans un système libre de se transporter dans l'espace dans toutes les directions, lorsque l'on ne considère que le mouvement relatif par rapport à des axes de directions constantes passant par le centre de gravité. Nous donnerons cette proposition plutôt comme complément de la théorie que comme un principe dont nous ayons à faire usage dans cet ouvrage ; en sorte que, si l'on ne cherche que ce qui est le plus immédiatement applicable à la pratique, on peut ne pas s'arrêter à ce qui termine ce chapitre.

Supposons que l'on considère un système libre, c'est-à-dire un système tel, que les points mobiles n'aient que des liaisons entre eux, sans en avoir aucune par rapport à des corps fixes ; en sorte qu'un point quelconque du système pris à volonté puisse toujours se mouvoir dans tous les sens. Ce cas se présente, par exemple, pour une machine à vapeur placée sur un bateau, lorsque l'on comprend le bateau dans le système : il est clair en effet que l'ensemble de la machine et du bateau forme un système de points qui sont libres de se mouvoir dans tous les sens.

Désignons par X, Y, Z les composantes suivant les axes des forces mouvantes et résistantes qui sont appliquées aux différens points du système ; par x, y, z les coordonnées de ces points par rapport à des axes fixes dans l'espace. En vertu de ce que les quantités de travail élémentaire Pds, $P'ds'$ moteur et résistant peuvent être comprises dans l'expression $Xdx+Xdy+Zdz$, l'équation des forces vives peut s'écrire ainsi,

$$\Sigma\int(Xdx+Ydy+Zdz)=\Sigma\frac{pv^2}{2g}-\Sigma\frac{pv_0^2}{2g}.$$

Pour transformer cette équation, représentons par ξ, η, ζ les coordonnées du centre de gravité, et par x', y', z' les coordonnées des points du système, par rapport à trois axes parallèles aux axes fixes et passant par ce centre de gravité. On aura

$$x=\xi+x' \quad y=\eta+y', \quad z=\zeta+z',$$

et par suite

$$dx = d\xi + dx',\ dy = d\eta + dy',\ dz = d\zeta + dz'.$$

Désignons par V la vitesse du centre de gravité, et par v' la vitesse d'un point quelconque par rapport aux axes mobiles qui se transportent avec ce centre; par V_0 et v'_0 ces vitesses au premier instant. En vertu de ce que nous avons démontré (article 53) au sujet de l'expression de la force vive totale exprimée par les vitesses du centre de gravité et les vitesses relatives à ce centre, on aura, en désignant par P la somme totale des poids p,

$$\Sigma \frac{pv^2}{2g} = \frac{PV^2}{2g} - \Sigma \frac{pv'^2}{2g}.$$

Substituant dans l'équation des forces vives cette valeur de $\Sigma \frac{pv^2}{2g}$, et une toute semblable pour $\Sigma \frac{pv_0^2}{2g}$; substituant aussi celles de dx, dy, dz, on trouvera

$$\Sigma\int[X(d\xi + dx') + Y(d\eta + dy') + Z(d\zeta + dz')] = \frac{PV^2}{2g} - \frac{PV_0^2}{2g} + \Sigma\frac{pv'^2}{2g} - \Sigma\frac{pv_0'^2}{2g}.$$

Comme les différentielles $d\xi$, $d\eta$, $d\zeta$ sont les mêmes dans tous les termes de la somme indiquée par le signe Σ, on peut écrire cette équation de la manière suivante,

$$\int(\Sigma X)\,d\xi + \int(\Sigma Y)\,d\eta + \int(\Sigma Z)\,d\zeta + \Sigma\int X dx' + \Sigma\int Y dy' + \Sigma\int Z dz' = \frac{PV^2}{2g} - \frac{PV_0^2}{2g} + \Sigma\frac{pv'^2}{2g} - \Sigma\frac{pv_0'^2}{2g}.$$

On démontre dans tous les traités de Mécanique, que pour un système libre comme celui dont nous nous occupons, le point géométrique où se trouve le centre de gravité de tous les corps qui font partie du système se meut comme un point matériel qui aurait pour poids le poids total du système P, et qui serait sollicité par la résultante de toutes les forces qui produisent le mouvement, en supposant qu'on les ait transportées à ce point parallèlement à elles-mêmes. Ici les composantes de cette résultante seront, dans le sens des axes fixes, ΣX, ΣY, ΣZ. Or, dans le mouvement d'un point matériel libre, le travail dû à toutes les forces, tant mouvantes que résistantes, est égal à l'accroissement de la force vive; il faut donc que le travail dû aux forces ΣX, ΣY, ΣZ, appliquées au point matériel fictif, qui aurait pour poids P, soit égal à l'accroissement de la force vive de ce point, c'est-à-dire à $\frac{PV^2}{2g} - \frac{PV_0^2}{2g}$. Or ce travail est égal à $\int(\Sigma X)\, d\xi + \int(\Sigma Y)\, d\eta + \int(\Sigma Z)\, d\zeta$, puisque $d\xi$, $d\eta$, $d\zeta$ sont les projections de l'arc élémentaire décrit par le centre de gravité; ainsi on a

$$\int(\Sigma X)\, d\xi + \int(\Sigma Y)\, d\eta + \int(\Sigma Z)\, d\zeta = \frac{PV^2}{2g} - \frac{PV_0^2}{2g}.$$

Retranchant cette équation de celle des forces vives, comme nous venons de l'écrire plus haut, il restera

$$\Sigma\int(Xdx' + Ydy' + Zdz') = \Sigma\frac{pv'^2}{2g} - \Sigma\frac{pv_0'^2}{2g}.$$

Cette équation, par rapport au mouvement relatif, est tout-à-fait semblable à l'équation générale des forces vives pour le mouvement absolu; en effet $\int(Xdx' + Ydy' + Zdz')$ est le travail moteur et résistant qui serait produit par les forces dont X, Y, Z sont les composantes, si les points auxquels elles sont appliquées avaient pour coordonnées dans l'espace x', y', z'; c'est-à-dire que c'est le travail pour un observateur qui ne tiendrait pas compte du mouvement de translation du centre de gravité. D'une autre part, $\Sigma\frac{pv'^2}{2g} - \Sigma\frac{pv_0'^2}{2g}$ exprime la variation de la somme des forces vives, en ne l'évaluant que pour les vitesses relatives par rapport aux axes qui passent par le centre de gravité. Ainsi, *les principes déduits de l'équation des forces vives ont encore lieu pour un système se mouvant librement dans l'espace, lorsque les vitesses et les chemins décrits sont évalués par un observateur qui ne tient pas compte du mouvement de translation du centre de gravité, mais seulement du mouvement des points du système par rapport à trois axes de directions constantes, entraînés avec ce centre* (*).

En appliquant ce théorème à une machine sur un bateau, on en conclut qu'un observateur placé sur ce bateau, et qui ne tiendrait compte que des vitesses relatives à des axes de direction constante passant par le centre de gravité du bateau, peut appliquer aux mouvemens qu'il observe les principes que nous avons déduits de l'équation

---

(*) Cette proposition se trouve dans la *Mécanique analytique* de Lagrange.

des forces vives : il lui suffira de tenir compte de toutes les forces qui produisent le mouvement du bateau et de la machine.

S'il se produisait à la surface de la terre des mouvemens capables d'en ébranler une portion, on pourrait appliquer à cet ébranlement les principes déduits de l'équation des forces vives, en ayant égard seulement au mouvement diurne de la terre, et sans tenir compte du mouvement annuel.

CHAPITRE III.

Comment on doit considérer les Corps solides quand ils sont soumis à des forces capables d'altérer leurs formes, et comment on doit entendre le principe de la transmission du travail en ayant égard à ces changemens de forme. — Considérations sur la transmission des ébranlemens et sur le choc en général. — Questions que présente la répartition du Travail dans le choc. — Ce qui influe sur les circonstances du mouvement qu'on attribue ordinairement à l'élasticité. — Pertes de Travail manifestées par les ébranlemens. — Idées générales sur les Machines considérées dans leur véritable nature. — Moyen de calculer une limite aux pertes de travail dans le choc des systèmes de rotation et de translation. — Considération sur la Statique des chocs et sur le Théorème de Carnot. — Comment le principe de la transmission du Travail s'étend au mouvement des liquides. — Application à l'écoulement de l'eau par un petit orifice. — Du Travail transmis à un vase mobile dans lequel entre une veine fluide. — Comment le principe de la transmission du Travail s'étend au mouvement des fluides élastiques. — Application à l'écoulement des gaz. — Travail qu'exigent les Machines soufflantes. — Du Travail produit par le vent sur un plan mobile.

(59) Lorsque nous avons établi les principes sur la transmission du travail, nous avons considéré le mouvement d'un ensemble de points matériels soumis à certaines liaisons géométriques que nous supposions parfaitement inaltérables, et c'est seulement à cette conception rationnelle que s'appliquait l'équation des forces vives. Nous allons maintenant examiner à l'aide de quelles considérations on peut étendre ces mêmes principes aux machines, en ayant égard à l'organisation mécanique des corps.

Les liaisons géométriques des différens points matériels en mouvement qui composent une machine sont réalisées par l'inextensibilité ou l'incompressibilité de certains corps solides qui y sont employés pour rendre des distances invariables. Bien qu'à la rigueur il n'existe pas de corps solide qui ne change un peu de forme quand les forces auxquelles il est soumis ne conservent pas, ou les mêmes intensités, ou les mêmes points d'application, ou enfin les mêmes directions par rapport à ce corps; cependant tant que les changemens ne dépassent pas certaines limites, ceux qui en résultent pour les formes des corps peuvent être négligés sans erreur sensible dans l'évaluation du travail. Mais cette supposition est tout-à-fait restreinte aux cas où l'on sait *à priori* quelles sont les forces qui agiront sur les corps. Lorsque rien ne fixe de limites à ces forces, on ne peut plus être certain qu'on ne commettra pas une erreur sensible dans l'équation des forces vives, en négligeant les changemens de forme des corps, quelque peu sensibles qu'ils soient.

(60) Pour donner quelques développemens à ces différentes considérations, rappelons d'abord ce que l'expérience a fait admettre sur l'organisation mécanique des corps qu'on appelle *solides*.

Nous concevons un corps solide comme formé de points matériels qui, se trouvant placés à de certaines distances les uns des autres, ne peuvent se rapprocher ou s'écarter entre eux sans qu'il en résulte des forces considérables qui tendent à ramener ces points à leur première distance; en sorte qu'on ne peut opérer des changemens de forme qu'en exerçant sur les corps de fortes pressions ou tractions. Quelque grandes que soient ces forces, et quelques changemens qui en résultent sur les distances des points entre eux, il est toujours possible d'augmenter encore ces changemens en exerçant des efforts plus considérables : jamais les points matériels ne peuvent être considérés comme arrivés au terme de rapprochement; tant que le corps n'est pas brisé, ces mêmes points ne peuvent être considérés non plus comme arrivés au terme d'écartement. Mais il existe pour chaque nature de corps un certain degré de changement de forme d'où il résulte des écartemens qui entraînent la rupture.

Pour la plupart des corps solides, et surtout pour ceux qu'on emploie dans les machines, les forces que développent les changemens de distance des particules des corps croissent tellement rapidement avec ces changemens, qu'une force qui n'est pas très grande ne peut produire aucun changement sensible dans les positions respectives des points matériels d'un de ces corps. Mais cependant, comme nous observons que ces changemens sont réellement produits par des forces suffisantes, qu'ils diminuent à mesure que les forces diminuent, nous ne pouvons nous empêcher d'admettre à cet égard la continuité, et de supposer que les forces nécessaires pour produire des changemens de distance des points matériels qui composent un corps solide varient par degrés insensibles avec ces changemens, mais d'une manière extrêmement rapide.

L'expérience et l'analogie nous portent à admettre que les forces qui se produisent entre les particules des corps solides, quand on altère leurs formes naturelles, peuvent être assimilées à des attractions ou à des répulsions mutuelles, c'est-à-dire à ce que nous avons appelé précédemment des réactions. Ainsi, lorsque deux points matériels très voisins s'écartent ou se rapprochent, il en résulte deux forces égales agissant dans des sens opposés sur chacun de ces points, dans la direction de la ligne qui les joint.

Lorsque, dans une partie du corps solide, les écartemens sont arrivés à un certain terme, la force très considérable qui tendait à rapprocher les points vient à cesser ou à diminuer très rapidement, et il y a rupture dans le corps. La force attractive ne reparaît que lorsqu'on remet les points matériels à la distance convenable, ce qu'on ne peut faire en général que par des moyens qu'on pourrait appeler *chimiques*.

Il est toujours possible de déranger assez peu les particules des corps solides pour qu'on puisse observer que dans leur retour à la forme primitive, à mesure que ces corps repassent par une même forme, ils reproduisent la même force à l'extérieur; d'où il est très naturel de conclure que les actions intimes qui ont reproduit les mêmes forces à l'extérieur ont aussi repassé par les mêmes intensités. Dans les limites où cette circonstance peut s'observer, et où ces actions intimes qui tendent à ramener les points matériels très voisins à leur distance primitive restent ainsi sensiblement les mêmes quand les changemens de distance sont les mêmes, c'est-à-dire dans les limites où ces forces sont des fonctions de ces changemens de distance, nous dirons qu'il y a élasticité. Mais il ne faudra pas confondre cette élasticité intime avec ce qu'on appelle *élasticité* dans quelques traités de Mécanique. Nous en ferons sentir plus tard la différence; il nous suffit, pour le moment, de définir celle que nous considérons. Dans ce que nous dirons, l'élasticité d'un corps sera la propriété de produire, quand il change de forme, des attractions ou répulsions mutuelles entre des points infiniment voisins, lesquelles actions reprennent les mêmes valeurs quand les distances reviennent les mêmes. En ce sens, tous les corps qu'on appelle *solides* sont élastiques tant qu'on n'a pas écarté des points voisins de manière que toute action entre eux ait cessé, ou lorsqu'on n'a pas laissé agir les actions mutuelles pendant un temps assez long pour qu'elles s'affaiblissent, comme cela a lieu pour certains corps courbés qui ne présentent pas toujours la même résistance en reprenant la même forme. Mais cette différence dans les forces dues aux mêmes changemens de distance ne se produisant en général que très lentement, on peut la négliger le plus ordinairement dans la pratique.

Dans les corps qu'on appelle *mous*, suivant le langage ordinaire, les limites de dérangemens entre lesquelles on peut observer l'élasticité sont très restreintes : à la moindre déformation, les particules voisines se séparent jusqu'au point où les ruptures partielles sont produites ; ce sont alors d'autres particules qui se mettent en présence ; elles exercent l'une sur l'autre une nouvelle action qui tient à un autre ordre de solidité et qui conserve l'agglomération des parties. On a rarement occasion, dans les machines, de considérer une pareille constitution physique.

(61) Pour avoir égard à la nature des corps solides dans les principes déduits de l'équation des forces vives, nous remarquerons d'abord que dans une machine en mouvement, il arrive de deux choses l'une : ou l'on peut négliger les changemens de forme des corps produits par les changemens dans les pressions auxquelles ils sont soumis, et alors les points matériels qui les composent sont dans le cas d'une machine rationnelle dont les liaisons géométriques ne sont point altérées ; ou bien on ne peut pas négliger ces changemens de forme. Dans ce dernier cas, on ne considérera plus chaque corps comme formant liaison géométrique inaltérable, mais on le regardera comme un assemblage de points matériels liés entre eux, non par l'invariabilité de certaines distances, mais par des forces d'attractions ou de répulsions qui entreront au nombre des forces mouvantes et résistantes qui doivent figurer dans le calcul des quantités de travail. Le mouvement de chaque point ne sera plus produit alors que par des forces, sans le secours d'aucune liaison géométrique. Or, dans l'une et l'autre de ces deux suppositions

on peut également établir l'équation des forces vives. Dans le premier cas, les quantités de travail qu'il faut introduire dans le premier membre de cette équation se calculent comme pour une machine rationnelle à liaisons géométriques, en ayant égard toutefois aux forces dues au frottement. Dans le second cas, il faut joindre à ces quantités de travail celles qui sont dues aux compressions ou extensions produites dans les parties intimes des corps solides, et il faut aussi modifier la somme des forces vives en raison des mouvemens relatifs que peuvent prendre les particules matérielles de chaque corps, les unes par rapport aux autres. Sans doute que l'estimation rigoureuse de ces quantités ne peut être faite *à priori*, au moins dans l'état où sont nos connaissances ; ce n'est que par des expériences bien entendues ou par quelques méthodes indirectes qu'on y parvient approximativement. Nous n'entrerons pas pour le moment dans l'examen de cette difficulté, il nous suffit d'abord de bien montrer où il faut chercher l'exactitude de l'équation des forces vives dans tous les cas, et d'empêcher qu'on n'en déduise des conséquences qui pourraient tromper dans la pratique.

(62) Les quantités de travail qui doivent entrer dans l'équation des forces vives en raison des altérations de forme des corps, résultant des actions réciproques des particules entre elles, seront indépendantes du mouvement de ces corps, comme on l'a démontré à l'article 34 : elles résulteront seulement des rapprochemens et des écartemens qui ont eu lieu. Il faudrait intégrer pour toute l'étendue de chaque corps les petites quantités de travail dues à chacun de ces changemens de distance, de particule à particule. Nous ne pouvons exécuter ce calcul ; mais il est toujours très utile de savoir que cette quantité totale ne dépend que du changement de forme, ainsi que des forces de réactions que ce changement a produites dans tout le corps, et non de son mouvement propre. Comme, dans beaucoup de cas où la déformation n'a pas été trop rapide, on peut admettre que ces forces se développent de la même manière avec les mêmes degrés de changement de forme à l'extérieur, il s'ensuit qu'on peut se faire une idée de cette quantité de travail en concevant qu'on ait produit sur le corps en repos, à l'aide de pressions extérieures, les changemens de forme qui ont eu lieu sur la totalité, ou sur certaines parties du corps, pendant son mouvement. Si l'on opère ce changement de forme avec des vitesses insensibles, la quantité de travail moteur nécessaire pour produire ces déformations extérieures

sera égale à la somme des quantités de travail résistant dû aux altérations intérieures; elle servira donc à faire apprécier cette dernière somme.

Si, par exemple, un morceau de métal faisant partie d'une machine et entraîné dans son mouvement, a été comprimé ou étendu pendant ce mouvement, la quantité de travail résistant due à ce changement de forme sera égale à celle qu'il aurait fallu employer pour comprimer ou étendre de la même manière ce même corps, appuyé sur des points fixes.

(63) Lorsque les pressions qui agissent sur les points extérieurs des corps qui font partie d'une machine ne varient pas très rapidement, et que les changemens de forme que ces changemens de pressions produisent sur ces corps sont peu sensibles, alors on peut les regarder comme parfaitement solides, et négliger les modifications de travail et de forces vives qu'il faudrait introduire dans l'équation des forces vives en raison de ces changemens de forme. Il serait du ressort de l'analyse d'établir cette proposition ; elle paraît offrir assez de difficultés, parce qu'elle se rattache à la théorie des ébranlemens dans l'intérieur des corps; mais comme on observe que dans les circonstances dont il s'agit, toutes les conséquences auxquelles on arrive en faisant ainsi des corps solides une conception rationnelle sont d'accord avec l'expérience, on a déjà par là un genre de preuve dont on peut se contenter pour la pratique.

Toutes les fois qu'on ne peut pas assigner de limites aux forces qui agissent sur un corps, on n'est pas assuré qu'on puisse négliger le travail et la modification de force vive qui résultent des altérations produites dans son intérieur, quand même les changemens de forme seraient très petits. En effet, une compression très petite produite avec des forces très grandes peut donner lieu à une quantité de travail qui n'est pas très petite. De même, la différence entre la force vive d'un ensemble de points, lorsque l'on suppose qu'ils forment un corps parfaitement solide, et la force vive des mêmes points lorsqu'ils sont ébranlés, peut devenir considérable, quoique le corps ne soit que très peu déformé : il suffit que la déformation soit produite par de très grandes forces qui modifient rapidement les vitesses. C'est ce qui arrive dans les chocs des corps solides, lors même qu'ils ne produisent pas de très grands changemens de forme. Nous allons entrer à ce sujet dans quelques détails qui montreront comment on doit considérer le choc.

(64) Lorsque deux corps se rencontrent, ou que même, étant déjà en contact, il arrive que l'un d'eux modifie les efforts qu'il exerçait sur

l'autre, il y a altération de forme. C'est à ce changement d'action entre deux corps, quand il devient assez prononcé, qu'on attache le plus ordinairement l'idée du choc. Il serait assez difficile de trouver à ce mot un sens bien précis dans l'usage qu'on en fait; car si l'on veut que le choc soit la rencontre de deux corps, on trouvera des rencontres sans les ébranlemens sensibles qui semblent entrer aussi dans l'idée de choc : si l'on veut qu'il y ait choc quand il y a ébranlement dans un corps, alors on trouvera le choc à un degré plus ou moins prononcé, même sans qu'il y ait rencontre, et lorsque les corps n'ont pas cessé de se toucher. Pour que cette dénomination de choc fût mieux adaptée à l'emploi qu'on en fait dans les machines, il serait peut-être plus convenable de dire qu'il y a choc lorsqu'un corps agissant sur un autre, le travail ou les forces vives dues aux altérations de forme ne peuvent être négligées; mais comme il y a toujours de l'inconvénient à changer le sens ordinaire des mots quand cela n'est pas absolument nécessaire, nous nous conformerons à l'usage, qui a plutôt consacré la dénomination de choc à la rencontre de deux corps.

Nous avons déjà dit que les corps ont la faculté de pouvoir toujours se comprimer, c'est-à-dire que quelque durs qu'ils soient, on peut rapprocher encore leurs particules, soit par la pression, soit par le refroidissement. Il faut donc bien admettre que les particules matérielles qui les composent ne se touchent jamais rigoureusement. Ce que l'on conçoit pour un même corps, il faut le concevoir aussi pour des corps différens; en sorte que dans le choc, il faut se représenter les particules les plus voisines de l'un à l'autre corps comme toujours séparées, et comme ne pouvant se rapprocher à un certain degré qu'autant qu'il se produit entre elles des forces répulsives. Ce sont ces forces très considérables, et celles qu'elles font naître ensuite dans l'intérieur de chaque corps, qui sont mises en jeu dans le choc pour modifier les vitesses dans un temps très court, ainsi que l'exige l'impénétrabilité de la matière.

(65) Examinons comment ces fortes pressions, produites très rapidement, altèrent dans un corps les vitesses de ses différens points et propagent dans son intérieur des compressions ou des extensions.

Prenons d'abord un cas fort simple : concevons seulement une série de particules matérielles très rapprochées et liées entre elles par des ressorts ou réactions mutuelles entre deux particules contiguës. Ce système sera la conception rationnelle la plus approchée d'une barre solide qui ne pourrait se comprimer ou s'étendre que dans le sens de sa longueur et où l'on n'aurait à considérer qu'une dimension : c'est ce que l'on appelle ordinairement un *corps linéaire* ou *ligne matérielle*. Nous supposerons tous les points de cette barre possédant d'abord les mêmes vitesses dans le sens de sa longueur ou bien des vitesses nulles, et nous concevrons qu'elle soit choquée à une de ses extrémités. La résolution analytique du problème de l'altération qui se produit dans ce corps linéaire a déjà occupé les géomètres pour les cas où l'on peut supposer que les forces développées par les réactions sont proportionnelles aux changemens de distance des points : supposition toujours très approchée quand les dérangemens des particules sont très petits par rapport à leur écartement. Cette hypothèse revient à admettre que la raideur, telle que nous l'avons définie, est constante dans l'étendue des dérangemens.

Lagrange, dans les Mémoires de l'Académie de Turin, a résolu une question qui se rapproche beaucoup de celle-là. Son analyse peut donner le mouvement d'une barre dont les extrémités sont fixes et qui est ébranlée d'abord d'une manière quelconque entre ses extrémités. On peut l'appliquer avec quelques modifications au choc d'une barre parfaitement libre, soit en mouvement, soit en repos. On trouve dans ce cas que la compression produite à une extrémité de la barre ne se transmet pas instantanément à l'autre extrémité; il faut un certain temps pour que cette compression y soit arrivée au même degré. Ce temps dépend de deux élémens : de la densité de la matière, et de la raideur des ressorts, en la prenant pour l'état où ils se trouvent dans la barre avant le choc. La vitesse de transmission des compressions est proportionnelle à la racine carrée du rapport de la raideur à la densité. Le sens de ce résultat est d'accord avec ce que l'on peut prévoir; car plus la raideur est considérable, et moins il faudra que les particules se déplacent les unes par rapport aux autres pour donner lieu à une certaine force, et moins il faudra de temps pour que ce déplacement soit produit : on sent aussi que plus les particules soumises à la force de ressort ont une masse considérable, et moins le dérangement s'opère rapidement. Il est donc facile de retenir dans quel sens se fait sentir l'influence de la raideur et de la densité sur la rapidité de la communication du mouvement dans une série de particules matérielles.

La force qui agit à l'extrémité de la barre dans le cas des chocs ordinaires n'agit pas long-temps; elle atteint promptement son maximum, puis elle décroît, et cesse d'agir ensuite. Les compressions des différens ressorts contigus atteindront aussi tour à tour un maximum qui se transmettra jusqu'à l'extrémité de la barre au bout d'un certain temps. L'analyse connue du problème de la communication du mouvement dans la série de points que nous considérons, montre qu'à un certain degré d'approximation, tant que les dérangemens sont peu sensibles, la vitesse de communication de la compression ne dépend pas de la manière dont le premier ressort a été comprimé; cette compression a pu se faire plus promptement et avec une force plus grande, sans qu'elle se communique pour cela plus rapidement : la vitesse de cette communication ne dépend jamais que de la nature des ressorts et de la masse des points, c'est-à-dire de l'organisation mécanique de la matière qui compose le corps linéaire.

Si l'on construit au-dessus de la ligne matérielle une courbe qui ait pour ordonnée le degré de compression à chaque point de la ligne, cette courbe variable commencera d'abord par naître au point choqué, à s'y élever tant que la compression ira en croissant, et à s'étendre en même temps le long de la barre, de manière que sa naissance s'avance avec une vitesse qui sera celle de la transmission du mouvement. Comme cette vitesse est toujours la même dans le même corps, la courbe sera d'autant plus inclinée, que la première compression produite par le choc aura mis moins de temps à croître. Quand cette première compression décroîtra, la courbe s'abaissera à l'origine, et son point maximum commencera à s'avancer dans le corps toujours avec la vitesse de transmission.

Quelle que soit la forme de la courbe, il arrivera qu'à partir du commencement du choc, il y aura une durée plus ou moins longue pendant laquelle son ordonnée, c'est-à-dire la compression, sera plus grande au premier point choqué, et ira en décroissant à mesure qu'on s'avance dans la barre. En effet, tant que les particules ébranlées prendront des accroissemens ou décroissemens de vitesses dans le même sens que la première qui est choquée, il faudra que chacune de ces particules soit soumise à une force dirigée aussi dans le même sens que la première; et comme cette force est celle qui résulte de l'excès de compression d'un ressort sur le suivant, il faudra que cet excès reste dans le même sens, et qu'ainsi les compressions aillent toujours en décroissant à mesure que l'on avancera dans le corps. On ne peut pas prévoir en général pendant quel temps cet état de choses subsistera; mais il est néanmoins assez utile de savoir qu'il a lieu pendant un temps plus ou moins long au commencement du choc.

Si au lieu de produire un choc sur la barre, c'est-à-dire d'agir sur elle avec une grande force croissant très rapidement, on produisait sur son extrémité une force croissant assez lentement, la transmission étant toujours aussi rapide, il y aurait moins de différence entre les divers états de compression; en sorte que si l'extrémité de la barre pousse un autre corps, on peut supposer sans erreur sensible qu'elle le fera avec une force égale à celle qui est appliquée à son autre extrémité. Mais il ne faut pas perdre de vue que cette égalité au même instant entre ces forces produites aux deux extrémités, est un état final de stabilité qui suppose une certaine permanence dans l'action de la force mouvante: dès que celle-ci change rapidement, l'autre est loin de la suivre instantanément dans ses changemens. C'est par cette raison que dans les questions de mouvement, lorsqu'il y a des chocs, on ne doit pas toujours appliquer le principe statique qu'une force agissant sur un corps solide peut être transportée en un point quelconque de sa direction.

Si nous désignons par $\int P ds$ le travail dû à la force mouvante qui est appliquée à une extrémité de la barre, par $\int P' ds'$ celui qui est dû à la force résistante appliquée à l'autre extrémité; que nous représentions par V la vitesse du centre de gravité de la barre, par v les vitesses relatives de ses différens points par rapport à ce centre, par p les poids de chaque point; enfin, par $\Sigma \int R dr$ la somme des quantités de travail résistant dues aux rapprochemens ou aux écartemens des points entre eux depuis le commencement de leur ébranlement, nous aurons, en vertu de l'équation des forces vives,

$$\int P ds = \int P' ds' + \Sigma \int R dr + \frac{V^2}{2g} \Sigma p + \Sigma \frac{p v^2}{2g}.$$

Ce terme $\Sigma \int R dr$ étant essentiellement positif, comme nous l'avons remarqué à l'article 35, il en résulte que le travail moteur $\int P ds$ ne serait égal au travail résistant $\int P' ds'$, qui mesure aussi celui qui peut être transmis, qu'autant qu'on aurait $V = 0$, $v = 0$, et que $\Sigma \int R dr$ serait nul; c'est-à-dire qu'autant que le corps serait élastique et qu'il serait revenu dans son état primitif, et sans aucune vitesse, ni commune ni relative.

Ceci explique comment, lorsqu'on emploie des barres très longues pour transmettre une petite quantité de travail, on en perd une grande partie lorsqu'on a produit des vibrations qui y persistent.

(66) Bien que dans les machines on n'ait pas à considérer le choc de deux corps isolés, c'est-à-dire de ceux qui ne sont pas en contact avec beaucoup d'autres corps, cependant il ne sera pas inutile de dire un mot de ce phénomène, pour le faire considérer sous son véritable point de vue.

Supposons donc que les deux corps sphériques n'ayant que des mouvemens de translation suivant la même ligne, viennent à se choquer. Désignons par P et P' les poids de ces corps, par V_0 et V'_0 les vitesses de leurs centres de gravité avant le choc, et par V et V' les mêmes vitesses après le choc; par v et v' les vitesses des différens points qui les composent par rapport à des axes de directions constantes passant par leurs centres de gravité, vitesses qui seront nulles avant que le choc ait produit de l'ébranlement. Représentons par $\Sigma\int R dr$, $\Sigma\int R' dr'$ les quantités de travail dues aux compressions ou aux extensions qui se produisent dans ces corps. Après le choc, si l'ébranlement a encore lieu, il faudra que la force vive qui existait avant le choc se partage entre le travail résistant absorbé par les compressions ou extensions, et la somme des forces vives restant aux différens points des deux corps. En vertu du théorème que nous avons démontré article (53), cette force vive restante se compose encore de deux parties: celle que l'on aurait en concentrant les masses de chaque corps à son centre de gravité, et celle que l'on obtiendrait en ne tenant compte que des vitesses relatives à ces centres de gravité. En sorte que l'on aura toujours l'équation

$$\frac{PV_0^2}{2g} + \frac{PV_0'^2}{2g} = \frac{PV^2}{2g} + \frac{P'V'^2}{2g} + \Sigma\frac{pv^2}{2g} + \Sigma\frac{p'v'^2}{2g} + \Sigma\int R dr + \Sigma\int R' dr'.$$

Comme les réactions ne peuvent développer un travail moteur qui l'emporte sur le travail résistant qu'elles ont produit d'abord, les quantités $\Sigma\int R dr$, $\Sigma\int R' dr'$, portées comme travail résistant dans cette équation, sont essentiellement positives; il en est de même des termes $\Sigma\frac{pv^2}{2g}$ et $\Sigma\frac{p'v'^2}{2g}$. Ainsi, on ne pourra avoir l'égalité

$$\frac{PV_0^2}{2g} + \frac{P'V_0'^2}{2g} = \frac{PV^2}{2g} + \frac{P'V'^2}{2g},$$

qu'autant qu'il n'y aura plus ni compressions, ni extensions, ni vitesses relatives dans les corps. On sait par les principes de Mécanique, qu'une fois qu'ils sont séparés, les vitesses V et V′ des centres de gravité ne peuvent plus varier : donc, si au moment de la séparation il existe encore quelque ébranlement, il ne pourra plus y avoir jamais égalité entre les quantités $\frac{Pv_0^2 + P'v_0'^2}{2g}$ et $\frac{Pv^2 + P'v'^2}{2g}$; c'est-à-dire qu'en ne prenant que les vitesses des centres de gravité pour évaluer la somme des forces vives, on la trouvera plus petite après le choc qu'avant le choc, bien que chaque corps soit cependant composé de particules matérielles entre lesquelles il y a des réactions parfaitement élastiques. Ainsi, la circonstance qu'on présente ordinairement comme une conséquence de l'élasticité est subordonnée à ce qu'il n'y ait plus aucun ébranlement dans les corps à leur séparation. L'expérience, d'une part, montre que ce n'est pas ce qui arrive ordinairement ; d'une autre, le calcul établit que, même pour les formes les plus simples, il peut rester des ébranlemens après le choc.

M. Cauchy, membre de l'Académie des Sciences, a bien voulu, à ma demande, traiter le problème du choc de deux barres cylindriques d'un diamètre très petit, en ayant égard à la dilatation latérale qui accompagne la compression. Voici les résultats qu'il a trouvés, en supposant toujours les dérangemens très petits par rapport à l'écartement des points.

Lorsque deux barres de même nature se mouvant en ligne droite dans le sens de leurs longueurs, vont à la rencontre l'une de l'autre avec des vitesses égales, si ces barres ont la même longueur, il n'y a plus d'ébranlement au moment de la séparation ; les centres de gravité reprennent alors des vitesses égales et opposées à celles qu'ils avaient avant le choc. Mais si ces barres ne sont plus égales en longueur, ou qu'elles ne soient plus de même nature ; alors au moment de la séparation il reste encore, soit dans une des barres, soit dans les deux, un ébranlement qui absorbe une certaine portion de la force vive qui existait avant le choc, en sorte qu'après le choc, on ne retrouve plus cette force vive, en ne tenant compte que des vitesses des centres de gravité. Pour deux barres de même nature, mais dont l'une aurait une longueur double de l'autre, les ébranlemens qui persistent après le choc absorbent, suivant M. Cauchy, les trois quarts de la force vive.

Bien que, dans le choc des billes d'ivoire dont on se sert dans le billard, on observe assez approximativement la conservation de force vive dans les vitesses des centres de gravité quand les mouvemens de rotations sont peu sensibles ; cependant il y a lieu de croire que ce n'est pas rigoureusement, comme dans deux barres égales très minces, que les ébranlemens ont cessé à leur séparation : en sorte que, pour des sphères d'une plus grande étendue et d'une nature moins favorable à la rapidité de la communication des compressions, la portion de force vive transformée en ébranlement devenant plus sensible, on n'observerait plus aussi approximativement la conservation des forces vives entre les vitesses des centres de gravité.

(67) Le plus ordinairement, on a défini jusqu'à présent l'élasticité d'une bille en disant qu'elle est parfaitement élastique, lorsqu'après avoir choqué perpendiculairement un plan fixe ou mobile, elle reprend en sens contraire une vitesse relative par rapport à ce plan, égale à la vitesse relative avec laquelle elle est venue le frapper ; ou bien en disant que deux billes sont parfaitement élastiques lorsque la vitesse que chacune perd ou gagne par l'effet de leur choc devient double de ce qu'elle serait s'il n'y avait pas d'élasticité. Ces définitions ont l'inconvénient d'attribuer à des corps la propriété de produire toujours certains phénomènes de mouvement, qui cependant tiennent tout autant aux circonstances du choc et aux dimensions des corps qu'à la nature de leur organisation mécanique. Il est donc bien plus convenable de définir l'élasticité comme nous l'avons fait à l'article 60 ; de cette manière, elle reste une propriété constante de l'organisation de certains corps, laquelle produit dans le choc diverses circonstances dont on peut toujours se rendre compte. Supposer qu'après le choc de deux corps doués d'une élasticité parfaite dans les réactions moléculaires, chacun reprend en sens contraire une vitesse relative égale à celle du choc, c'est admettre pour la force vive une répartition déterminée qui, le plus souvent, n'est pas celle qui a lieu. L'élasticité, comme nous l'avons définie, comporte seulement la possibilité de retrouver après le choc, tant en force vive qu'en compressions ou en extensions, tout le travail que l'on avait auparavant; mais elle ne fixe rien sur la répartition de ce travail, qui peut se partager d'une infinité de manières différentes.

Par exemple, si une bille parfaitement élastique vient tomber contre un plan horizontal qui termine un corps solide, aussi parfaitement élastique, il n'arrivera cependant pas qu'elle remontera à la hauteur d'où elle est tombée, parce que, d'une part, elle pourra être encore ébranlée dans ses parties au moment où elle quittera le plan, et que, d'une autre part, celui-ci et le sol qui le supporte le seront certainement, et absorberont ainsi une portion de la force vive que possédait le corps choquant.

Cependant deux circonstances peuvent favoriser la hauteur à laquelle la bille remonte après avoir choqué le plan, et contribuer ainsi à présenter les résultats que suppose la définition de l'élasticité comme on l'a donnée jusqu'à présent. Nous avons vu, article 37, que lorsqu'il n'y avait pas de vitesses sensibles dans la compression de plusieurs ressorts en ligne droite, le travail ou la force vive était absorbée en plus grande quantité par les ressorts les moins raides. Sans que l'on sache encore par le calcul ce qui peut arriver dans le choc d'une bille contre un sol plan, dans le cas où ces deux corps sont de natures différentes, cependant on conçoit que la raideur doit avoir de l'influence dans ce phénomène plus compliqué, comme dans celui de la compression lente de différens corps linéaires. Il est à croire que des deux portions de force vive employées après le choc, l'une dans la bille, et l'autre dans le plan, cette dernière sera plus petite quand le plan aura plus de raideur. D'une autre part, plus le mouvement se transmettra rapidement dans la bille, c'est-à-dire plus la raideur de la matière sera grande par rapport à sa densité, ou bien encore plus cette bille aura peu d'étendue, et moins il devra y rester d'ébranlement quand elle quittera le plan. On conçoit donc que les circonstances du choc peuvent être telles, que la bille remonte plus haut, sans que pour cela ni le corps ni le plan aient une élasticité plus parfaite dans leurs parties constituantes.

Dans le jeu de billard, si l'on faisait frapper une bille contre une bande en bois sans garniture, quelque élastique que fût ce bois, la bille ne reprendrait pas en quittant cette bande la vitesse de translation qu'elle avait avant le choc : cela tiendrait à ce que l'ébranlement de la bande absorberait une trop grande portion de la force vive. Mais si entre la bande en bois et la bille on interpose un ressort beaucoup moins raide que le bois et que la bille, il absorbera en se comprimant la majeure partie de la force vive, en diminuant celle qui serait transmise au bois de la bande et celle qui ébranlerait la bille. Ce ressort rendra ensuite presque toute la force vive qu'il a absorbée ; et comme le bois résiste au déplacement, c'est-à-dire qu'il a une grande raideur absolue, tandis que la bille recule librement, celle-ci reprendra presque seule toute la force vive, comme dans un canon le boulet prend presque toute la force vive du gaz comprimé.

C'est ainsi que la raideur comparée des corps qui se choquent influe tout autant sur les résultats du choc qu'une élasticité plus ou moins parfaite dans les réactions moléculaires.

Quelques auteurs pensant approcher davantage des résultats de l'expérience, ont admis une élasticité imparfaite, capable de rendre une portion déterminée de la vitesse relative perdue dans le choc; mais cette supposition ne peut fournir des résultats plus approchés du véritable phénomène. En effet, lors même qu'on saurait que les réactions moléculaires ne peuvent rendre qu'une portion déterminée du travail employé à la déformation, ou que l'on aurait observé que les billes qui se choquent peuvent être renvoyées par un certain plan fixe avec une vitesse qui serait la moitié, par exemple, de la vitesse du choc, on n'en serait pas plus avancé pour trouver les portions de vitesses relatives qu'elles reprendront après s'être choquées, puisque ces portions dépendront en outre des rapports qui existent entre leurs raideurs et entre leurs dimensions.

(68) Ce que l'on vient de dire ici n'est qu'un aperçu, destiné à faire considérer le choc sous le point de vue le plus capable d'embrasser toutes les circonstances que présentent les applications. La véritable théorie mathématique, sous le rapport de la répartition du travail dans le choc, reste encore à faire. La question est analogue à celle de la répartition de la chaleur; elle en diffère cependant en ce que, pour la chaleur, on part de la marche différentielle donnée par l'expérience, tandis qu'ici, comme les expériences ne paraissent pas praticables, on serait obligé de remonter plus haut, et de conclure cette marche elle-même de considérations préalables.

Deux applications fort utiles sont liées à ces recherches sur le mouvement intérieur des corps : la solidité des constructions, et l'économie du travail dans les machines. Sous le rapport de la solidité, il ne suffit pas de suivre le travail dans sa marche, il faut encore chercher l'un de ses élémens, savoir les extensions produites, afin de reconnaître si en de certains points elles n'atteignent pas le degré qui produit la rupture (*).

(*) La répartition des pressions et extensions dans l'équilibre des corps solides

Mais dans beaucoup de cas où l'on ne craint pas la rupture, il serait encore très utile de connaître seulement la marche du travail dans les assemblages de corps, afin d'apprécier les dispositions qui se prêtent ou qui s'opposent au passage du travail sur telle ou telle partie des corps, et de reconnaître ce qui influe sur sa conservation sous la forme de mouvement commun ou de compression commune à la totalité de certains corps.

(69) La quantité qu'il paraît qu'on doit mettre en évidence dans ces questions, est le travail en chaque point du corps ébranlé. Quoique nous ne les traitions pas ici, nous croyons devoir parler de cette quantité, parce qu'elle peut être utile pour énoncer différens résultats d'expérience. Voici comment on peut définir le travail en un point. Quand un corps est ébranlé, il en résulte des compressions ou des extensions et des vitesses. Si l'on calcule les forces vives résultant de ces vitesses pour un certain élément fini de corps, que l'on y ajoute les quantités de travail nécessaires pour produire les compressions ou extensions qui existent dans ce même élément, on aura une somme qui sera le travail total qui serait nécessaire pour mettre cet élément dans l'état de mouvement et de compression ou d'extension où il se trouve : la même somme exprimerait également le travail disponible qui peut être transmis par cet élément, en le supposant élastique, avant qu'il n'ait plus ni vitesse ni compression ni extension. On peut comparer ce travail au volume de l'élément, on aura un certain rapport ; en passant à la limite de petitesse de l'élément, ce rapport deviendra ce que l'on peut appeler le travail au point auquel l'élément s'est réduit. Cette quantité servira

---

est une question qui reste aussi à traiter en général. Elle intéresse de même la solidité des constructions, car on doit s'y proposer d'éviter les inégalités dans cette répartition. Dès que l'extension a dépassé en quelque point d'un corps la limite de solidité, la rupture commence ; et comme elle change les conditions aux limites, elle entraîne d'autres inégalités d'extensions qui souvent continuent la rupture commencée. Ce n'est pas seulement en augmentant les dimensions des corps solides et celles des sections suivant lesquelles on présume que se fera la rupture qu'on rend une construction solide, c'est encore en évitant les inégalités dans les extensions. C'est à quoi l'on parvient souvent, par les conditions aux limites, c'est-à-dire par la forme des corps, par le choix des points où les forces extérieures y sont appliquées, et enfin surtout par l'homogénéité des matières destinées à soutenir des efforts.

de coefficient à l'élément de volume pour donner le travail de cet élément. Pour conclure ensuite, de la connaissance de cette quantité, le travail total qui a été nécessaire pour mettre une certaine portion du corps dans l'état où elle se trouve à un instant donné, il suffira d'intégrer cette quantité absolument comme on intègre la densité pour obtenir la masse.

(70) Pour donner une idée du genre de questions que présentent ces considérations, supposons qu'une cloche soit frappée par un battant : le travail moteur communiqué à celui-ci se répartira après le choc entre la cloche et le battant ; puis il s'étendra de suite, d'une part à l'air environnant, et d'une autre aux supports de la cloche, pour se répandre ensuite dans l'intérieur de la terre. On peut donc se demander quelles circonstances influent sur la conservation du travail dans la cloche, ou sur sa plus grande propagation dans l'air et dans ses supports. Cette espèce de choc est encore propre à faire sentir que l'élasticité parfaite de la cloche et du battant ne peut présenter dans ce cas aucune des circonstances qu'on lui attribue d'après les notions ordinaires : jamais la force vive du battant et de la cloche, évaluée surtout en faisant abstraction des vibrations, ne pourra se conserver la même ; d'abord parce qu'elle ne forme pas à elle seule le travail renfermé dans ces corps ; ensuite parce que l'air environnant et les supports continuant de recevoir une portion de ce travail, il ne peut qu'aller en diminuant. C'est ainsi qu'on ne doit pas seulement attribuer l'extinction du travail dans certains corps à un défaut d'élasticité, mais aux contacts qu'ils ont indispensablement avec d'autres corps, où le travail se communique dans une si grande étendue qu'il devient bientôt insensible.

(71) Tout porte à croire que le travail perdu par les déformations qui dépassent les limites de l'élasticité dans les corps qui composent ou qui environnent ordinairement une machine, n'est jamais que peu de chose en comparaison de celui qui se perd par communication. En effet, ces déformations devant entraîner une altération dans l'organisation des corps, il faudrait que celle-ci n'eût pas de terme pour qu'elle produisît une perte continue : c'est ce que l'on n'observe pas, puisque les corps dont on se sert ne sont ni déformés ni détruits qu'après un très long usage.

Cette remarque s'applique surtout aux frottemens : combien ne font-ils pas perdre de travail avant d'avoir produit sur les matériaux d'une machine une usure qu'un ouvrier aurait pu faire avec très peu de travail! Il faut donc que la grande partie des pertes soit due à une communication de vibration : c'est ce qui devient très sensible en quelques cas où le frottement est accompagné d'un bruit ou d'un son qui manifeste ces vibrations, tandis que les corps ne sont pas usés sensiblement. Ainsi dans les instrumens à cordes, le travail absorbé par le frottement de l'archet produit très peu d'usure, et presque tout se transmet en vibrations de l'air environnant. On conçoit que des vibrations soient également produites dans d'autres cas, bien que par la disposition des corps elles deviennent moins sensibles à l'oreille, soit parce que le travail se propage plus dans les masses qui supportent les corps frottans et beaucoup moins dans l'air environnant, soit parce que les ondes dans l'air ne se trouvent plus d'un ordre convenable pour produire du son.

Dans les frottemens de roulement, le travail absorbé, qui est en général bien peu de chose, ne produit aussi que peu de vibrations sensibles. On peut concevoir néanmoins que ce qu'il fait perdre soit dû aux ébranlemens qui se produisent par les compressions qui ont lieu dans les parties des corps où se fait successivement le contact. Il peut s'y joindre quelquefois une perte due à l'écrasement des particules en contact, soit qu'elles fassent partie des corps mêmes qui roulent l'un sur l'autre, soit qu'elles ne forment qu'un dépôt à leurs surfaces.

(72) Dès que l'on peut constater par l'observation que le sol qui environne une machine est ébranlé pendant tout le temps que la machine est en mouvement, on peut en conclure qu'il y a continuellement une perte de travail; car le sol n'étant nulle part parfaitement invariable, une partie ne peut être ébranlée sans que les vibrations s'étendent promptement aux masses environnantes et se propagent de proche en proche dans l'intérieur de la terre. Les ébranlemens ne peuvent donc persister avec la même intensité dans un espace limité, quelque élastique qu'il soit, qu'autant qu'une source compense ce qui se répand dans les corps environnans. Il en est en cela du travail comme de la chaleur; on ne peut entretenir dans des corps une température supérieure à ce qu'elle eût été naturellement, c'est-à-dire à ce qu'elle est dans les corps environnans, sans qu'une source restitue ce qui se perd continuellement par la propagation indéfinie.

Ces considérations pourraient quelquefois servir à juger par aperçu, lorsqu'on n'a pas d'autres moyens plus exacts, si dans telle circonstance, il y a plus de perte de travail que dans telle autre ; car si l'on parvient à mettre un peu de précision dans l'observation des ébranlemens, il suffira de les comparer à ceux que produisent des quantités de travail qui sont connues, et de pouvoir juger s'ils sont plus forts ou plus faibles, pour comparer aussi les pertes de travail correspondantes. En essayant ainsi d'observer les ébranlemens transmis au même sol, lorsque différentes voitures roulent sur le pavé, je les ai trouvés assez bien d'accord avec le travail des chevaux, lequel est employé, on peut dire en totalité, à produire ces ébranlemens. Ainsi, la voiture où le travail était le plus fort produisait à la même distance des ébranlemens plus sensibles à l'œil. Pour les observer, je me servais des ondes formées à la surface d'une eau tranquille. Elles sont très sensibles dans les maisons qui avoisinent le lieu où passent les voitures, lorsque l'on regarde par réflexion des objets éloignés sous un angle très obtus. J'ai essayé aussi de comparer de la même manière le travail perdu en ébranlemens communiqués au sol dans le choc d'une lame d'eau contre les palettes d'une grande roue hydraulique, avec celui qui résulte du passage d'une voiture sur un pavé. La voiture tirée à pleine charge par un cheval, produisant à la surface du sol, à quatre mètres des roues, un ébranlement qui n'était pas plus fort que celui que l'on observait à la même distance des supports de la roue hydraulique, on pouvait regarder les pertes par le choc dans cette roue comme à peu près égales au travail que produit un cheval.

Bien que de semblables observations puissent être parfois de quelque utilité, il ne faut cependant pas accorder trop de confiance à ce moyen d'apprécier des pertes de travail. D'abord, il est difficile de juger les ébranlemens par comparaison : comment dire précisément, à moins de cas extrêmes, ce qui distingue ceux qui correspondent aux plus grandes pertes de travail ? Il faut d'ailleurs, pour établir cette comparaison à des emplacemens différens, que les sols soient composés de même ; et comme on ne constate l'ébranlement qu'à leur surface, il faut encore que l'on ait lieu de penser que dans les deux cas les propagations verticales et horizontales restent à peu près dans le même rapport. La dépendance qui existe entre ce qu'on peut observer dans les ébranlemens et le travail qui est consommé pour les entretenir, dépend de trop d'élémens divers pour que l'on ne risque pas de se méprendre en concluant de l'un à l'autre. Si, par exemple, on voulait déduire de l'observation sur les vibrations de l'air le plus ou moins de travail employé à les produire, on ne pourrait rien conclure que dans le même ordre de vibrations. Ainsi, bien que l'on soit sûr que lorsqu'une même cloche, rendant par conséquent le même son, se fera entendre plus fort à la même distance, elle aura reçu plus de travail pour être ébranlée, on ne pourrait plus faire une semblable comparaison pour des cloches qui rendraient des sons différens. Cette distinction a des analogies dans les vibrations du sol : il ne peut y avoir en général aucun moyen de comparer des ébranlemens. Quelques-uns peuvent devenir insensibles à la surface du sol en se propageant presque verticalement; d'autres peuvent être inappréciables à l'œil ou à l'oreille, et cependant consommer plus de travail. Si donc, on peut affirmer qu'il y a un écoulement de travail lorsque les ébranlemens sont sensibles, on ne peut assurer qu'il n'y en a pas toutes les fois que l'on n'observe point d'ébranlemens ou qu'ils paraissent très peu sensibles.

Les seules conclusions certaines que l'on puisse toujours tirer des considérations sur les petits mouvemens du sol, sont celles qui reposent uniquement sur le principe de la transmission du travail ; ce sont celles-là qu'il ne faut pas perdre de vue. Ainsi l'on peut toujours assurer que si les corps qui composent et qui environnent une machine, et qui sont destinés à ne point changer de forme, demeurent dans un état de stabilité par rapport aux grandeurs, aux positions et aux directions des forces qui les sollicitent, il n'y aura pas de travail perdu. On peut être certain aussi que lorsqu'on sait entre quelles limites varieront les forces auxquelles seront soumis ces corps, alors en rendant ceux-ci assez raides pour que les variations de force ne puissent ébranler sensiblement les points où elles sont appliquées, on ne perdra pas une quantité appréciable de travail.

Dans le premier chapitre, nous avons comparé la transmission du travail à l'aide des machines, à celle d'un fluide. En suivant cette analogie, lorsque l'on a égard aux ébranlemens des corps, une machine, au lieu de conduire parfaitement le travail et de l'amener intégralement où l'on en a besoin, en laisse perdre une partie dans les corps environnans. On peut la comparer sous ce rapport à un canal qui laisse passer à travers ses parois une partie du liquide qu'il est destiné à conduire. Il s'offre beaucoup de circonstances où cette comparaison amène clairement des conséquences qui ne viendraient pas aussi facilement à l'esprit sans les notions qu'elle fournit. Ainsi l'on sent de suite qu'une machine à vapeur placée sur un sol invariable fournirait plus de travail pour l'effet utile que celle qui serait posée sur un bateau qu'elle ferait osciller à chaque coup de piston. Une horloge qui ébranlerait ses supports par ses oscillations donnerait moins de travail pour faire marcher l'échappement et le balancier pendant toute la durée de la détente du ressort que celle dont les supports conserveraient leur immobilité.

(73) Quoiqu'il soit déjà utile de pouvoir reconnaître ainsi qu'il y a perte de travail dans une machine, cela ne suffit pas quand il s'agit de calculer son effet : on a besoin alors d'avoir des évaluations, ou au moins des limites, pour ces pertes. Les principes de Mécanique rationnelle suffisent pour trouver approximativement ces limites dans quelques chocs simples, qui sont à peu près les seuls que l'on ait à considérer dans la pratique : ce sont ceux de deux systèmes de rotation entre eux, comme lorsqu'un marteau est mu par des cames; ou d'un système de rotation contre un système de translation, comme dans le jeu des cames contre des pilons; ou enfin de deux systèmes de translation, comme dans les va-et-vient.

Pour trouver dans ces chocs une limite à la perte de travail, il faut chercher celle qui aurait lieu s'il n'y avait aucune élasticité dans les réactions moléculaires, ou, ce qui revient au même et ce qui est plus conforme à la réalité, celle qui résulterait de la supposition suivante, savoir, qu'au moment où les ébranlemens, après s'être répandus dans les corps environnans, sont devenus insensibles dans les corps choquans, et où l'on peut regarder alors ces corps comme redevenus invariables dans leurs parties, ceux-ci se touchent encore, ou qu'au moins leurs vitesses diffèrent peu de ce qu'elles seraient dans cette hypothèse. Alors comme ces vitesses, dans les deux systèmes, prennent des relations déterminées, et qu'on peut les exprimer au moyen d'une d'entre elles, une seule équation suffit pour trouver le mouvement, et par conséquent pour trouver la perte de force vive ou de travail. Voici comment on obtient cette équation à l'aide des principes que nous avons rappelés (articles 9 et 10).

Pour fixer les idées, occupons-nous seulement d'abord du choc de deux systèmes de rotation, par exemple, des cames contre un marteau : ces deux systèmes auront chacun leurs tourillons portant sur des coussinets.

Pendant le choc, les corps ne devront plus être considérés que comme des assemblages de points matériels libres qui seront soumis seulement à des forces d'attractions ou de répulsions mutuelles, y compris celles qui se produisent entre les points en contact pendant le choc. En ajoutant à ces forces les pressions sur les tourillons, et établissant l'équivalence entre toutes ces forces et celles que nous avons appelées totales, qui ne sont ici que les résultantes de ces dernières, on aura les équations du mouvement. Chacune peut être fournie par le principe des vitesses virtuelles, et sera par conséquent de la forme

$$\Sigma m \left(\frac{d^2x}{dt^2}\,\delta x + \frac{d^2y}{dt^2}\,\delta y + \frac{d^2z}{dt^2}\,\delta z\right) = \Sigma\,(X\delta x + Y\delta y + Z\delta z),$$

x, y, z étant les coordonnées des points mobiles; X, Y, Z étant les projections des forces sur les axes coordonnés; δx, δy, δz étant les projections des vitesses virtuelles sur les mêmes axes. Nous allons chercher à déduire de cette formule, par le choix de vitesses virtuelles, une équation où n'entrent pas les forces inconnues X, Y, Z que développe le choc.

Les points étant libres, les vitesses virtuelles peuvent être des vitesses quelconques; nous pouvons donc prendre à chaque instant celles que l'on pourrait donner à ces points si les corps reprenaient une solidité parfaite en ne cessant pas d'être en contact. C'est ce que l'on pourrait appeler les vitesses de solidification et de juxta-position des deux systèmes. Voyons d'abord ce que devient le premier membre de l'équation précédente, en y introduisant ce choix de vitesses virtuelles.

En désignant par θ et θ' les angles décrits dans le mouvement virtuel, par chacun des deux systèmes devenus de forme invariable; par x, y, z, les coordonnées des points qui composent le premier système, en prenant son axe de rotation pour axe des z; et semblablement par x', y', z' les coordonnées des points du second système, rapportés aussi à son axe de rotation pour axe des z'; enfin par r et r' les distances d'un point quelconque de chacun des systèmes à son axe de rotation, on aura

Pour le 1er système $x = r\cos\theta \quad y = r\sin\theta$;
Pour le 2me système $x' = r'\cos\theta' \quad y' = r'\sin\theta'$.

Comme les vitesses virtuelles résultent d'un mouvement pour lequel les points mobiles sont supposés former deux corps solides, les rayons r

et r' seront constans, ainsi que les ordonnées z et z'. On aura donc, pour ces vitesses virtuelles,

$$\delta x = -y\delta\theta,\quad \delta y = x\delta\theta,\quad \delta z = 0,$$
$$\delta x' = \quad y'\delta\theta',\quad \delta y' = x'\delta\theta',\quad \delta z' = 0.$$

En substituant dans le premier membre de l'équation ci-dessus, et mettant dans des termes différens ce qui se rapporte à chacun des deux systèmes, le marteau et les cames, on aura

$$\delta\theta\Sigma m\left(\frac{d^2y}{dt^2}x - \frac{d^2x}{dt^2}y\right) + \delta\theta'\Sigma m'\left(\frac{d^2y'}{dt^2}x' - \frac{d^2x'}{dt^2}y'\right) = \Sigma(X\delta x + Y\delta y + Z\delta z).$$

Ici, x, y, z, x', y', z' représentent toujours les coordonnées des points matériels des deux systèmes pendant que le choc les ébranle.

On va voir que le second membre $\Sigma m\,(X\delta x + Y\delta y + Z\delta z)$ est nul à chaque instant, si l'on néglige les frottemens. Il se compose des élémens du travail virtuel des forces au contact, de ceux des actions mutuelles, et de ceux des pressions sur les tourillons. Les élémens de travail virtuel des forces au contact sont nuls. En effet, les projections des vitesses virtuelles sur les directions de ces forces qui sont normales aux surfaces en contact sont égales, puisque ces projections sont les vitesses normales des points en contact dans deux systèmes que l'on suppose solides et se poussant l'un l'autre; les forces de compression sont égales et opposées : donc les élémens de travail virtuel sont égaux et de signes contraires ; ils se détruisent donc. Il en est de même, et par des raisons tout analogues, pour les élémens de travail virtuel des attractions et répulsions mutuelles; car les vitesses virtuelles étant celles d'un assemblage supposé solide, doivent être égales pour deux points quelconques quand on les projette sur la ligne qui les joint, et comme les forces agissant sur les points voisins sont égales et opposées, les élémens de travail virtuel se détruisent. Enfin, quant à ceux des pressions que supportent les tourillons, ils sont encore nuls. En effet, comme on fait abstraction des frottemens, ces pressions seront normales aux tourillons, et toujours perpendiculaires aux vitesses virtuelles des points où elles sont appliquées, puisque ceux-ci ne peuvent que glisser tangentiellement à ces tourillons. Ainsi on a

$$\delta\theta\Sigma m\left(\frac{d^2y}{dt^2}x - \frac{d^2x}{dt^2}y\right) + \delta\theta'\Sigma m\left(\frac{d^2y'}{dt^2}x' - \frac{d^2x'}{dt^2}y'\right) = 0.$$

On peut éliminer les vitesses virtuelles angulaires $\delta\theta$ et $\delta\theta'$, en remarquant que les deux systèmes devant être en contact dans le mouvement virtuel que nous avons choisi, les vitesses virtuelles des points qui se touchent projetées sur la normale, devront être égales. Or, si r et r' sont les rayons qui vont au point de contact, les vitesses virtuelles seront $r\,\frac{\delta\theta}{dt}$ $r'\,\frac{\delta\theta'}{dt}$, et si l'on désigne par p et p' les perpendiculaires abaissées des axes de rotation sur cette normale, les cosinus des angles que les vitesses font avec cette même normale seront $\frac{p}{r}$, $\frac{p'}{r'}$; en sorte qu'on aura

$$p\delta\theta = p'\delta\theta';$$

en substituant dans l'équation précédente et supprimant le facteur commun $\delta\theta$, on trouvera

$$p'\Sigma m\left(\frac{d^2y}{dt^2}\,x - \frac{d^2x}{dt^2}\,y\right) + p\Sigma m\left(\frac{d^2y'}{dt^2}\,x' - \frac{d^2x'}{dt^2}\,y'\right) = 0.$$

Cette équation ayant lieu pendant toute la durée du choc, on peut l'intégrer par rapport au temps en commençant les intégrales avec le choc, et en les finissant à l'instant où l'on suppose que les ébranlemens ont cessé et que les systèmes se meuvent comme deux corps solides qui se poussent l'un l'autre. Remarquons que les corps changeant peu de position pendant ce temps, les perpendiculaires p et p' varieront très peu; on peut donc les regarder comme des constantes dans l'intégration. En désignant par x_0, y_0, x_0', y_0' les coordonnées qui se rapportent au commencement du choc, et par x_1, y_1, x_1', y_1' celles qui se rapportent à la fin du choc, on aura, en intégrant,

$$p'\Sigma m\left(\frac{dy_1}{dt}\,x_1 - \frac{dx_1}{dt}\,y_1\right) + p\Sigma m\left(\frac{dy'_1}{dt}\,x'_1 - \frac{dx'_1}{dt}\,y'_1\right)$$
$$- p'\Sigma\left(\frac{dy_0}{dt}\,x_0 - \frac{dx_0}{dt}\,y_0\right) - p\Sigma m\left(\frac{dy'_0}{dt}\,x'_0 - \frac{dx'_0}{dt}\,y'_0\right) = 0.$$

Ici, $\frac{dy_1}{dt}$ $\frac{dy_0}{dt}$, etc., sont des vitesses effectives dans le mouvement qui a lieu aux deux instans extrêmes de l'intégration, c'est-à-dire avant et après le choc.

Cette équation va nous donner la vitesse angulaire d'un des systèmes après le choc, lorsque nous n'y aurons laissé que cette quantité d'inconnue. Pour cela nous désignerons par θ_0 et θ'_0 les angles effectifs décrits par les systèmes de rotation avant le choc, et par θ_1 et θ'_1 les angles analogues après le choc ; nous représenterons toujours par r et r' les distances des points aux axes fixes, lesquels ne changent pas sensiblement pendant le choc. On aura, pour le 1er système,

$$x_0 = r\cos\theta_0, \quad y_0 = r\sin\theta_0, \quad x_1 = r\cos\theta_1, \quad y_1 = r\sin\theta_1;$$

et pour le 2me système, des relations toutes semblables.

De plus, comme les vitesses qui entrent dans l'équation du mouvement que nous venons d'obtenir sont prises avant le choc et après le choc, lorsqu'il n'y a point d'ébranlemens, les rayons r seront constans lorsqu'on différenciera pour exprimer ces vitesses; et l'on aura, pour le 1er système,

$$\frac{dx_0}{dt} = -r\sin\theta\,\frac{d\theta_0}{dt}, \quad \frac{dy_0}{dt} = r\cos\theta_0\,\frac{d\theta_0}{dt},$$

$$\frac{dx_1}{dt} = -r\sin\theta_1\,\frac{d\theta_1}{dt}, \quad \frac{dy_1}{dt} = r\cos\theta_1\,\frac{d\theta_1}{dt},$$

et pour le second, des relations toutes semblables.

En remettant tout en coordonnées polaires dans l'équation du mouvement, et remarquant que les vitesses angulaires $\frac{d\theta_0}{dt}$, $\frac{d\theta_1}{dt}$, $\frac{d\theta'_0}{dt}$, $\frac{d\theta'_1}{dt}$, sont communes à tous les points de chacun des deux systèmes, on trouvera

$$p'\frac{d\theta_1}{dt}\Sigma mr^2 + p\frac{d\theta'_1}{dt}\Sigma mr'^2 - p'\frac{d\theta_0}{dt}\Sigma mr^2 - p\frac{d\theta'_0}{dt}\Sigma mr'^2 = 0.$$

Comme dans la pratique il y a ordinairement un des systèmes de rotation qui n'a pas de mouvement avant le choc, nous supposerons, pour simplifier, que $\frac{d\theta'_0}{dt} = 0$, ce qui réduira cette équation à

$$p'\frac{d\theta_1}{dt}\Sigma mr^2 + p\frac{d\theta'_1}{dt}\Sigma mr'^2 - p'\frac{d\theta_0}{dt}\Sigma mr^2 = 0.$$

Rappelons-nous que les vitesses angulaires effectives $\frac{d\theta_1}{dt}$, $\frac{d\theta'_1}{dt}$ se rapportent à l'instant où les systèmes se poussent l'un l'autre et sont redevenus parfaitement solides; il faut donc que les vitesses des points de contact soient égales dans le sens de la normale: ainsi on a

$p\frac{d\theta_1}{dt}=p'\frac{d\theta_1'}{dt}$. Substituant dans l'équation ci-dessus, et représentant pour abréger par k et k' les momens d'inertie Σmr^2 et $\Sigma mr'^2$, du système qui forme les cames et de celui qui forme le marteau, on aura en divisant tout par p',

$$\frac{d\theta_1}{dt}\left\{k+\frac{p^2k'}{p'^2}\right\}=k\frac{d\theta_0}{dt}.$$

Telle est l'équation qui donne la vitesse angulaire $\frac{d\theta_1}{dt}$ de l'arbre qui porte les cames en fonction de $\frac{d\theta_0}{dt}$, c'est-à-dire de celle que cet arbre avait avant le choc. Elle suppose que le marteau est en repos à l'instant où le choc commence. On en formerait facilement une tout analogue pour le cas où ce dernier serait en mouvement ; mais il nous a paru inutile de nous arrêter à ce cas, qui n'est pas celui dont on a besoin dans les applications.

(74) Pour trouver maintenant la perte de travail ou de force vive qu'éprouvent les deux systèmes, il suffit de soustraire de celles qu'ils possédaient avant le choc celle qu'ils ont conservée après. Cette perte sera donc

$$\frac{k}{2}\left(\frac{d\theta_0}{dt}\right)^2-\frac{k}{2}\left(\frac{d\theta_1}{dt}\right)^2-\frac{k'}{2}\left(\frac{d\theta'_1}{dt}\right)^2.$$

En substituant pour $\frac{d\theta'_1}{dt}$ la valeur $\frac{pd\theta_1}{p'dt}$, et pour $\frac{d\theta_1}{dt}$ l'expression tirée de l'équation ci-dessus, on trouve

$$\frac{k}{2}\left(\frac{d\theta_0}{dt}\right)^2\left\{\frac{\frac{p^2}{p'^2}k'}{k+\frac{p^2}{p'^2}k'}\right\}.$$

Ainsi le travail perdu est au travail possédé avant le choc par l'arbre qui porte les cames, comme $\frac{p^2}{p'^2}k'$ est à $k+\frac{p^2}{p'^2}k'$.

Il serait facile de refaire des calculs tout analogues pour le cas où chacun des systèmes qui se choquent serait lié par des engrenages à d'autres systèmes de rotation. Si l'on désigne par k_1 et k_2 les momens d'inertie de deux systèmes qui conduisent l'arbre qui porte les cames, et par π, p_1, et π_1, p_2, les perpendiculaires abaissées des axes de rotation sur les normales aux deux nouveaux contacts ; si l'on représente par k''

le moment d'inertie d'un système lié aussi au marteau, par π' et p'' les perpendiculaires analogues pour le nouveau contact, on trouverait que pour avoir la perte de travail dans le choc, il suffit de remplacer dans le résultat précédent k et k', par $k + \frac{\pi^2}{p_1^2} k_1 + \frac{\pi_1^2 \pi^2}{p_2^2 p_1^2} k_2$, et par $k' + \frac{\pi'^2}{p''^2} k''$.

Si l'on conçoit que les deux ensembles des systèmes de rotation prennent un mouvement quelconque, en se conduisant l'un l'autre, à partir de la position où ils se trouvent au moment du choc, les coefficiens qui devraient multiplier la moitié du carré de la vitesse angulaire du système qui porte les cames, pour donner dans ce mouvement la force vive de l'un des ensembles, et la force vive de tous les deux à la fois, ne seront autre chose que les quantités qui, dans la formule trouvée précédemment, doivent remplacer $\frac{p^2}{p'^2} k'$ et $k + \frac{p^2}{p'} k'$. Ainsi on peut dire, toujours dans les hypothèses que nous avons faites, que, *dans le choc de deux ensembles de systèmes de rotation, dont l'un est immobile avant le choc, si l'on conçoit un mouvement fictif des deux ensembles, en supposant qu'ils se conduisent l'un l'autre, le travail perdu sera au travail possédé avant le choc, dans le rapport de la force vive fictive de l'ensemble immobile avant le choc, à la force vive fictive des deux ensembles.*

Si la force vive fictive, se rapportant à l'ensemble mobile avant le choc, est très grande par rapport à celle de l'autre ensemble d'abord immobile, il est facile de voir que *la perte de travail sera sensiblement égale à la force vive fictive qu'aurait ce second ensemble, s'il était conduit par l'autre, avec la vitesse qu'a celui-ci avant le choc.*

Avec un peu d'attention, on verra très bien qu'il n'y a pas besoin de reprendre cette théorie pour les cas où l'un des systèmes n'a qu'un mouvement de translation, comme dans le choc des cames contre les pilons, dans l'hypothèse où l'on néglige toujours les frottemens. En effet, on peut assimiler un système de translation à un système de rotation dont l'axe est à une distance infinie, et dont la masse est infiniment éloignée de cet axe.

Enfin, s'il s'agit de deux systèmes libres ayant des mouvemens de translation, comme dans quelques mouvemens de va-et-vient; alors le rapport des forces vives fictives pour un mouvement quelconque résultant du contact, devient simplement le rapport des masses, et les mêmes énoncés sur la perte de force vive ont lieu pour le choc de ces systèmes.

(75) Il y a dans les résultats précédens deux espèces d'erreurs : la première provient, ou de ce qu'on regarde les réactions moléculaires comme dénuées d'élasticité, ou de ce qu'on suppose que les ébranlemens produits par cette élasticité peuvent être négligés dans l'évaluation des vitesses, avant que les corps se soient séparés et tandis qu'ils se poussent encore l'un l'autre ; la seconde résulte de ce qu'on n'a pas tenu compte des frottemens sur les tourillons des systèmes de rotation ou sur les tiges des systèmes de translation, ainsi que de ceux qui se produisent aux points de contact où se fait le choc. Comme la perte de travail se trouve trop forte par la première supposition, et trop petite par l'autre, il peut y avoir en partie compensation. Cependant, il est à croire que celle qui vient des frottemens négligés est beaucoup plus grande que l'autre, en sorte que les formules précédentes ne donneraient pas encore une limite à la perte de force vive. Néanmoins, on doit les considérer comme fournissant des approximations suffisantes pour les cas où on manquera d'expériences qui fassent connaître les pertes de travail dans les chocs dont nous nous occupons.

Pour qu'on fût sûr d'avoir une limite supérieure au travail perdu, il faudrait tenir compte des frottemens à chaque instant, et de leur influence sur les vitesses après le choc. La question devient alors assez compliquée pour qu'on ne puisse faire usage des résultats que fournirait la théorie. Heureusement, comme on va le voir, les frottemens ont peu d'influence sur la perte de force vive dans les circonstances ordinaires où les tourillons ont de petits diamètres, et où le point de contact n'est pas loin du plan qui passe par les deux axes de rotation : c'est ce qu'on peut établir ainsi qu'il suit.

Si, dans l'équation fournie par les vitesses virtuelles choisies, comme nous l'avons expliqué pour deux systèmes de rotation, on a égard aux frottemens, le second membre ne sera plus nul, parce que les élémens du travail virtuel des frottemens ne disparaissent pas comme ceux des autres forces. Pour exprimer leurs valeurs, représentons par F et F′ les intensités des frottemens sur les tourillons, et désignons par φ les frottemens égaux et opposés qui se développent sur les deux systèmes au point de contact. Représentons par ρ et ρ' les rayons des tourillons, et par q et q' les perpendiculaires abaissées des axes de rotation sur la tangente au contact. Il est facile de voir que les élémens de travail virtuel des frottemens seront $-\,\mathrm{F}\rho\delta\theta$, $-\,\mathrm{F}'\rho'\delta\theta'$, $\varphi q\delta\theta$, $-\,\varphi q'\delta\theta'$; les différentielles ou vitesses angulaires $\delta\theta$ et $\delta\theta'$, se rapportant à des mouvemens virtuels pour lesquels on suppose que les systèmes se poussent l'un l'autre, dans le sens où ils le font après le choc. En substituant ces valeurs, ainsi que la relation $\delta\theta' = \frac{p}{p'}\delta\theta$, supprimant ensuite le facteur commun $d\theta$, et divisant tout par p', on trouve pour l'équation du mouvement

$$\Sigma m\left(\frac{d^2y}{dt^2}x - \frac{d^2x}{dt^2}y\right) + \frac{p}{p_1}\Sigma m\left(\frac{d^2y'}{dt^2}x' - \frac{d^2x'}{dt^2}y'\right)$$
$$= -\,\rho\mathrm{F} - \rho'\frac{p}{p'}\mathrm{F}' + q\varphi - \frac{pq'}{p'}\varphi.$$

En intégrant cette équation et faisant les mêmes suppositions que tout à l'heure quand nous n'avions pas égard aux frottemens, on aura

$$\frac{d\theta_1}{dt}\left(k + k'\frac{p^2}{p'^2}\right) - k\frac{d\theta_0}{dt} = -\,\rho\int\mathrm{F}dt - \frac{p}{p'}\rho'\int\mathrm{F}'dt - p\left(\frac{q'}{p'} - \frac{q}{p}\right)\int\varphi dt.$$

Ici $\frac{d\theta_0}{dt}$ et $\frac{d\theta_1}{dt}$ se rapportent aux vitesses effectives, la première avant le choc, et la seconde après le choc, à l'instant où les corps se poussent l'un l'autre. On tire de cette dernière équation

$$\frac{d\theta_1}{dt} = \frac{k\frac{d\theta_0}{dt} - \rho\int\mathrm{F}dt - \frac{p}{p'}\rho'\int\mathrm{F}'dt - p\left(\frac{q'}{p'} - \frac{q}{p}\right)\int\varphi dt}{k + k'\frac{p^2}{p'^2}}.$$

Substituant dans la force vive après le choc, qui est

$$\frac{k}{2}\left(\frac{d\theta_1}{dt}\right)^2 + \frac{k'}{2}\left(\frac{d\theta'}{dt}\right)^2,$$

ou

$$\frac{1}{2}\left(\frac{d\theta_1}{dt}\right)^2\left(k + k'\frac{p^2}{p^2}\right),$$

elle devient

$$\frac{\left[k\frac{d\theta_0}{dt} - \rho\int\mathrm{F}dt - \rho'\frac{p}{p'}\int\mathrm{F}'dt - p\left(\frac{q'}{p'} - \frac{q}{p}\right)\int\varphi dt\right]^2}{2\left(k + \frac{k'p^2}{p'^2}\right)}.$$

Relativement aux frottemens contre les tourillons, nous retrouvons d'abord ici ce que nous savions déjà par ce qui a été dit dans le second chapitre; savoir, qu'ils diminuent la force vive après le choc, et conséquemment qu'ils augmentent la perte. On voit en outre que plus les rayons ρ et ρ' seront petits, et moins cette perte sera grande.

Relativement aux frottemens au contact, la formule ci-dessus confirme également qu'ils diminuent la force vive après le choc. On verrait en effet que le terme $\left(\frac{q'}{p'} - \frac{q}{p}\right)\int\varphi dt$ doit toujours être soustractif, parce que si la différence $\frac{q'}{p'} - \frac{q}{p}$ eût été négative, le glissement au contact se fût opéré en sens contraire, et qu'il eût fallu prendre les frottemens φ dans un sens opposé.

La différence $\frac{q'}{p'} - \frac{q}{p}$ n'est autre chose que celle des tangentes des angles que font les rayons menés au point de contact avec la tangente à ce point; comme elle serait nulle si les deux rayons étaient en ligne droite, elle sera très petite quand l'angle de ces deux rayons sera peu sensible, c'est-à-dire quand le contact des corps ne se fera pas loin du plan passant par les axes. Ainsi, dans ce cas, les frottemens au contact ne diminueront pas beaucoup la force vive après le choc.

Quand l'un des systèmes a un mouvement vertical de translation, le frottement, dans le collier qui le retient, a plus d'influence que le frottement sur un tourillon, parce que le rapport $\frac{\rho'}{p'}$ cesse d'être très petit: il devient le sinus de l'angle de la normale au contact avec l'horizontale. Quant au coefficient $p\left(\frac{q'}{p'} - \frac{q}{p}\right)$, il est toujours très petit si le contact ne se fait pas loin du plan horizontal passant par l'axe du système de rotation.

(76) Bien qu'on puisse borner à ce que nous venons de dire les seules considérations sur le choc qui soient susceptibles d'applications, cependant il ne sera pas inutile de donner quelques éclaircissemens sur la statique des quantités de mouvement ou des percussions, et particulièrement sur le Théorème de Carnot, qu'on trouve cité dans plusieurs ouvrages. Ce que nous dirons à ce sujet aura l'avantage de montrer de quelle manière il faut entendre ce théorème, et d'éviter qu'on en fasse de fausses applications. Cependant, comme les consi-

dérations dans lesquelles nous allons entrer, ne se rattachent plus autant à ce qui est d'une utilité pratique, on pourra, si l'on veut, ne pas s'y arrêter et passer à l'article (83).

Examinons d'abord comment, avec les notions que nous avons employées jusqu'à présent, on peut retomber à un certain degré d'approximation sur le principe de d'Alembert, appliqué aux quantités de mouvement. Ce principe consiste, comme on sait, en ce que ces quantités, avant et après le choc, ont entre elles les mêmes relations que des forces qui seraient en équilibre à l'aide des liaisons qu'on suppose exister après le choc, en vertu des formes et des juxta-positions des corps choquans.

Nous allons reprendre les mêmes considérations que nous avons employées pour traiter le choc des cames contre un marteau, en ayant égard à la véritable nature des corps.

Nous supposerons toujours qu'après avoir été ébranlés pendant un instant très petit, les corps qui se choquent prennent ensuite des mouvemens où ces ébranlemens aient cessé, et où l'on puisse les considérer comme invariables dans leurs formes.

Si l'on considère le mouvement pendant la durée du temps pour lequel l'ébranlement a lieu, il ne faudra voir dans les corps qui se choquent qu'une réunion de points matériels isolés et soumis à des forces d'attraction et de répulsion, soit entre eux, soit par rapport à des points appartenans à d'autres corps étrangers au système que l'on considère. Or, dans un tel ensemble, on peut prendre pour vitesses virtuelles celles qui résulteraient de la complète invariabilité de forme des corps pendant leurs mouvemens, en supposant en outre qu'aux points de contact les vitesses normales aux surfaces qui se touchent soient égales. Désignons toujours par δx, δy, δz, ces vitesses virtuelles en projections sur trois axes coordonnés; représentons par x, y, z, les coordonnées d'un quelconque des points mobiles; par P, l'une quelconque des forces que le choc développe; enfin par cos $\lambda\delta s$, la projection sur cette force de la vitesse virtuelle du point où elle est appliquée. Les forces P étant très grandes en comparaison de celles qui existent avant et après le choc, tels que seraient les poids des particules, on peut négliger ces dernières pour la durée très petite du choc; en sorte qu'en appliquant le principe des vitesses virtuelles à l'équivalence entre ces forces P et celles que nous avons appelées *forces totales*, lesquelles ont pour projections $m\frac{d^2x}{dt^2}$, $m\frac{d^2y}{dt^2}$, $m\frac{d^2z}{dt^2}$, on aura

$$\Sigma m\left(\frac{d^2x}{dt^2}\delta x + \frac{d^2y}{dt^2}\delta y + \frac{d^2z}{dt^2}\delta z\right) = \Sigma P \cos\lambda\delta s.$$

Le second membre de cette équation est la somme de ce que nous avons appelé les élémens de travail virtuel, pour les forces que développe le choc. Il est facile de voir que cette somme est constamment nulle si l'on néglige les frottemens pendant la durée du choc. En effet, les forces P peuvent se partager en deux espèces : les réactions mutuelles dans l'intérieur de chaque corps, et les forces qui se produisent au contact des corps mobiles, soit entre eux, soit avec des corps fixes. Les premières sont composées de groupes de deux forces égales et opposées qui agissent sur deux points dont les vitesses virtuelles sont prises dans l'hypothèse où leur distance demeure invariable ; comme les projections de ces vitesses sur la direction de cette distance sont égales, et que les forces sont opposées, les élémens de travail virtuel sont égaux et de signes contraires ; ils doivent donc se détruire dans l'équation précédente. Il en est de même des élémens analogues pour les pressions au contact ; car les forces sont normales si l'on néglige les frottemens ; elles sont égales et opposées sur les deux corps ; les vitesses virtuelles projetées sur les normales devant être égales, les élémens de travail virtuel se détruiront aussi. Ainsi, en négligeant pendant le choc les forces accélératrices qui subsistent avant et après, et en faisant abstraction des frottemens au contact, on a

$$\Sigma m\left(\frac{d^2x}{dt}\delta x + \frac{d^2y}{dt}\delta y + \frac{d^2z}{dt}\delta z\right) = 0.$$

Cette équation ayant lieu à chaque instant de l'ébranlement des corps qui se choquent, nous allons l'intégrer par rapport au temps. Mais d'abord nous montrerons que dans cette intégration on peut regarder les vitesses virtuelles comme constantes.

Pour faire évanouir le second membre, il suffit que les vitesses virtuelles δx, δy, δz, correspondent à la solidité et au contact parfait des corps. Or, bien que les dispositions des points aient changé un peu pendant l'ébranlement, et que pour obtenir les vitesses virtuelles δx, δy, δz à chaque instant, on solidifie un ensemble pour chacune de ces dispositions variables ; cependant il est possible de choisir ces vitesses de manière qu'elles varient infiniment peu d'un instant à l'autre de la durée du choc. En effet, pour un quelconque des points d'un ensemble qui forme un système solide, les vitesses virtuelles projetées sur les axes ne dépendent que des distances de ce point à trois autres choisis comme on voudra dans le système, et des vitesses de ces derniers. L'ébranlement changeant très peu les positions de ces trois points auxquels on peut rapporter les autres, ainsi que les distances des autres points à ceux-ci, on pourra toujours prendre des vitesses virtuelles à très peu près les mêmes dans les différens états d'ébranlement. Par conséquent on pourra prendre toutes celles qui seraient compatibles avec l'état de liaison des corps à la fin du choc quand ils se poussent les uns les autres comme des corps parfaitement solides. Nous représenterons ces vitesses virtuelles par δx_1, δy_1, δz_1; l'équation ci-dessus deviendra

$$\frac{d^2x}{dt^2}\delta x_1 + \frac{d^2y}{dt^2}\delta y_1 + \frac{d^2z}{dt^2}\delta z_1 = 0.$$

Désignons par $\frac{dx_0}{dt}$, $\frac{dy_0}{dt}$, $\frac{dz_0}{dt}$ les vitesses effectives avant le choc, et par $\frac{dx_1}{dt}$, $\frac{dy_1}{dt}$, $\frac{dz_1}{dt}$, les vitesses effectives après le choc; nous aurons, en intégrant cette dernière équation pour la durée du choc supposée assez petite pour que l'on ait pu faire les hypothèses précédentes,

$$\Sigma m\left\{\left(\frac{dx_1}{dt}-\frac{dx_0}{dt}\right)\delta x_1 + \left(\frac{dy_1}{dt}-\frac{dy_0}{dt}\right)\delta y_1 + \left(\frac{dz_1}{dt}-\frac{dz_0}{dt}\right)\delta z_1\right\} = 0.$$

Cette équation exprime que les quantités de mouvement perdues ou gagnées par l'effet du choc satisfont aux mêmes relations que des forces qui seraient en équilibre par l'état de liaison produit par les corps après le choc, quand ils se poussent les uns les autres en restant parfaitement solides; ou bien, en d'autres termes, qu'à l'aide de cet état de liaison il y a équivalence entre les quantités de mouvement après le choc, dont les projections sur les axes sont $m\frac{dx_1}{dt}$, $m\frac{dy_1}{dt}$, $m\frac{dz_1}{dt}$, et les quantités de mouvement avant le choc, dont les projections analogues sont $m\frac{dx_0}{dt}$, $m\frac{dy_0}{dt}$, $m\frac{dz_0}{dt}$.

Si l'on désigne par v l'une quelconque des vitesses virtuelles dont les projections sur les axes viennent d'être représentées par δx, δy, δz;

par w l'une quelconque des vitesses perdues ou gagnées par le choc, dont les projections sur les axes sont $\frac{dx_1}{dt} - \frac{dx_0}{dt}$, $\frac{dy_1}{dt} - \frac{dy_0}{dt}$, $\frac{dz_1}{dt} - \frac{dz_0}{dt}$; enfin par $\widehat{vw}$ l'angle de ces deux vitesses; l'équation précédente divisée par dt peut s'écrire alors de la manière suivante :

$$\Sigma mvw \cos(\widehat{vw}) = 0.$$

(77) Comme nous admettons qu'il y a un certain instant à la fin du choc pour lequel on peut regarder les corps comme sans ébranlement, c'est-à-dire comme devenus parfaitement solides en se touchant les uns les autres, de manière que les vitesses des points qui sont en contact soient égales en les estimant suivant les normales communes, il s'ensuit que les vitesses effectives à cet instant peuvent se prendre sensiblement pour les vitesses virtuelles qui entrent dans la formule ci-dessus. Ainsi dans l'équation $\Sigma vw \cos(\widehat{vw}) = 0$, on pourrait, si l'on voulait, regarder les vitesses virtuelles v comme égales à ces vitesses effectives pour l'instant du choc dont nous venons de parler. Cette remarque nous fournira plus loin le théorème de Carnot.

(78) Si l'on n'avait pas négligé les frottemens aux contacts, il est facile de voir qu'en représentant l'une de ces forces par F, et par $v' \cos\alpha'$ une vitesse virtuelle après le choc pour le point où agit ce frottement, lorsqu'elle a été projetée sur la direction de cette force F, c'est-à-dire sur la tangente commune au point de contact, on aurait dû mettre dans le second membre de l'équation précédente une somme de termes de la forme $v' \int F \cos\alpha\, dt$. Il en serait de même si l'on avait voulu avoir égard à des chocs provenant de corps extérieurs qui ne seraient pas compris dans le système auquel s'étendent les sommes qui sont dans le premier membre de cette équation. En désignant par N l'une quelconque de ces forces produites par ces chocs, et par $v'' \cos\alpha''$ la projection sur cette force d'une vitesse virtuelle après le choc pour le point où elle est appliquée, il faudrait mettre dans le second membre une somme de termes de la forme $v'' \int N \cos\alpha'' dt$. Si l'on admet que pendant le choc les forces F et N aient très peu changé de direction, ce qui arrive ordinairement, alors on peut regarder $\cos\alpha'$, $\cos\alpha''$, comme des constantes, et les intégrales précédentes deviennent $v' \cos\alpha' \int F dt$, $v'' \cos\alpha'' \int N dt$; c'est-à-dire qu'elles sont les élémens de travail virtuel des quantités $\int F dt$, $\int N dt$. L'équation du mouvement devient donc

$$\Sigma m\, v\, w \cos(\widehat{vw}) - \Sigma v' \cos \alpha' \int F dt - \Sigma v'' \cos \alpha'' \int N dt = 0.$$

Les intégrales $\int F dt$, $\int N dt$, que l'on appelle quelquefois *forces de percussions*, se nomment aussi les *quantités de mouvement dues aux chocs* qui produisent les forces F et N. Elles deviendraient en effet des produits de masses par des vitesses acquises, si ces forces étaient appliquées à des points tout-à-fait libres. C'est en étendant ainsi le sens de la dénomination de *quantité de mouvement* qu'il faut comprendre le principe de d'Alembert. Il n'est que l'interprétation de l'équation précédente. On peut l'énoncer en disant qu'il y a équilibre entre les quantités de mouvement perdues et gagnées dans le choc de plusieurs corps, pourvu que l'on comprenne les intégrales précédentes au nombre de ces quantités de mouvement, toutes les fois que l'on a égard aux frottemens, ou que l'on veut considérer le choc de certains corps dont les vitesses ne sont pas mises au nombre de celles qui sont perdues ou gagnées.

Si les angles α' et α'' ne restaient pas constans pendant le choc, alors on ne pourrait plus introduire dans l'énoncé que les quantités de mouvement dues aux composantes, suivant trois axes fixes, des pressions F et N. Il faut que les directions de ces forces restent constantes, ou, ce qui revient au même, que les rapports entre leurs trois composantes restent les mêmes pendant le choc, pour que l'on puisse introduire les intégrales $\int F dt$, $\int N dt$: autrement $\cos \alpha'$, $\cos \alpha''$, étant variables avec le temps, on ne pourrait pas remplacer $v' \int \cos \alpha' F dt$, et $v'' \int \cos \alpha'' N dt$, par $v' \cos \alpha' \int F dt$ et par $v'' \cos \alpha'' \int N dt$. Mais en désignant par X', Y', Z', X'', Y'', Z'', les composantes suivant les axes de ces forces F et N, et en remarquant qu'elles sont affectées de facteurs constans dans l'équation du mouvement, on pourrait toujours les remplacer par leurs intégrales $\int X' dt$, $\int Y' dt$, $\int Z' dt$, etc.

(79) L'introduction des intégrales des pressions par rapport au temps dans les équations des mouvemens dues à des chocs, comme nous venons d'en voir un exemple, constitue la dynamique des percussions ou des quantités de mouvement. On peut suivre une marche plus simple pour arriver à trouver des rapports entre ces intégrales. Elle est fondée sur une certaine abstraction qui, bien qu'assez peu physique, conduit néanmoins à des méthodes faciles pour résoudre des questions de mouvement. On établit d'abord une statique entre les percussions; elle conduit facilement ensuite à une dynamique analogue : voici sommairement comment on arrive à cette statique.

Soit qu'on admette comme un fait d'expérience, ou qu'on déduise comme une conséquence de la nature des réactions moléculaires, que deux petits corps qui viennent se choquer avec des quantités de mouvement égales et directement opposées, n'ont plus de mouvement apparent à un certain instant du choc, cette transformation des deux mouvemens communs à toutes les particules de chaque corps en ébranlemens insensibles et de peu de durée dans leurs particules respectives se considère comme un équilibre instantané ou un anéantissement de mouvement. On dit que les quantités de mouvemens se détruisent, et ce sont là deux chocs égaux. La quantité de mouvement communiquée à chaque corps, d'après les principes connus de Mécanique, est égale à l'intégrale par rapport au temps de la pression très considérable qu'il reçoit de l'autre au point de contact pendant toute la durée du choc, c'est-à-dire pendant le temps que la pression agit; c'est donc entre ces intégrales qu'il y a égalité dans le cas de la destruction des mouvemens des centres de gravité. L'intensité d'un choc introduite ainsi comme grandeur, est la quantité de mouvement qu'il peut ou détruire ou communiquer dans le corps choqué, supposé libre, et en n'ayant égard qu'au mouvement de translation de son centre de gravité (*).

(80) Si l'on admet que deux chocs simultanés sur une même sphère dans des directions qui font un certain angle, équivalent à un seul et produisent le même effet, en ce sens que la sphère prendra un mouvement qu'elle pourrait recevoir d'un seul choc; si l'on suppose, en outre, que l'effet d'un choc soit le même pour la destruction ou pour la production de mouvement, en quelque point de sa direction qu'il se fasse sur le corps qui le reçoit, et qu'enfin on étende à des points matériels ce qui a lieu pour des sphères qui se choquent, on établit toute la statique avec les chocs ou les quantités de mouvement, comme avec les forces ou pressions. De là on passe ensuite à la dynamique des chocs, en appliquant le principe de d'Alembert sur l'équilibre ou la destruction des quantités de mouvement perdues et gagnées.

(*) L'ancienne discussion sur la mesure des forces de choc se trouve tout naturellement éclaircie, si l'on distingue d'une part le travail ou la force vive que possède un corps, laquelle mesure l'utilité qu'on peut retirer de sa vitesse, et d'une autre sa quantité de mouvement, ou ce qui mesure la vitesse qu'il peut détruire par le choc, sur un corps déterminé.

Bien qu'en usant de cette dynamique avec discernement, et en sachant comment on doit apprécier ce qu'elle fournit, on puisse s'en aider pour résoudre par approximation certaines questions de mouvement; cependant il arrive si fréquemment qu'on en abuse en l'appliquant, qu'il serait peut-être préférable de ne pas en faire usage dans le commencement de l'étude de la Mécanique.

Le défaut de cette théorie, c'est d'abord de faire entrer comme données des quantités qui ne sont réellement pas connues dans beaucoup de cas, et ensuite de donner des résultats qui souvent n'apprennent rien d'utile dans la pratique, si même ils ne sont pas propres à jeter dans l'erreur quand on n'y prend garde. Lorsque, dans un choc contre un système de rotation, on trouve qu'une crapaudine en reçoit un qui est mesuré par une certaine quantité de mouvement, cela veut dire seulement que si cette crapaudine était un corps libre d'une masse déterminée, et ne pouvant se briser par le choc, son centre de gravité prendrait un mouvement déterminé; mais cette conséquence est loin de donner une idée de ce qui peut intéresser pour la solidité de la machine. Deux chocs égaux dans le sens statique que nous venons d'indiquer peuvent présenter des phénomènes physiques très différens : celui qui serait produit avec une grande vitesse peut briser le corps sur lequel il agit, tandis qu'un autre, qui serait dû à l'action d'une grande masse avec une faible vitesse, peut le laisser intact en se répétant même un grand nombre de fois.

Pour faire sentir combien sont différens les effets de deux chocs qu'on appelle égaux dans la statique des quantités de mouvement, rappelons-nous qu'en parlant du choc sur une barre (article 65), nous avons remarqué qu'au commencement du phénomène les compressions étaient plus fortes auprès du point où il se produit, et que, comme elles ne se transmettent pas plus rapidement lorsqu'il a lieu avec une grande vitesse et que la force se développe très rapidement, il y a alors, dans une très petite étendue de la barre, une différence considérable entre les compressions. Une circonstance analogue doit exister dans des corps non linéaires et de forme quelconque ; il doit y avoir aussi, dans les premiers instans, une différence d'autant plus grande entre les compressions ou extensions, à mesure qu'on s'éloigne du point de contact des corps, que le choc s'est fait avec une plus grande vitesse; de sorte que si les extensions produisent la rupture de l'un de ces corps, elle aura lieu avant que le mouvement puisse s'être transmis à une distance sensible, et ce corps qui sera brisé près du point où se fait le choc, ne recevra presque point de travail dans le reste de son étendue. L'expérience confirme cette remarque : lorsque le choc se produit avec une grande vitesse, la rupture se fait auprès des points choqués, sans que le travail se soit étendu sensiblement; cette rupture une fois produite, coupe toute communication avec le reste du corps, qui ne reçoit ainsi que la très faible portion de travail qui s'y trouvait auparavant; en sorte que cette partie demeure intacte, ou ne prend que peu de mouvement si elle est mobile. C'est ainsi que les boulets, quand ils ont encore une grande vitesse, font un trou dans des corps fragiles sans endommager le reste : une balle peut percer une porte ouverte sans la faire tourner sensiblement. Cependant, dans d'autres circonstances, cette porte pourrait recevoir la même quantité de mouvement et prendre alors sans se briser un mouvement de rotation dans ses gonds. On voit donc que pour ce qui touche aux questions de solidité des machines, ce n'est rien savoir que de connaître seulement la quantité de mouvement due à la force qui se développerait pendant un temps très court sur un certain point d'un corps.

(81) Malgré le peu d'utilité de la statique des chocs pour toutes les questions qui se rapportent aux chances de destruction que peuvent présenter certains chocs, cependant elle conduit d'une manière abrégée à tout ce qui tient à la recherche des mouvemens des corps après leur rencontre, quand on les considère comme redevenus parfaitement solides et juxta-posés les uns contre les autres. Ainsi, dans le choc des cames contre un marteau, on aurait pu arriver plus promptement à l'équation qui nous a servi à trouver la vitesse angulaire d'un des systèmes après le choc, en posant l'équivalence entre les quantités de mouvement ou les percussions avant et après le choc. Si nous ne nous sommes pas servis de cette méthode, c'était pour présenter des considérations plus conformes à la nature physique des corps, et pour qu'on aperçût mieux sur quoi repose l'exactitude des résultats.

On pourrait se servir aussi de la statique des percussions pour trouver l'influence des frottemens sur la limite des pertes des forces vives dans le même choc des cames contre un marteau. On mettrait facilement ce problème en équation, en se reportant à ce qui est développé dans la Mécanique de M. Poisson; mais on est conduit à des résultats si compliqués, qu'on n'en peut faire aucun usage dans la pratique. D'ailleurs, comme ils dépendent des rapports supposés connus entre le frottement et des pressions très grandes pour lesquelles on n'a pas d'expériences particulières, on ne pourrait y ajouter beaucoup de confiance (*). Quand on n'aura pas de résultats d'observations sur les pertes de travail dans l'espèce de choc que l'on aura à considérer, on pourra, dans la pratique, se contenter des limites approximatives que nous avons données à l'article (75).

Si la théorie des percussions peut donner assez approximativement des limites aux pertes de forces vives dans le choc, elle ne suffit pas pour résoudre des questions de mouvement lorsqu'on a égard à ce que l'on appelle, dans quelques ouvrages, une *élasticité parfaite* ou *imparfaite*. Si l'on se reporte à ce que nous avons dit sur l'influence de la nature des corps, dans la répartition du travail, on sentira qu'on ne peut ajouter aucune confiance à cette théorie pour la pratique, à moins de circonstances difficiles à rencontrer. Au reste, les questions sur l'économie de travail due à l'élasticité dans le choc, n'ont pas ordinairement grande utilité; elles portent presque toujours sur de très petites quantités qu'on est dans l'usage de comprendre dans les pertes auxquelles on cherche à assigner des limites.

(82) Il nous reste à parler du théorème de Carnot, qui consiste en ce que la perte de force vive, dans le choc, est égale à la somme des forces vives que donneraient les vitesses perdues ou gagnées, si on les supposait possédées par les différens points matériels du système.

Cet énoncé, qui n'est qu'une très simple conséquence de l'équation qui exprime le principe de d'Alembert, sur l'équilibre entre les quantités de mouvement perdues et gagnées, n'a d'autre avantage que de prouver qu'il y a perte de force vive à un certain instant du choc, mais il ne donne en aucune manière la mesure de cette perte, en sorte qu'il n'apprend rien de plus que ce que l'on sait déjà sur les chocs en ayant égard aux ébranlemens qu'ils produisent. Si nous nous y arrêtons ici, c'est plutôt de peur qu'on n'en fasse de fausses applications et qu'on

---

(*) Dans le cours de machines que M. Poncelet professe à l'École de Metz, il donne une méthode approximative fort ingénieuse pour simplifier les équations du mouvement, en ayant égard aux frottemens, et pour substituer des fonctions du premier degré à des radicaux du second degré, tout en restant dans des limites d'exactitude suffisantes pour la pratique.

ne se méprenne sur son utilité. Voici comment on établit ce théorème :

On suppose que des points matériels ou des corps solides de dimensions sensibles soient en mouvement et viennent se choquer entre eux, en prenant à un certain instant du choc des vitesses qui satisfont à certaines liaisons géométriques voulues par la parfaite solidité des corps et par des contacts non interrompus : ces vitesses sont ce que nous avons appelé les *vitesses après le choc*. Nous avons vu qu'il y avait entre les quantités de mouvement, avant et après le choc, la relation fournie par le principe de d'Alembert ; soit qu'on la déduise, comme nous l'avons fait, de quelques hypothèses sur les ébranlemens et les vitesses des points en contact, quand on veut considérer les corps dans leur véritable nature physique ; soit qu'on y arrive directement par la statique des quantités de mouvement, pour des corps supposés sans élasticité.

Désignons par u la vitesse d'un quelconque des points matériels qui vont se choquer, par v celle que prendra tout-à-coup ce même point après le choc, par w la vitesse qui, combinée avec v, reproduirait les vitesses u ; représentons par $\widehat{vw}$ l'angle que font les directions de ces deux vitesses, et par m la masse de ce point quelconque. Ainsi que nous l'avons dit, article (77), nous pourrons prendre pour vitesses virtuelles, dans l'équation que fournit le principe de d'Alembert, les vitesses effectives représentées ici par v, en sorte qu'on aura

$$\Sigma mwv \cos(\widehat{vw}) = 0,$$

pourvu qu'on n'ait pas égard aux frottemens dans le choc, ni à des percussions produites par des corps mobiles auxquels ne s'étendraient pas les sommes indiquées dans cette équation.

Puisque la quantité de mouvement mu est la résultante de mv et de mw, on a, par la statique des percussions

$$m^2u^2 = m^2v^2 + m^2w^2 - 2m^2vw \cos(\widehat{vw}),$$

ou en divisant par $2m$,

$$m\frac{u^2}{2} = m\frac{v^2}{2} + m\frac{w^2}{2} + mvw \cos(\widehat{vw}).$$

Réunissant toutes les équations semblables pour tous les points du système, on a,

$$\Sigma m\frac{u^2}{2} = \Sigma m\frac{v^2}{2} + \Sigma m\frac{w^2}{2} - \Sigma mvw \cos(\widehat{vw}).$$

Or, le dernier terme est nul d'après l'équation supposée ci-dessus; donc on a

$$\Sigma m\frac{u^2}{2}=\Sigma m\frac{v^2}{2}+\Sigma m\frac{w^2}{2}.$$

Cette équation établit que $\Sigma m\frac{v^2}{2}$, ou la force vive après le choc, est toujours plus petite que $\Sigma m\frac{u^2}{2}$, ou la force vive avant le choc, et que la différence est égale à $\Sigma m\frac{w^2}{2}$, c'est-à-dire à la force vive due aux vitesses perdues ou gagnées par le choc.

Si l'on ne négligeait pas les frottemens aux contacts, et qu'on ne supposât pas qu'il n'y eût aucun choc produit par des corps mobiles non compris dans ceux auxquels s'appliquent les forces vives avant et après le choc, l'énoncé précédent aurait besoin d'être modifié. Dans ce cas, au lieu de poser

$$\Sigma mu^2=\Sigma mv^2+\Sigma mw^2,$$

il faudrait écrire

$$\Sigma mu^2=\Sigma mv^2+\Sigma mw^2+\Sigma v'\cos\alpha'\int \mathrm{F}dt+\Sigma v''\cos\alpha''\int \mathrm{N}dt:$$

F désignant une force due au frottement, N une percussion extérieure; v' et w'' les vitesses après le choc pour les points où les forces F et N sont appliquées, et α' et α'' les angles que font les vitesses avec les forces F et N.

Ce théorème est rarement utile pour l'estimation des pertes de forces vives dans le choc; car il suppose que l'on connaisse les vitesses après le choc, ou pour mieux dire, celles qu'ont les corps à l'instant où ils se touchent encore et où les vitesses normales aux points en contact sont égales pour deux corps contigus. La difficulté reste donc toujours la même, puisqu'il faut trouver d'abord ces vitesses après le choc. Or, une fois qu'on les a obtenues, il est aussi facile de calculer la perte de force vive en retranchant celle qui existe après le choc de celle qui existait auparavant, que de former la force vive fictive due aux vitesses perdues et gagnées dans le choc.

Si l'on présente le théorème de Carnot comme servant néanmoins à prouver qu'il y a perte de force vive ou de travail dans le choc des corps non élastiques, ou dans les corps élastiques à l'instant où l'on suppose qu'on peut faire certaines hypothèses sur les vitesses, nous ferons remarquer qu'il n'apprend rien en cela qu'on n'aperçoive bien plus évidemment à l'aide des notions que nous avons données. Il est bien clair, en effet, que le choc altérant d'abord la forme des corps, il en résulte des écartemens ou des rapprochemens de particules qui font naître des forces en sens contraire de ces changemens de distances. Ainsi, il se produit un travail résistant, qui vient en déduction de celui que possédaient les corps avant le choc, c'est-à-dire des forces vives exprimées au moyen des vitesses moyennes des masses; et cela, soit que les déformations absorbent complètement ce travail, soit que l'élasticité des corps étant en jeu, il puisse être restitué partiellement, soit pour produire des ébranlemens, soit même pour donner après le choc des mouvemens sensibles.

Dans le cas du choc de deux systèmes de translation sans élasticité, qui se réunissent par le choc, les conséquences que fournit le principe de Carnot, s'obtiennent aussi bien en appliquant à ce cas le théorème que nous avons donné (article 53) sur la décomposition de la force vive en deux parties, l'une qui est due à la vitesse de centre de gravité, et l'autre aux vitesses relatives à ce centre.

(83) Après avoir exposé ce qui se rapporte aux applications du principe sur la transmission du travail, lorsqu'on a égard à l'altération de forme que subissent les corps solides, il nous reste à montrer comment le même principe peut s'appliquer encore aux fluides incompressibles d'abord, et ensuite aux fluides élastiques.

On peut regarder un fluide incompressible comme formé d'une réunion de particules matérielles, solides, lesquelles glissent les unes sur les autres avec un frottement presque insensible. L'équation des forces vives s'appliquant à un ensemble de corps solides, réagissant les uns sur les autres, en quelque nombre qu'ils soient, sans qu'on doive tenir compte des réactions, autrement que par les frottemens qu'elles produisent; il en sera de même d'un fluide incompressible. Pour lui appliquer l'équation des forces vives ou les principes qu'on en déduit, on n'aura pas à y faire entrer les pressions intérieures que les particules fluides exercent les unes sur les autres : il suffira, lorsqu'il s'agit d'un fluide pesant, par exemple, de mettre au nombre des forces mouvantes ou résistantes, les poids des particules et les pressions qui poussent extérieurement les parties mobiles de l'enveloppe de la masse, et d'ajouter ensuite dans l'équation un terme négatif pour le travail résistant dû au frottement. A la vérité, celui-ci ne sera pas connu en général, mais au moins on sait par expérience qu'il est assez faible dans certains cas, et l'on peut ramener diverses recherches expérimentales à celles de cette perte de travail due aux frottemens entre les particules de fluide.

Les fluides réputés incompressibles ne peuvent être considérés comme une réunion de petits corps solides qui maintiennent constans certains volumes, qu'autant que les forces qui leur sont appliquées ne varient pas trop rapidement pour devenir très considérables. Dans le cas de certains chocs, le fluide qu'on appelle incompressible se comprime néanmoins, et l'on doit alors revenir à le concevoir comme un ensemble de points matériels, exerçant entre eux des répulsions mutuelles. Ces cas sont assez rares; car en vertu même de la fluidité, la rencontre d'un fluide avec un autre corps en mouvement ne produit pas ordinairement d'assez grandes forces, sur une grande étendue du fluide, pour qu'on ait jamais besoin d'avoir égard à sa compressibilité; elle ne serait en jeu que pour des chocs avec des vitesses qu'on n'a guère occasion de considérer, ou pour les cas où le liquide serait contenu dans un vase fermé dont les parois exercent des pressions énormes. Ainsi, dans les questions qui concernent ordinairement les machines, on peut regarder l'eau comme un fluide incompressible.

(84) Nous allons appliquer ces considérations au mouvement permanent de l'eau qui sort d'un vase pour s'écouler par un orifice assez petit pour qu'on puisse regarder toutes les particules fluides qui y passent comme ayant la même vitesse. Nous supposerons qu'à la sortie de cet orifice, la veine ait dans une petite étendue la forme cylindrique, et qu'ainsi toutes les vitesses y deviennent parallèles : c'est la section dans cette partie cylindrique que nous appellerons l'*orifice*. Pour qu'on se représente mieux cette supposition, nous pourrons concevoir qu'à partir du point de la veine où les vitesses commencent à être parallèles, on la fasse entrer dans un canal cylindrique dont la section sera précisément celle de la veine en ce point. Nous allons retrouver facilement la formule connue pour le mouvement, lorsque les vitesses ne varient plus avec le temps et que l'écoulement est devenu ce qu'on appelle permanent.

Établissons l'équation des forces vives pour une masse d'eau formée de ce qui est contenu dans le vase et dans le canal jusqu'à l'orifice, et suivons cette masse dans son mouvement, à mesure qu'une portion s'avance dans le canal, et tandis qu'une autre descend dans le vase. Les forces mouvantes sont ici, le poids du fluide et la pression à la superficie supérieure; les forces résistantes sont, la pression sur la surface qui forme dans le canal le sommet du volume qu'on y considère, et en outre les frottemens.

Désignons par P le poids de l'eau écoulée pendant un temps très petit, Δt, et par h la hauteur verticale, entre le centre de gravité du nouveau volume d'eau qui s'est avancé dans le canal et le centre de gravité d'une tranche d'un volume égal à la surface supérieure du liquide dans le vase. Comme ce dernier volume a très peu d'épaisseur, la hauteur h sera sensiblement égale à la distance verticale entre la surface supérieure du fluide et le centre de la veine qui s'écoule. D'après ce que nous avons établi, article (33), le travail moteur dû au poids de toutes les particules fluides que nous considérons sera exprimé par Ph. Représentons par π_0 la pression atmosphérique qui agit sur une unité de surface à la superficie supérieure du fluide; par a_0 sa section, et par u_0 les vitesses sensiblement constantes qui ont lieu à cette superficie. Le travail moteur, dû à cette pression, sera $\pi_0 a_0 u_0 \Delta t$. Désignons par π la pression pour une unité de surface qui serait pressée comme le sont les points de la tranche qui termine le volume que l'on considère dans la veine d'écoulement; représentons par a la section de cette veine, là où les particules se meuvent bien parallèlement; et enfin par u la vitesse qui a lieu dans cette veine. Le travail résistant, dû à la pression π pendant le même temps Δt, sera $\pi a u \Delta t$. Si nous désignons enfin par T le travail résistant dû aux frottemens, le travail total sera $Ph + \pi_0 a_0 u_0 \Delta t - \pi a u \Delta t - T$. Pour calculer l'accroissement de la force vive, il suffira, comme nous l'avons remarqué à l'article (54), de retrancher de celles des particules comprises dans ce volume nouvellement avancé par en bas, celles des particules qui étaient dans le volume abandonné en haut du vase : P étant le poids commun à ces deux volumes égaux de fluide, on a pour l'accroissement de la force vive $P\frac{u^2}{2g} - P\frac{u_0^2}{2g}$. Le principe de la transmission du travail donnera donc

$$Ph + \pi_0 a_0 u_0 \Delta t - \pi a u \Delta t - T = P\left(\frac{u^2 - u_0^2}{2g}\right).$$

On pourra simplifier cette équation en remarquant que le canal d'écoulement ayant peu de hauteur, la pression ϖ entre les particules fluides, lorsqu'on y suppose le mouvement rectiligne et uniforme, sera très peu différente de la pression atmosphérique π_0 qui s'exerce à la superficie du vase. D'autre part, le volume de la masse totale du fluide que l'on considère restant constant, la portion de ce volume qui avance en bas est égale à ce qui est abandonné par en haut; on a donc $a_0 u_0 \Delta t = au\Delta t$. Ainsi, dans l'équation précédente, les deux termes $\pi_0 a_0 u_0 \Delta t$ et $\varpi au\Delta t$ se détruisent. Si l'on admet en outre qu'il n'y ait pas de frottemens sensibles, on trouvera

$$Ph = P\left(\frac{u^2 - u_0^2}{2g}\right),$$

ou la formule connue

$$2gh = u^2 - u^2_0.$$

Les suppositions précédentes n'étant pas très exactes, il n'est pas étonnant que l'observation ne confirme pas tout-à-fait ce résultat.

Les différences peuvent provenir, 1°. de ce que dans ces expériences on ne mesure pas la section de la veine en un point où tous les filets soient parallèles, et où l'on puisse regarder la pression dans toute cette veine comme égale à celle de l'atmosphère; 2°. de ce qu'on néglige les frottemens, soit dans le vase, soit dans le canal; 3°. enfin, de ce que l'on suppose que toutes les vitesses sont égales dans la veine.

Quand on veut comparer les résultats de l'expérience et ceux que donne la formule, on mesure la vitesse u en observant le volume d'eau écoulé dans l'unité de temps, et en divisant ce volume par la section de la veine. Si l'on désigne cette section par a, qu'on représente par u la vitesse d'un filet fluide dont la section est da; la vitesse moyenne déduite de l'observation, quand les vitesses ne sont pas les mêmes pour tous les filets de la veine d'écoulement, sera $\int\frac{uda}{a}$. Celle qui donnerait la force vive qui doit être introduite dans la formule précédente, est $\sqrt{\frac{\int pu^2}{P}}$, P étant le poids de l'eau écoulée dans l'unité de temps, et p le poids analogue pour un filet élémentaire de la veine. Or, le poids p d'un filet fluide, dont toutes les parties ont la vitesse u, est proportionnel au volume de ce filet, c'est-à-dire à uda; en sorte qu'on peut remplacer p par uda, et P par $\int uda$. La vitesse moyenne qui conserve l'exactitude à l'équation précédente est donc $\sqrt{\frac{\int u^3 da}{\int u da}}$. Cette expression diffère en général de la vitesse moyenne déduite de l'observation, savoir $\int \frac{u da}{a}$ (*).

Malgré les causes d'inexactitude que doit avoir la formule $2gh = u^2 - u_0^2$, cependant, dans les cas d'ajutages cylindriques, où l'on rentre avec le plus d'approximation dans les hypothèses précédentes, on sait que la valeur de v déduite de l'observation de la dépense d'eau est environ 0,82 de celle que donne cette formule.

(85) Nous appliquerons encore le principe de la transmission du travail, dans le mouvement des liquides, à une question qui complètera ce que nous avons dit dans le chapitre II, sur le travail que peut transmettre une veine fluide, et qui trouvera son application immédiate dans la théorie des roues hydrauliques.

Nous allons chercher le travail que reçoit un vase mobile dans lequel entre un courant ou une veine fluide, dont les particules restent ensuite quelques instans dans ce vase, celui-ci étant supposé assez grand pour contenir ce que fournit le courant pendant un certain temps.

Supposons d'abord qu'une veine fluide, ayant une vitesse u, entre dans un vase immobile; désignons par P le poids de l'eau qui arrive ainsi dans le vase pendant l'unité de temps. Le liquide, après avoir conservé du mouvement dans le vase, en tournoyant pendant quelques instans, finira par y perdre ce mouvement en totalité, et tout le travail que possédaient les particules qui sont entrées pendant l'unité de temps, c'est-à-dire toute la force vive $P\frac{u^2}{2g}$, sera absorbée par les frottemens dus aux mouvemens de l'eau, et par les ébranlemens qui pourront se propager au vase et à ses supports.

Concevons maintenant que la même veine fluide, dont toutes les

(*) En supposant que la vitesse décroisse du centre à la circonférence d'une veine circulaire, suivant la loi des ordonnées d'une parabole, on trouve que la vitesse qu'il faudrait substituer à celle qui est fournie par la quantité d'eau écoulée, est représentée par l'hypoténuse d'un triangle rectangle dont un des côtés est cette dernière vitesse, et l'autre la moitié de la différence qu'il y a entre la vitesse au centre, et celle qui a lieu à la circonférence de la veine.

parties sont toujours animées d'une vitesse u, arrive dans un vase qui ne soit plus mobile, mais qui possède déjà, dans le même sens que u, une vitesse v bien uniforme et tout-à-fait obligatoire. Examinons quel sera le travail que recevront les parois du vase dans l'unité de temps, par suite de la pression qu'elles éprouveront de la part du fluide qui y entre. Nous ferons abstraction de la pesanteur, en sorte que nous ne traiterons d'abord que du mouvement horizontal. Si l'on voulait ensuite considérer un mouvement vertical, il serait facile d'avoir égard au poids du fluide contenu dans le vase.

En vertu du principe sur la transmission du travail, celui que recevra le vase dans l'unité de temps sera égal à la force vive de l'eau qui y entre pendant ce temps, diminuée de la force vive qui reste à l'eau dans le vase et du travail perdu par les frottemens et les ébranlemens : cherchons d'abord à évaluer cette perte. Nous remarquerons, pour cela, qu'elle ne dépend que des mouvemens relatifs des particules entre elles et par rapport au vase; elle ne changerait certainement pas si l'on donnait à l'ensemble du vase et du fluide un mouvement commun quelconque, par exemple, une vitesse égale et opposée à celle du vase. Mais alors celui-ci deviendrait immobile, et l'eau y arrivant avec une vitesse $u - v$, y perdrait dans l'unité de temps un travail qui serait $P\frac{(u-v)^2}{2g}$; donc cette expression est aussi la mesure de ce qui est perdu par les frottemens et les ébranlemens, si l'on ne donne pas un mouvement commun au courant et au vase, et qu'on laisse à celui-ci la vitesse v dont nous l'avions supposé animé.

La force vive de l'eau qui entre dans le vase pendant l'unité de temps, avec une vitesse u, est $P\frac{u^2}{2g}$; la force vive qui restera à cette eau une fois qu'elle n'aura plus de mouvement relatif dans le vase, et que toutes ses particules auront pris la vitesse v de celui-ci, aura pour expression $P\frac{v^2}{2g}$; enfin, le travail perdu en frottement est égal à $P\frac{(u-v)^2}{2g}$. Ainsi le travail transmis aux parois du vase, toujours dans l'unité de temps, devant être égal à la première quantité diminuée de la somme des deux autres, aura pour expression

$$P\frac{u^2}{2g} - P\frac{v^2}{2g} - P\frac{(u-v)^2}{2g},$$

ou en réduisant

$$P \frac{v(u-v)}{g} \text{ (*)}.$$

Il faut bien faire attention que le poids P du fluide qui entre dans le vase pendant l'unité de temps, n'est pas celui que fournirait en même temps l'orifice par où sort la veine. Si A est la section de cette veine, π le poids du mètre cube de fluide, P sera égal à $\pi A(u-v)$, tandis que le poids qui sort par l'orifice serait πAu. En mettant pour P sa valeur, le travail transmis dans l'unité de temps sera

$$\pi A \frac{v(u-v)^2}{2g}.$$

(86) Si, au lieu de supposer un seul vase qui recule devant le courant et ne reçoit pas ainsi autant d'eau que celui-ci en fournit, on imagine qu'après que ce premier vase a parcouru un certain espace, un second vient se replacer devant lui et reparcourir le même chemin, jusqu'à ce qu'un troisième revienne se placer devant celui-ci, et ainsi de suite, de manière pourtant que chaque vase ne quitte pas le courant avant d'avoir reçu la portion qui est devant lui, et qui ne peut plus entrer dans le vase suivant : alors les vases, dans leur ensemble, auront reçu toute l'eau fournie par le courant, dans un temps donné. Le travail total qui leur sera transmis aura toujours pour expression

$$P \frac{v(u-v)}{g};$$

mais P deviendra ici une quantité constante; ce sera le poids total πAu de l'eau fournie dans l'unité de temps par l'orifice d'où sort la veine, et non plus celui de l'eau reçue par un seul vase qui reculerait devant le courant.

Cette dernière expression est celle qu'il faut employer dans le cas d'une lame d'eau reçue par des augets ou des aubes emboîtées dans une roue hydraulique. Nous ne nous occuperons donc que de celle-là; et si, pour simplifier les idées, nous ne parlons que d'un vase, il faudra

(*) Ce résultat a été donné par Petit, dans son cours de machines à l'École Polytechnique; mais il l'avait fondé sur le théorème de Carnot, dont on ne voit pas qu'on puisse faire une application à ce cas.

supposer qu'il se présente au courant pendant le temps nécessaire pour que le poids P, fourni dans l'unité de temps, puisse y entrer totalement.

Nous venons de supposer, dans ces considérations, que l'eau reçue dans le vase y reste assez long-temps pour y perdre tout son mouvement relatif par les frottemens. Mais pour passer au cas des augets ou des aubes d'une roue, quand elles sont emboîtées dans un coursier, il faut supposer que l'eau, après avoir été quelques instans dans le vase, en sort par une ouverture fort large, avant d'avoir perdu tout le mouvement relatif ou de bouillonnement qui eût été entièrement éteint par les frottemens et les ébranlemens, si l'eau y fût restée plus long-temps. Il est facile de voir que les résultats précédens s'étendent de même à ce cas.

Supposons toujours qu'il s'agisse d'une quantité d'eau limitée P, qui entre dans le vase, y reste quelques instans enfermée, puis en sort par son propre poids en passant par une large issue qui vient à s'ouvrir. Quelque peu de temps que l'eau ait été dans le vase, son centre de gravité y aura pris la vitesse v de ce vase. Chaque particule, dont nous représentons le poids par p, conserve encore une certaine vitesse par rapport à ce vase; nous désignerons cette vitesse par v', en négligeant la portion de la vitesse de sortie qui provient du poids de l'eau que nous mettons en dehors des calculs. La force vive de l'eau à la sortie du vase, en vertu de ce que nous avons établi, article (53), se composera, d'une part, de la force vive due à la vitesse v du centre de gravité, et d'une autre, de celle qui est due aux vitesses relatives à des axes passant par ce centre, c'est-à-dire aux vitesses v'. Elle sera donc

$$P\frac{v^2}{2g}+\Sigma P\frac{v'^2}{2g}.$$

Si l'on applique les mêmes considérations que nous venons d'employer pour trouver le travail perdu par les frottemens et les ébranlemens dans le vase avant que l'eau en sorte, on trouvera facilement que ce travail ne sera plus $P\frac{(u-v)^2}{2g}$, comme si toutes les particules d'eau avaient perdu leurs vitesses relatives dans le vase en le quittant, mais qu'il deviendra

$$P\frac{(u-v)^2}{2g}-\Sigma p\frac{v'^2}{2g}.$$

Le travail transmis au vase en mouvement étant égal à la force vive de l'eau qui y entre, diminuée des deux expressions ci-dessus, on voit que le terme $\Sigma p \frac{v'^2}{2g}$ dû aux vitesses de tournoiement et de bouillonnement qui subsistent encore dans l'eau quand elle sort du vase, disparaît dans l'expression de ce travail transmis. En effet, il se trouve en moins dans le travail perdu en frottemens et en ébranlemens, et en plus dans celui qui provient de la force vive de l'eau à la sortie du vase. On a donc toujours pour le travail reçu par le vase

$$P\frac{u^2}{2g} - P\frac{v^2}{2g} - P\frac{(u-v)^2}{2g},$$

ou bien

$$P\frac{v(u-v)}{g}.$$

(87) On peut considérer aussi le cas où la vitesse v du vase n'est pas dans la même direction que la vitesse u du courant. Remarquons d'abord que si l'on veut, dans ce cas, que l'eau fournie par le courant dans l'unité de temps soit reçue par le vase, il faut supposer l'ouverture suffisamment grande, ou plutôt il faut en concevoir plusieurs les unes au-dessus des autres, comme cela arrive pour les augets ou les aubes d'une roue hydraulique qui reçoit toute l'eau fournie par un courant.

La perte de travail par les mouvemens relatifs dans le vase sera toujours égale, dans ce cas, à la force vive totale qu'aurait le fluide si l'on ramenait le vase au repos. Or, si l'on représente par α l'angle des deux vitesses du courant et du vase, cette force vive relative résultant de la vitesse u et d'une vitesse opposée à v, a pour valeur le produit de $\frac{P}{2g}$ par le carré de la vitesse résultante; elle sera donc

$$P\frac{u^2 + v^2 - 2uv\cos\alpha}{2g}.$$

Telle est l'expression de la perte due aux frottemens, aux ébranlemens et aux vitesses de tournoiement qui peuvent se conserver dans le fluide quand il sort du vase. Le travail transmis sera donc

$$P\frac{u^2}{2g} - P\frac{v^2}{2g} - P\frac{u^2 + v^2 - 2uv\cos\alpha}{2g},$$

ou

$$P\,\frac{v\,(u\cos\alpha - v)}{g}.$$

Ainsi, le seul changement à faire dans ce cas, à la formule trouvée précédemment, c'est de substituer à la vitesse u du courant, sa composante $u\cos\alpha$ dans le sens de la vitesse du vase.

Il est bon de remarquer que cette formule et les précédentes ne supposent aucune hypothèse sur la nature du mouvement du fluide dans le vase; elles conviennent à toutes les circonstances physiques qui peuvent se présenter. En cela, elles sont plus exactes que celles que nous avons données à l'article (47), pour le travail transmis à un canal ou à un plan mobiles qui reçoivent l'action d'une veine fluide.

(88) Comme conséquence des formules précédentes, on peut donner la pression moyenne que supporte, dans le sens de son mouvement, un vase mobile lorsqu'il reçoit une veine fluide. Supposons d'abord que la vitesse de celle-ci soit dans la même direction que celle du vase. Si l'on représente par F la force que nous cherchons, le travail transmis au vase dans l'unité de temps sera Fv. Mais, d'une autre part, ce travail a pour expression $Pv\,\frac{(u-v)}{g}$, en désignant par P le poids de l'eau reçue dans l'unité de temps; ainsi on a l'équation

$$Fv = P\,\frac{v\,(u-v)}{g},$$

ou bien

$$F = P\,\frac{(u-v)}{g}.$$

Si l'on désigne par A la section de la veine fluide à son arrivée dans le vase, et par π le poids du mètre cube de ce fluide, on aura $P = \pi A\,(u-v)$, d'où l'on conclut

$$F = \pi A\,\frac{(u-v)^2}{g}.$$

Cette formule subsistant, quelque petite que soit la vitesse v, on peut y faire $v = 0$, et l'on a pour un vase en repos

$$F = \pi A\,\frac{u^2}{g};$$

c'est-à-dire que la pression est égale au poids d'une colonne liquide qui aurait pour base la section de la veine fluide, et pour hauteur le double de celle qui est due à la vitesse du fluide.

Dans le cas où le vase est en mouvement, si au lieu d'en considérer un seul, on imagine une série de vases, comme les augets ou les aubes d'une roue, alors pour leur ensemble, le poids total P de l'eau reçue dans l'unité de temps sera $\pi A u$; on aurait donc pour la pression moyenne qu'on pourrait concevoir comme supportée par le corps solide auquel ils seraient attachés

$$F = \pi A u \frac{(u - v)}{g}.$$

Cette expression diffère de celle que nous venons de trouver pour la pression sur un seul vase; mais il faut faire attention que cette dernière n'est que la pression hypothétique qui, appliquée à un point ayant la vitesse v des aubes ou des augets d'une roue hydraulique, donnerait la mesure du travail transmis par tout le courant fluide.

Si la veine fluide n'avait pas la même direction que celle de la vitesse du vase, quand celui-ci est mobile, et que l'angle de ces deux vitesses fût représenté par α, on trouverait facilement que la pression sur un seul vase, dans le sens de son mouvement, est

$$F = \pi A \frac{(u \cos \alpha - v)^2}{g},$$

et que, pour l'ensemble de plusieurs vases, recevant toute l'eau fournie par la veine dans l'unité de temps, cette pression devient

$$F = \pi A u \frac{(u \cos \alpha - v)}{g}.$$

(89) Nous allons examiner maintenant comment le principe de la transmission du travail peut s'appliquer au mouvement des fluides élastiques.

On doit considérer ces fluides comme un ensemble de particules matérielles qui réagissent les unes sur les autres par des répulsions mutuelles. Comme il n'existe plus alors aucune liaison de position entre ces particules, il suffira d'appliquer le principe de la transmission du travail comme on le ferait pour des points matériels libres, en tenant compte toutefois de toutes les forces qui se développent entre eux, et du travail qui résulte du rapprochement ou de l'écartement de ces points ; ce qui introduit un terme de plus que dans le cas où il s'agit de fluides incompressibles. Comme ces forces sont des réactions mutuelles, ce travail ne dépendra pas du mouvement propre des particules, mais seulement de leur rapprochement ou de leur écartement, c'est-à-dire de la pression ou de la densité en chaque point du fluide. De cette dernière remarque nous conclurons que le travail moteur ou résistant qui est dû à ces actions réciproques des particules fluides, pendant la dilatation ou la compression, sera toujours le même, si la masse totale passe d'une densité déterminée à une autre aussi déterminée, quel que soit d'ailleurs le mouvement qu'elle ait pris. On aura donc l'expression de ce travail en le calculant pour une compression ou dilatation très lente, lorsque le fluide est renfermé dans une enveloppe qui s'étend ou se resserre peu à peu. Mais alors, d'après le principe de la transmission du travail, le gaz, n'ayant pas pris de force vive, transmettra à la paroi qui l'enveloppe, dans le cas de dilatation, tout le travail qui est dû aux réactions intimes entre toutes ses particules, ou il aura absorbé, dans le cas de compression, un travail résistant égal à celui qu'a reçu cette même enveloppe. Ainsi on obtiendra, soit le travail moteur, soit le travail résistant qui est dû à ces réactions moléculaires par un changement d'état du gaz, en se servant de la formule établie à l'article (41), savoir $\pi\int p dv$; π représentant toujours le poids d'un mètre cube d'eau, p la hauteur de la colonne de ce liquide qui produirait la pression qui a lieu dans le gaz, à chaque instant, et dv la différentielle du volume variable. On sait que dans le cas où les températures restent constantes, comme cela arrive à très peu près ordinairement, les volumes varient en raison inverse des densités ; en sorte qu'en désignant par p_0 et v_0, la première pression et le premier volume de départ, on a $pv = p_0 v_0$, ou bien $dv = -\frac{p_0 v_0}{p^2} dp$. Substituant dans l'intégrale, elle devient

pour la dilatation....... $\pi p_0 v_0 \log\left(\frac{p_0}{p}\right)$,

et pour la compression, $\pi p_0 v_0 \log\left(\frac{p}{p_0}\right)$.

Telles seront les expressions du travail moteur ou du travail résistant dû à la dilatation ou à la compression d'un volume v_0 d'un gaz, dont tous les points passent de la pression p_0 à la pression p.

Il est facile de comprendre que, si une masse d'air en changeant d'état n'a pas conservé la même densité en tous ses points, on pourra la partager en élémens de volume assez petits pour que dans l'étendue de chacun d'eux la densité soit la même. Alors le travail produit ou absorbé par chacun de ces élémens sera donné par l'expression $\pi p_0 v_0 \log\left(\frac{p_0}{p}\right)$, ou $\pi p_0 v_0 \log(p_0) - \pi p_0 v_0 \log(p)$; il ne dépendra que des premières et dernières densités. Pour l'étendre à toute la masse, il suffira de faire deux intégrales, chacune du genre de celles qu'on exécute quand on veut obtenir la masse d'un corps au moyen de sa densité; avec cette seule différence, que la densité sera remplacée ici dans la première intégrale par $\pi p_0 \log(p_0)$, et dans la seconde par $\pi p_0 \log(p)$. Si, dans les deux états de la masse fluide, au premier et au dernier instant que l'on considère, il y a des parties décomposables en élémens égaux en volumes deux à deux et de même densité, les élémens qu'ils introduisent dans ces intégrales se détruisent deux à deux, et l'on n'aura à étendre les sommes qu'aux autres élémens de volumes pour lesquelles les densités ne sont pas les mêmes au premier et au dernier instant. Ceci revient donc à dire que, dans l'évaluation du travail moteur ou résistant, dû au changement d'état d'un gaz pendant qu'il prend un mouvement quelconque, on n'aura pas besoin d'avoir égard à certaines parties de ce gaz au premier et au dernier état, lorsqu'elles seront décomposables en un même nombre d'élémens qui, dans les deux états du gaz, soient égaux en volume et en densité. Ainsi, si une masse d'air sort d'un réservoir, et qu'on admette qu'entre deux instans déterminés une portion de ce réservoir soit occupée par des masses ayant des densités égales aux mêmes lieux, on n'aura pas à tenir compte de cette portion dans le calcul du travail; il suffira de supposer que la portion de la masse d'air qui occupait l'espace abandonné dans le réservoir a passé elle-même de la densité qu'elle y avait à la densité du gaz qui est sorti du réservoir. Cette simplification est analogue à celle que nous avons indiquée à l'article (54) pour le calcul de la somme des forces vives.

Il est essentiel de ne pas perdre de vue que le travail moteur dû à la dilatation d'un gaz n'est reçu en totalité par les corps extérieurs, qu'autant que toutes les particules matérielles du fluide n'ont pas changé de vitesse; autrement la force vive qu'elles gagneraient ou qu'elles perdraient, ferait varier d'autant moins, mais en sens contraire, le travail transmis à ces corps. De même, s'il s'agit de travail résistant dû à la compression pour obtenir celui qui est produit sur ces corps extérieurs, il faudrait ajouter ou retrancher à l'expression ci-dessus la force vive que gagneraient ou que perdraient les particules fluides.

(90) Pour donner un exemple de l'application du principe de la transmission du travail à un fluide élastique, supposons qu'il s'agisse du mouvement de l'air qui sort d'un réservoir d'où il est chassé par la descente d'un piston, ou par le mouvement d'une paroi mobile de forme quelconque. Nous ferons sur l'orifice et sur la veine qui en sort les mêmes hypothèses que pour le mouvement de l'eau, c'est-à-dire que nous supposerons que dans une certaine étendue de la veine d'écoulement les vitesses deviennent parallèles : ce sera la section à l'origine de cette étendue de la veine que nous prendrons pour l'orifice. Nous supposerons en outre que le mouvement soit permanent, c'est-à-dire que les vitesses et les pressions ne varient pas d'un instant à l'autre au même lieu du réservoir.

Appliquons le principe de la transmission de travail à une certaine masse d'air remplissant le réservoir et se terminant à l'orifice, et considérons le mouvement pendant un temps peu considérable.

Il faudra tenir compte du travail produit par la pression du piston, de celui qui est dû à la pression qui agit sur la dernière tranche d'air que l'on considère dans la veine d'écoulement; du travail qui est produit par la descente ou l'ascension de l'air, par l'expansion de celui qui est sorti du réservoir, et enfin par les frottemens.

Représentons par p_0 la hauteur de la colonne d'eau qui produirait la pression de l'air qui a lieu dans le réservoir, contre le piston ou la paroi mobile qui chasse l'air; cette pression sera due à celle de l'atmosphère et à la force qui agit en outre sur cette paroi. Désignons par p la hauteur analogue qui produirait la pression ou la densité de l'air qui passe dans la veine, et par P celle qui correspond à la pression atmosphérique. Représentons par u_0 la vitesse du piston, ou celle de la partie mobile de l'enveloppe de forme quelconque qui limite la masse d'air que l'on considère dans le réservoir. Désignons par v_0 le volume envahi par cette enveloppe en se resserrant. Représentons par u la vitesse dans la veine d'écoulement, et par v le volume envahi dans cette veine par la masse d'air que nous considérons. Soient enfin h la hauteur du piston au-dessus du tuyau, π le poids de l'unité de volume de l'eau, et ϖ le poids de l'unité de volume de l'air à la pression atmosphérique P et à la température qui a lieu pendant le phénomène. On aura, pour le travail moteur dû à la pression exercée par le piston ou l'enveloppe, dans le temps que nous considérons, l'expression $\pi p_0 v_0$; pour le travail résistant dû à la pression p qui a lieu dans le tuyau sur les dernières particules que l'on y considère $\pi p v$; pour celui qui est dû au poids de l'air l'expression $\varpi \frac{p_0 v_0 h}{P}$: ce dernier travail pourra être moteur ou résistant, suivant que l'orifice sera en bas ou en haut du réservoir. Comme les densités sont supposées rester les mêmes aux mêmes lieux dans le réservoir, le travail moteur dû aux dilatations de l'air se réduira, comme nous l'avons dit à l'article précédent, à celui qui résulte de la dilatation de l'air sorti du réservoir, c'est-à-dire à $\pi p_0 v_0 \log\left(\frac{p_0}{p}\right)$. Enfin, le travail résistant dû aux frottemens sera une quantité inconnue que nous désignons par T. Quant à la variation de la somme des forces vives, comme il y a permanence dans les vitesses et les densités dans le réservoir, elle sera seulement la force vive du gaz sorti, moins la force vive d'une masse égale qui occupait l'espace envahi par l'enveloppe dans le réservoir. Le poids de cette masse est $\frac{\varpi}{P} p_0 v_0$. La vitesse dans la veine d'écoulement étant u, et celle contre l'enveloppe dans le vase u_0, la variation de la somme des forces vives de tout le fluide en mouvement sera $\frac{\varpi}{P} p_0 v_0 \left(\frac{u^2 - u_0^2}{2g}\right)$. En appliquant donc le principe de la transmission du travail pour un temps peu considérable, pendant lequel le mouvement reste permanent, on aura

$$\pi p_0 v_0 - \pi p v \pm \frac{\varpi p_0 v_0 h}{P} + \pi p_0 v_0 \log\left(\frac{p_0}{p}\right) - T = \frac{\varpi p_0 v_0}{P}\left(\frac{u^2 - u_0^2}{2g}\right).$$

Nous mettons ici le double signe au travail dû au poids du gaz pour comprendre les deux cas où l'orifice est, ou en bas, ou en haut du réservoir.

En vertu de ce que les densités sont supposées ne pas varier dans le réservoir, la masse d'air qui a passé par l'orifice est égale à celle qui occupait l'espace envahi par le piston. En sorte qu'on a

$$p_0 v_0 = p v.$$

Cette égalité faisant disparaître les deux premiers termes de l'équation précédente, elle devient,

$$\frac{\varpi p_0 v_0 h}{P} + \pi p_0 v_0 \log\left(\frac{p_0}{p}\right) - T = \frac{\varpi p_0 v_0}{P}\left(\frac{u^2 - u_0^2}{2g}\right).$$

Si l'on néglige, 1°. la petite quantité de travail dû au poids du petit volume d'air sorti pendant le temps peu considérable que l'on considère; 2°. le travail qui est dû aux frottemens; 3°. le carré de la vitesse u_0 du piston ou de l'enveloppe mobile devant celui de la vitesse u dans la veine, ce qui suppose l'orifice assez petit devant l'étendue de cette enveloppe mobile; on obtient en supprimant le facteur commun $p_0 v_0$,

$$\pi \log\left(\frac{p_0}{p}\right) = \frac{\varpi}{P}\frac{u^2}{2g},$$

ou bien

$$u = \sqrt{\left\{2g\frac{\pi}{\varpi} P \log\left(\frac{p_0}{p}\right)\right\}}.$$

Telle est la formule qui donne la vitesse u en fonction de la pression dans la veine. En prenant approximativement cette pression égale à celle de l'atmosphère, ainsi qu'on l'admet ordinairement dans ce cas, on trouve des vitesses qui ne dépassent guère de plus d'un dixième celles qu'ont fournies diverses expériences, toutefois, en mesurant l'orifice là seulement où les vitesses sont parallèles, ou ce qui revient au même, en mettant un petit tuyau cylindrique qui détermine ce parallélisme.

Pour appliquer cette formule aux expériences que M. d'Aubuisson, ingénieur des mines, a faites pour de petites pressions d'un à deux centièmes d'atmosphère, on peut prendre $\log\left(\frac{p_0}{P}\right) = \frac{p_0 - P}{P}$, en négligeant une quantité moindre que $\frac{1}{2}\left(\frac{p_0 - P}{P}\right)^2$. On trouve alors

$$u = \sqrt{\left\{2g\frac{\pi}{\varpi}(p_0 - P)\right\}}.$$

Ici $p_0 - P$ est la hauteur d'eau qui représente l'excès de la pression contre le piston ou l'enveloppe mobile sur celle de l'atmosphère; c'est la pression due seulement à la force qu'on applique au piston.

Si l'on compare cette dernière valeur de u avec celles que fournissent les expériences dont nous venons de parler, on trouve qu'elle doit être modifiée d'un coefficient de réduction d'environ 0,91. Je ne connais pas d'observations qui fassent connaître si l'on peut conserver ce coefficient pour de grandes pressions; mais néanmoins il paraît assez probable qu'on n'a pas besoin de le changer pour la pratique, en sorte qu'on peut poser

$$u = 0,91 \sqrt{\left\{ 2g \frac{\pi}{\varpi} \mathrm{P} \log \left(\frac{p_0}{\mathrm{P}}\right) \right\}}.$$

Il est bon de ne pas perdre de vue que les formules précédentes s'appliquent à une forme quelconque du réservoir et de l'enveloppe mobile; elles ne supposent que des pressions égales en tous les points de cette enveloppe, conjointement avec l'hypothèse de la permanence dans le mouvement.

On peut remarquer aussi que si l'on considère un réservoir un peu grand, ces mêmes formules s'appliqueraient au cas où il se viderait par l'effet de l'expansion de l'air, que l'enveloppe soit ou ne soit pas mobile; car alors les vitesses et les densités variant très peu d'un instant à l'autre, on resterait dans les suppositions qui ont fourni ces formules. Il suffirait, pour obtenir la vitesse d'écoulement à un instant donné, de connaître à cet instant les pressions dans le réservoir et dans la veine (*).

On peut remarquer que, dans le cas où l'on connaîtrait la pression p_0 dans le réservoir et la vitesse u qui doit avoir lieu à la sortie, on en conclurait le rapport $\frac{p_0}{p}$ entre les pressions dans ce réservoir et dans la veine d'écoulement, par la formule

$$\log\left(\frac{p_0}{p}\right) = \frac{\varpi}{\pi \mathrm{P}} \frac{u^2}{2g}.$$

Nous ferons usage plus loin de ce résultat.

(91) La question qu'on se propose ordinairement relativement à l'emploi des moteurs pour faire marcher les machines soufflantes dans les hauts-fourneaux et les forges, c'est de connaître le travail qui est

---

(*) Depuis que j'ai écrit ceci, j'ai eu connaissance d'un article des *Annales de Physique et de Chimie* où M. Navier a donné la même formule en se basant sur l'hypothèse du parallélisme des tranches.

nécessaire pour chasser par un orifice déterminé, dans l'unité de temps, un volume donné qu'on suppose à la pression atmosphérique.

Cette question se résout très facilement, sans supposer même d'autre permanence que celle de la vitesse d'écoulement, laquelle a lieu assez sensiblement, surtout quand il y a un réservoir; on n'a pas besoin de considérer les soufflets comme produisant une pression constante. En se reportant à ce que nous avons dit à l'article (86), on voit que le travail produit par le piston ou le soufflet s'emploie, partie à comprimer de l'air pris à la pression atmosphérique, et partie à lui donner de la vitesse. Or, ce qui est employé à la compression, en ayant égard à la pression atmosphérique, se trouvant restitué quand l'air est revenu à sa première densité en sortant de l'orifice, on peut en faire abstraction; en sorte que l'on est dans le même cas que si le travail moteur du soufflet était immédiatement employé à produire la vitesse de l'air à la sortie de l'orifice. Si l'on désigne par V le volume qu'on veut faire sortir par seconde de temps, et par a l'orifice, la vitesse à la sortie devra être égale à $\frac{V}{a}$. Le gaz qui sort dans l'unité de temps aura donc une force vive égale au produit du carré de la vitesse $\frac{V^2}{a^2}$, multiplié par le quotient du poids ϖV de ce gaz, divisé par $2g$, ou à $\frac{\varpi V^3}{2ga^2}$. Ainsi le travail pour chasser le volume V par l'orifice doit être par unité de temps

$$\frac{\varpi V^3}{2ga^2}.$$

Ce résultat subsiste, quelle que soit la forme du soufflet, et sans qu'on doive y considérer un mode d'action permanent; il suffit que la vitesse reste sensiblement constante à l'orifice.

Ce travail devrait d'abord être augmenté de celui qui est perdu par les frottemens dus au mouvement de l'air, et de l'erreur qu'on peut commettre en calculant la force vive à l'orifice par la vitesse moyenne $\frac{V}{a}$. Or, ces deux causes d'augmentation sont renfermées dans ce que l'observation a appris sur l'inexactitude de la formule de l'article (87). L'expérience ayant démontré qu'avec des ajutages cylindriques il faudrait, pour que la force vive, calculée sur la vitesse $\frac{V}{a}$ déduite de l'observation fût égale au travail dépensé, que cette vitesse fût augmentée dans le rapport de l'unité à 1,07; la force vive, qui est le produit du poids d'air écoulé ϖV par la hauteur due à cette vitesse, c'est-à-dire par $\frac{V^2}{2ga^2}$, doit être augmentée dans le rapport de l'unité à $(1,07)^2$ ou à 1,14. Ainsi, le travail moteur devra être

$$1,14\ \varpi\ \frac{V^3}{2ga^2}.$$

Si le piston a du jeu et que l'air se perde, il faudra considérer ce jeu comme un orifice supplémentaire où la vitesse sera au plus la même que dans l'orifice principal. La surface de cet orifice étant désignée par a', le travail dépensé pour l'écoulement qui s'y fait, sera à celui qui s'emploie pour l'écoulement par l'orifice principal, dans le rapport de a' à a, en sorte qu'il aura pour valeur $1,14\ \frac{a'}{a}\ \varpi\ \frac{V^3}{2ga^2}$. Ainsi, le travail total sera

$$1,14\left(1+\frac{a'}{a}\right)\varpi\ \frac{V^3}{2ga^2}.$$

Cette expression suppose que le tuyau de conduite n'est pas assez long pour que le frottement y augmente encore le travail. Elle ne comprend pas non plus ce qui est nécessaire pour vaincre les frottemens des pistons et tous ceux qui peuvent exister depuis la roue motrice jusqu'à ces mêmes pistons; mais elle fournit toujours un *minimum* de travail en-dessous duquel il est certain qu'on ne chasserait pas le volume V dans une seconde.

Si l'on veut appliquer la formule ci-dessus à la recherche de ce qu'il faut de travail au *minimum* pour faire marcher les soufflets d'un haut-fourneau qui, comme cela a lieu dans un grand nombre, doit recevoir par minute 36 mètres cubes d'air mesurés à la pression atmosphérique, on trouve, en supposant deux orifices de 0,04 de diamètre, et point de jeu dans les soufflets, qu'il faut par seconde au *minimum* un travail d'environ 2,44 dynamodes. Cette consommation de travail sur les soufflets exigerait, comme nous l'expliquerons plus loin, que la chute d'eau fournît environ une moitié en sus, en sorte que si sa hauteur est de $1^m,00$, le cours d'eau devra amener au moins $3^m,66$ cubes d'eau par seconde.

(92) Comme une autre application des considérations précédentes

sur le mouvement des gaz, nous allons chercher le travail que reçoit un plan mobile par l'action du vent.

Cette question, qui revient à trouver la force que le vent produit sur le plan, peut se diviser en deux autres : la recherche de l'accroissement de pression sur le côté du plan contre lequel le vent agit, et celle de la diminution de pression sur le côté opposé. Occupons-nous d'abord de la première. Nous remarquerons qu'on peut la ramener au cas où le plan est immobile et où il reçoit l'action du vent dans une direction quelconque ; car, sans changer aucune des forces qui agissent sur ce plan, on peut lui communiquer, ainsi qu'à toute l'atmosphère en mouvement, une vitesse opposée à celle qu'il a, celui-ci deviendra alors immobile, et seulement, le vent aura changé de direction et de vitesse. Nous n'avons donc qu'à chercher la pression qu'un vent de direction quelconque produit sur un plan en repos.

Si l'air était un fluide incompressible, nous pourrions exprimer cette pression au moyen de la formule approximative que nous avons donnée à l'article (47) pour la force produite par un courant indéfini contre un plan. Si l'on désigne par u la vitesse du vent, par α l'angle qu'elle fait avec le plan, par B la superficie de ce dernier, et par ϖ le poids de l'unité de volume de l'air à la densité où il se trouve dans la colonne qui forme le vent ; cette formule est

$$\varpi \frac{Bu^2}{g} \sin^2 \alpha.$$

Elle suppose, 1°. que les vitesses des particules fluides restent sensiblement constantes dans l'étendue des courbes de déviation des filets ; 2°. que la quantité de ces filets qui se dévient par la présence du plan est limitée à ce qui était compris avant la déviation dans une surface cylindrique circonscrite au plan ; 3°. enfin, que les déviations se font de manière que tous ces filets deviennent parallèles au plan.

On peut voir d'abord que la compressibilité de l'air n'influe pas ici sensiblement sur sa densité, et que pour les vents les plus forts, avec lesquels on fait marcher les moulins à vent, on peut regarder ce fluide comme incompressible ; car si l'on calcule la plus grande pression qu'un vent très fort puisse produire en supposant en effet l'air incompressible, on trouve qu'elle ne s'élève pas à $\frac{1}{800}$ de la pression atmosphérique. Ainsi, en rendant à cet air, supposé d'abord incompressible toute sa compressibilité, il n'y aurait pas un changement sensible dans sa densité. On pourra donc se servir de la formule précédente en y prenant toujours pour ϖ le poids de l'unité de volume de l'air pour la pression qui a lieu dans l'atmosphère environnante.

Quant à l'hypothèse sur les vitesses, ce n'est que par l'expérience qu'on peut savoir jusqu'à quel point elle est approchée. Comme nous l'avons déjà dit, les accroissemens de pressions qui se produisent dans le fluide auprès du plan influent sur les vitesses dans les filets, si ceux-ci ne restent pas dans des couches d'égales pressions, condition qui ne peut être exactement remplie, surtout au centre de la veine à l'origine de la déviation. Enfin, l'autre supposition sur les déviations ne peut être non plus très exacte. Nous n'emploierons donc la formule que ces hypothèses fournissent que parce que, comme on le verra plus loin, ses conséquences s'accordent assez bien avec l'expérience.

Occupons-nous maintenant de la diminution de pression sur le revers du plan. Pour y arriver, traitons en premier lieu le cas où, l'atmosphère étant immobile, le plan, d'abord en repos, vient tout à coup à quitter sa position avec une vitesse u perpendiculaire à sa surface.

Dans ce cas l'espace que le plan abandonne par-derrière, et où le vide se ferait si l'air ne se mettait en mouvement, sera rempli par la tranche de fluide qui touchait le plan. A cause de la grandeur de la pression atmosphérique et du peu de temps qu'il lui faut pour donner à l'air dans le vide une vitesse égale à celle du plan, cette tranche prendra immédiatement cette même vitesse perpendiculairement à la surface du plan. Les autres particules d'air environnant le contour de ce plan n'auront pas le temps de venir immédiatement dans cette tranche vide très mince ; celle-ci ne sera remplie que par les particules qui touchaient le plan l'instant d'auparavant. Ces particules abandonnent à leur tour un espace qui sera remplacé aussi presque en totalité par l'air qui était derrière, et ainsi de suite, en sorte qu'il commencera à s'établir un courant continu. Cependant celui-ci s'éteindra assez près du plan, comme nous l'expliquerons tout à l'heure.

Si l'on conçoit maintenant une très grande masse d'air limitée à une enveloppe fictive dont le plan fasse partie à l'instant où il commence à se mouvoir, celui-ci, en prenant sa vitesse, déterminera l'écoulement de l'air contenu dans ce réservoir, comme il se ferait par un orifice que ce plan aurait tenu fermé; la vitesse de cet écoulement devra nécessairement être égale à celle de ce plan. L'enveloppe fictive du réservoir étant assez étendue pour que les vitesses absolues des particules d'air qu'elle touche soient presque nulles, la pression contre cette enveloppe sera sensiblement égale à la pression atmosphérique, à l'exception d'une petite portion qui environne de très près l'orifice. La vitesse de l'écoulement atteignant instantanément celle du plan qu'elle ne peut plus dépasser, les vitesses dans le réservoir, déjà très faibles, ne changeront pas sensiblement, puisque cet écoulement ne s'accélère pas. Le mouvement pourra donc être considéré comme permanent. En désignant toujours par p la hauteur de la colonne d'eau qui produit la pression contre le plan, c'est-à-dire dans la veine d'écoulement, par P la hauteur analogue pour la pression atmosphérique qui agit sur l'enveloppe du réservoir pendant qu'elle se contracte insensiblement, par u la vitesse du plan, et par π et ϖ les poids d'unité de volume de l'eau et de l'air; on aura la relation établie à l'article (90), en y remplaçant la pression p_0 dans le réservoir par la pression atmosphérique P, et en regardant p comme la pression dans la veine d'écoulement ou contre le plan. Ainsi on peut poser

$$\pi \log\left(\frac{P}{p}\right) = \frac{\varpi}{P}\frac{u^2}{2g}.$$

Mais comme $\log\left(\frac{P}{p}\right)$ est très petit, on peut le remplacer par $\frac{P-p}{p}$, ou par $\frac{P-p}{P}$, qui en diffère peu, puisque P et p diffèrent peu entre eux; on a donc

$$\pi(P-p) = \varpi\frac{u^2}{g}.$$

Si l'on appelle B la superficie du plan, $\pi B(P-p)$ sera la diminution de pression totale due à son mouvement; on a donc

$$\pi B(P-p) = \varpi B\frac{u^2}{2g};$$

c'est-à-dire que, théoriquement, la diminution totale de pression contre le revers du plan est égale au poids d'une colonne d'air, à la densité atmosphérique, qui aurait pour base la superficie du plan, et pour hauteur celle qui est due à la vitesse de ce plan.

Voyons maintenant comment cette pression se continue pendant le mouvement, et comment le phénomène présente toujours les circonstances nécessaires à l'application de la formule ci-dessus. S'il s'établissait un courant derrière le plan, comme cela arriverait dans un tuyau de conduite où ce plan formerait la base d'un piston mobile qui reculerait pendant que le réservoir qui fournit le courant resterait à la même place, il n'y aurait aucune difficulté; la pression resterait sur le plan ce qu'elle reste dans le tuyau où la vitesse est constante, et la formule ci-dessus serait très exactement applicable à tous les instans. Mais le courant d'air ne pouvant exister derrière le plan qu'en vertu d'une diminution de pression, l'air extérieur qui l'enveloppe ne laissera pas subsister long-temps, ni cette diminution de pression, ni ce courant qu'elle détermine; il rétablira la pression de l'atmosphère et anéantira à mesure les vitesses. En même temps cet air se réunira à celui qui entretient l'écoulement contre le plan, de manière qu'il viendra à son tour passer dans la veine d'écoulement. Il s'établira ainsi une permanence de vitesses et de densité, par rapport au plan, de manière qu'à chaque instant ces deux élémens reprendront les mêmes valeurs, aux mêmes distances du plan. Alors l'espèce de réservoir que nous avons considéré devra s'appliquer, à chaque instant, à des particules qui ne seront pas les mêmes; il faudra concevoir qu'il se déplace dans l'espace, toutefois sans qu'il en résulte, pour les particules d'air qui le composent, d'autres vitesses que celles que comporte à chaque instant l'écoulement stable, dans un réservoir immobile. Il se présentera ici, comme dans les ondes, un déplacement du lieu géométrique où se produisent certaines vitesses, sans qu'il y ait, pour cela, un transport des particules matérielles autre que le petit déplacement qui résulte des vitesses qui ont lieu dans la petite étendue où elles sont sensibles. On peut encore comparer ce qui aura lieu ici, par l'effet du mouvement du plan, à ce qui se produirait si l'orifice d'un réservoir était pratiqué dans une plaque glissant dans des coulisses, pratiquée contre une paroi, et que l'orifice fût continuellement déplacé. Alors, si le temps nécessaire pour que l'écoulement arrive à la permanence est si petit que l'orifice ne se soit pas sensiblement dérangé pendant ce temps, l'écoulement se fera comme si celui-ci ne se déplaçait pas. C'est ce qui aura lieu aussi dans le cas qui nous occupe, la vitesse permanente de l'écoulement se produisant instantanément, le déplacement de l'orifice n'empêchera pas l'application de la formule de l'écoulement permanent.

Maintenant, si nous voulons en venir à considérer le plan mobile comme ne se mouvant pas seulement perpendiculairement à sa direction, mais comme se déplaçant encore dans le sens de sa surface, de manière que la vitesse fasse un angle α avec cette surface ; ce second déplacement du réservoir et de l'orifice n'empêchera pas davantage l'application de la formule sur la pression derrière le plan. Seulement, il faut faire attention que l'air qui se précipite dans la tranche que le plan abandonne à chaque instant prendra toujours une vitesse perpendiculaire à sa surface, puisque, si l'on néglige les frottemens devant les pressions considérables que reçoivent toutes les particules d'air qui le touchent, celles-ci sont dirigées normalement à ce plan. Ainsi l'écoulement, que nous assimilons à celui qui se fait par un orifice, se produira avec la vitesse qu'a le plan, perpendiculairement à sa surface, c'est-à-dire avec la vitesse $u \sin \alpha$. La diminution totale de pression contre le plan sera donc

$$\varpi B \frac{u^2 \sin^2 \alpha}{2g}.$$

Si, maintenant, on revient au cas où ce n'est plus le plan qui est mobile, mais l'air seul, qui vient le rencontrer avec une vitese u faisant un angle α avec sa surface, on remarquera, comme nous l'avons dit, que la pression ne peut être changée en communiquant à l'air et au plan une vitesse égale et opposée à celle du plan ; alors ce dernier sera immobile, et l'air viendra le rencontrer avec une vitesse u faisant un angle α avec sa surface. La dépression, dans ce dernier cas, sera donc toujours

$$\pi B \frac{u^2 \sin^2 \alpha}{2g}.$$

Si l'on ajoute à cette expression celle que nous avons donnée, comme assez approximative, pour la pression sur l'autre côté du plan, où il reçoit l'action du vent, savoir, $\varpi B \frac{u^2 \sin^2 \alpha}{g}$, on aura pour la pression totale

$$\frac{3\pi B u^2 \sin^2 \alpha}{2g}.$$

En comparant cette expression aux résultats des expériences de Borda, pour de petites surfaces de quelques pouces carrés, cette valeur serait trop forte de moitié environ. Cela doit tenir surtout à l'expression de la pression du côté du vent, qui suppose que les filets quittent le plan dans la direction de sa surface : cette hypothèse, qui devient inexacte au contour, doit s'appliquer beaucoup moins aux petites surfaces. Mais nous verrons que, pour les ailes d'un moulin à vent, cette formule nous fournira, pour le travail, des valeurs assez approchées de ce que donne l'expérience.

(93) Pour déduire de l'expression précédente le travail reçu par le plan, quand il est mobile en même temps que l'air, et qu'il possède une vitesse v dans une direction quelconque, faisant un angle β avec celle du vent, on cherchera d'abord la pression normale au plan, en ramenant celui-ci au repos. Pour cela, on concevra qu'on lui communique, ainsi qu'à l'atmosphère, une vitesse égale et opposée à celle qu'il a, afin de le rendre ainsi immobile. Alors la vitesse de l'air deviendra la résultante des deux vitesses u et v, sa valeur sera $\sqrt{u^2+v^2}$, et le sinus de l'angle qu'elle fait avec le plan sera $\frac{u\sin\alpha - v\sin\beta}{\sqrt{u^2+v^2}}$. On remplacera donc, dans la formule précédente, u^2 par u^2+v^2, et $\sin^2\alpha$ par $\frac{(u\sin\alpha - v\sin\beta)^2}{u^2+v^2}$; on aura ainsi, pour la pression,

$$\frac{3\varpi B}{2g}(u\sin\alpha - v\sin\beta)^2.$$

Pour avoir le travail transmis au plan dans l'unité de temps, il suffira de prendre la composante de cette force dans le sens de la vitesse v, et de multiplier cette composante par l'espace parcouru dans cette unité de temps, c'est-à-dire par cette vitesse; on aura ainsi

$$\frac{3\varpi B}{2g}(u\sin\alpha - v\sin\beta)^2\, v\sin\beta.$$

Telle est l'expression approximative du travail que reçoit un plan mobile par l'effet du vent : u désignant ici la vitesse de ce vent, v celle du plan, α et β les angles que font ces vitesses avec ce plan, B sa superficie, et ϖ le poids de l'unité de volume de l'air.

Si le plan se meut dans la direction du vent, on a $\beta=\alpha$, et le travail devient

$$\frac{3\varpi B}{2g}(u - v)^2 \sin^2 \alpha.$$

Si ce même plan se meut perpendiculairement à la vitesse du vent, on a $\sin \beta = \cos \alpha$, et le travail qu'il reçoit dans l'unité de temps devient

$$\frac{3\varpi B}{2g}(u \sin \alpha - v \cos \alpha)^2 v \cos \alpha.$$

C'est cette dernière expression que nous emploierons pour les élémens d'une aile de moulin à vent.

CHAPITRE IV.

Distinction entre les parties qui composent les machines destinées à opérer un effet continu. — Théorie des volans. — Des moyens de recueillir des moteurs le travail qu'ils mettent à notre disposition; 1°. pour les chutes d'eau; 2°. pour les hommes et les animaux; 3°. pour la chaleur employée à former de la vapeur; 4°. pour l'action du vent. Des conditions à remplir pour retirer la plus grande quantité de travail possible de chacun de ces moteurs. Valeurs numériques connues jusqu'à présent pour ces quantités au *maximum*. — Comment il faut établir les bases des marchés sur les moteurs. — Des moyens mécaniques de mesurer le travail. — Des expériences sur les pertes de travail dans les renvois de mouvement. — Des différens effets utiles; comment on peut les opérer avec plus ou moins de dépense de travail. Distinction entre les pertes qui tiennent à ces effets et celles qui n'y tiennent pas. — Des moyens d'évaluer par expérience les quantités de travail qu'exigent les différens effets utiles. — Nombres approximatifs pour quelques-unes de ces quantités.

(94) Les machines dans lesquelles on doit considérer l'économie du travail sont celles qui ont pour but d'opérer un effet ou une fabrication qui se répète indéfiniment; telles sont celles dont le mouvement est entretenu par les courans d'eau, par la vapeur, par le vent, ou par les animaux travaillant d'une manière continue. Il est clair que, dans ces machines, la moindre perte de travail se reproduisant sans cesse, et venant en déduction des quantités d'ouvrage exécutées, on a beaucoup d'intérêt à éviter ces pertes. Il n'en serait pas ainsi d'une machine destinée à se mouvoir rarement, ou à ne jamais employer qu'une très faible quantité de travail.

La plupart des machines destinées à une fabrication continue peuvent se diviser en trois parties qu'on étudie presque séparément : 1°. la partie destinée à recueillir le plus de travail possible de la source qui le fournit, et à rendre ce travail facilement transmissible; 2°. la partie destinée à le transmettre sur des outils destinés à exécuter l'effet utile qu'on veut obtenir; 3°. enfin, ces outils eux-mêmes.

L'étude de la partie de la machine destinée à recueillir le travail de sa première source est principalement du domaine de la Dynamique. L'étude de la partie destinée à transmettre le mouvement est principalement du ressort de la Géométrie; néanmoins, sous le rapport des moyens de diminuer les frottemens et les ébranlemens qui absorbent ou détournent le travail, elle est aussi du domaine de la Mécanique. Enfin, l'étude des outils tient à celle de l'art de la fabrication; elle n'est pas ordinairement du ressort de la Mécanique.

Ces trois parties n'ont pas de points de démarcation bien déterminés; elles n'existent pas dans toutes les machines, elles se confondent quelquefois pour ne présenter que deux ou même qu'une de ces parties; mais il est bon en théorie de les considérer chacune isolément. Ce sera surtout à la première partie que nous appliquerons des considérations théoriques pour en déduire les principes qui doivent guider dans sa construction.

(95) Avant de nous en occuper, nous parlerons d'un accessoire qu'on ajoute, tantôt à l'une, tantôt à l'autre de ces parties d'une machine, et qui a pour but d'empêcher que certaines vitesses de rotation autour d'axes fixes ne varient trop lorsque le travail moteur ou le travail résistant ne croissent pas également. Nous verrons tout à l'heure, quand nous parlerons des moyens de recueillir le travail de différens moteurs, quel avantage on trouve à empêcher les variations trop sensibles dans les vitesses de rotation de certains axes. Sans entrer pour le moment dans aucun développement à ce sujet, nous ne nous occuperons d'abord que des moyens d'atteindre à ce but.

Supposons d'abord, pour le cas le plus simple, que les vitesses des différentes parties de la machine conservent entre elles les mêmes rapports pendant le mouvement, en sorte que la vitesse d'un certain point étant v, celles des autres points soient représentées par av, a étant un coefficient qui ne varie pas avec le temps, mais qui dépendra du point de la machine dont av exprime la vitesse. La somme des forces vives $\Sigma \frac{pv^2}{2g}$ deviendra

$$\frac{v^2}{2} \Sigma \frac{Pa^2}{g}.$$

La quantité $\Sigma \frac{pa^2}{1g}$ dépend, et des rapports entre les vitesses par la construction de la machine, et du choix du point dont la vitesse v a été prise pour terme de comparaison. Dans le cas, par exemple, où l'on aurait trois systèmes de rotation se communiquant leur mouvement par des roues dentées, de manière que les vitesses angulaires soient dans le rapport des nombres m, n, p, si la vitesse v se rapporte à un point qui est à une distance R de l'axe du premier système, on aura, en appelant k, k', k'', les momens d'inertie autour des trois axes de rotation,

$$\Sigma \frac{pa^2}{g} = \frac{1}{R^2} \left(k + \frac{n^2}{m^2} k' + \frac{p^2}{m^2} k''\right).$$

Posons l'équation des forces vives, en prenant les intégrales depuis l'instant où la vitesse a une valeur v_0 qu'on veut conserver le plus possible. Nous aurons, en désignant toujours par $\int Pds$ le travail moteur, par $\int P'ds'$ le travail résistant, et par v la vitesse à la fin du temps que l'on considère,

$$\Sigma \int Pds - \Sigma \int P'ds' = \frac{1}{2} (v^2 - v_0^2) \Sigma \frac{pa^2}{g}.$$

Si les deux quantités $\Sigma \int Pds$, $\int P'ds'$ croissaient également à partir d'un certain instant, la vitesse v, seule quantité variable avec le temps dans le second membre, ne varierait plus à partir de cet instant. Mais dans beaucoup de machines les quantités de travail moteur et résistant, $\Sigma \int Pds$, $\Sigma \int P'ds'$ ne croissent pas également : l'une des deux, par exemple, peut varier d'une manière discontinue, tandis que l'autre peut croître avec uniformité, en sorte que leur différence varierait comme les différences des ordonnées de deux courbes, dont l'une marche par ressauts, et dont l'autre est sensiblement une ligne droite. Toutes les deux peuvent aussi croître d'une manière discontinue, mais sans se suivre, en sorte que leur différence change continuellement de valeur. Cette variation dans le premier membre de l'équation ci-dessus en apporte une dans la valeur de la vitesse v ; mais il est important de remarquer que ce changement sera d'autant plus petit par rapport à v, que le coefficient Σpa^2 sera plus grand. On pourra toujours, en augmentant les masses en mouvement, et surtout celles qui ont le plus de vitesse, rendre ce coefficient assez grand pour qu'une variation donnée dans le premier membre ne fasse changer v que d'une fraction donnée. Il en est ici du changement de la vitesse à peu près comme du changement du niveau dans un bassin où de l'eau entre par une ouverture supérieure et sort par une ouverture inférieure. Le liquide entrant ou sortant inégalement, le réservoir ne restera pas également plein ; mais si sa capacité est considérable par rapport aux inégalités entre les quantités d'eau qu'il reçoit et qu'il laisse sortir, la hauteur de l'eau variera d'une manière peu sensible. On peut comparer l'eau qui entre dans le réservoir au travail moteur; l'eau qui sort, au travail résistant; l'eau contenue, à la somme des forces vives, c'est-à-dire au travail disponible; et enfin la hauteur du liquide dans le réservoir, à la vitesse v d'un des points de la machine. Cette analogie est propre à rendre sensible cette proposition, que plus la somme des forces vives est grande, et moins sont sensibles les changemens de vitesses dus aux inégalités entre les accroissemens du travail moteur et du travail résistant.

Voyons comment on peut calculer les écarts de la vitesse v, et comment on peut faire en sorte qu'ils soient renfermés dans des limites données. Désignons par D la plus grande inégalité qui puisse avoir lieu entre le travail moteur et le travail résistant à partir d'un instant où la vitesse v a une valeur v_0 qu'on veut tâcher de conserver, et représentons par $\frac{v_0}{n}$ la fraction de la vitesse v_0 qui forme le plus grand accroissement qu'on veuille laisser prendre à cette vitesse. L'équation des forces vives donnera

$$D = \frac{1}{2}\left\{\left(v_0 + \frac{v_0}{n}\right)^2 - v_0^2\right\} \Sigma \frac{pa^2}{g},$$

ou bien
$$D = \frac{v_0^2}{2}\left(\frac{2}{n} + \frac{1}{n^2}\right) \Sigma \frac{pa^2}{g}.$$

On voit donc que si l'on se donne, d'une part, la vitesse v_0 et la fraction $\frac{v_0}{n}$ qui doit limiter ses écarts, et de l'autre, la plus grande variation D entre les accroissemens des quantités de travail moteur et de travail résistant, on en conclura le coefficient Σpa^2. Plus la fraction $\frac{1}{n}$ devra être petite, et plus ce coefficient devra être grand.

Comme on peut négliger ordinairement la fraction $\frac{1}{n^2}$, il suffira, dans la pratique, de poser l'équation

$$D = \frac{v_0^2}{n} \Sigma \frac{pa^2}{g}.$$

Pour satisfaire à cette condition, on ajoute à la machine ce qu'on appelle un volant ou régulateur, c'est-à-dire un corps tournant autour d'un axe, et donnant une grande valeur à $\Sigma \frac{pa^2}{g}$. Pour que cette quantité soit la plus grande possible, il faudra mettre ce volant autour de l'axe qui tourne le plus vite, et faire en sorte que la masse qui le forme soit disposée de manière à avoir un grand moment d'inertie par rapport à l'axe de rotation.

Supposons maintenant que la construction de la machine soit telle, que les vitesses de quelques-uns des corps qui la composent ne puissent conserver des rapports constans avec les autres vitesses, comme cela arrive lorsqu'il y a des mouvemens de va-et-vient; alors il est clair que ce n'est que pour l'ensemble des corps susceptibles de conserver des vitesses uniformes que l'on peut régulariser le mouvement et rendre les vitesses sensiblement constantes en ajoutant un volant. Dans ce cas, lors même que le travail moteur et le travail résistant croîtraient toujours également, et que par suite la somme totale des forces vives ne changerait pas, comme une partie des vitesses ne peuvent rester uniformes, et que la portion de la somme des forces vives qui correspond à ces vitesses croîtra et diminuera alternativement, il faudra bien que l'autre portion de la somme des forces vives, pour le reste de la machine, diminue ou croisse en sens contraire. Cette dernière étant exprimée par $\frac{v^2}{2} \Sigma \frac{pa^2}{g}$, la vitesse v d'un certain point de cette partie de la machine devra varier. On rendra toujours, dans ce cas, les variations d'autant plus petites qu'on augmentera davantage le coefficient $\Sigma \frac{pa^2}{g}$; ce qu'on fera de même en ajoutant un volant dont la vitesse croisse et décroisse avec v.

Si l'on compare toujours le travail moteur à l'eau qui entre dans un bassin, le travail résistant à celle qui en sort, et la force vive de toute la portion de la machine susceptible de prendre des vitesses constantes à l'eau qui est contenue dans ce réservoir; il faudra supposer, dans le cas dont nous nous occupons, que le réservoir communique avec un cylindre rempli d'eau dont le niveau est forcé de varier par le mouvement de va-et-vient d'un piston; le volume variable de l'eau contenue dans le cylindre représentera la force vive de la partie de la machine dont les vitesses ne peuvent rester constantes quand les autres le seraient. Ici, lors même que l'eau qui entre dans le réservoir serait à chaque instant égale à celle qui en sort, le changement de niveau qui doit arriver forcément dans le cylindre en amènerait un plus ou moins sensible dans ce réservoir. Mais plus sera grande la capacité de ce dernier, qu'on veut comparer au coefficient $\Sigma\frac{pa^2}{g}$ pour la partie de la machine qu'on veut régler, et moins le niveau de l'eau, qu'on peut comparer à la vitesse v, changera sensiblement par le jeu alternatif du piston.

En ajoutant un volant à la machine, on peut, dans ce cas comme dans le précédent, resserrer les écarts de la vitesse v à moins de la fraction $\frac{1}{n}$ de ce qu'elle est. Pour s'assurer que l'on a satisfait à cette condition par de certaines dimensions données à ce volant, on prendra d'abord pour cette vitesse une limite qu'on saura être supérieure aux valeurs qu'elle peut prendre; ce qui sera toujours facile, comme on le concevra mieux quand nous aurons parlé de l'emploi des moteurs. En partant de cette limite, on trouvera facilement la force vive qu'elle entraîne pour le système de va-et-vient, dans la position où celui-ci en a le plus. Comme on suppose que, dans ce cas, la somme totale des forces vives de toutes les parties de la machine ne varie pas, on aura ainsi une limite supérieure pour la variation relative à la partie qu'on veut régler. En appelant D cette limite, on aura approximativement, pour une vitesse quelconque v_0,

$$D > \frac{1}{2}\left[\left(v_0 + \frac{v_0}{n}\right)^2 - v_0^2\right]\Sigma\frac{pa^2}{g},$$

ou bien approximativement

$$D > \frac{v_0^2}{n}\Sigma\frac{pa^2}{g}.$$

En sorte que si cette inégalité laisse la fraction $\frac{1}{n}$ trop grande pour les plus petites valeurs de v_0 qu'on peut prévoir, on disposera le volant de manière qu'il augmente le coefficient $\Sigma \frac{pa^2}{g}$.

Supposons enfin que l'on ait à considérer à la fois dans une même machine les deux circonstances qui influent sur la variation de la vitesse qu'on veut régler, savoir, l'inégalité dans les accroissemens des quantités de travail, et les alternatives obligées dans les forces vives du système de va-et-vient. Pour suivre la comparaison avec le réservoir d'eau, il faudra supposer des inégalités entre les quantités de liquide qui y entrent et celles qui en sortent, pendant que, d'une autre part, le jeu d'un piston, dans un cylindre qui est en communication avec le bassin, ajoute et retire périodiquement de l'eau et contribue à changer le niveau qu'on voudrait rendre sensiblement constant.

Pour trouver approximativement dans la pratique une limite à la variation de la vitesse qu'on veut rendre constante, et pour s'assurer ainsi qu'elle ne changera pas trop, on pourra supposer le cas le plus défavorable, c'est-à-dire celui où les deux causes de variation influent dans le même sens sur la force vive de la partie de la machine qu'on veut régler. On cherchera d'abord le plus grand changement que peut produire la variation de force vive, on y ajoutera celle qui provient des plus grandes inégalités d'accroissement entre le travail moteur et le travail résistant, et en se servant de cette somme comme nous avons fait précédemment avec la quantité D, on aura toujours moyen de disposer le volant pour que la vitesse à régler ne varie pas d'une fraction donnée. Ces calculs approximatifs suffiront dans la pratique, et n'offriront pas de difficultés dans leurs applications.

(96) Nous allons examiner maintenant dans les machines la partie qui est destinée à recueillir le plus de travail possible du moteur. Elle exige pour chaque espèce de moteur une étude particulière, qui deviendrait fort longue si l'on voulait entrer dans tous les détails de construction. Nous ne nous en occuperons ici que pour donner des principes généraux sur l'économie du travail, et pour établir quelques règles qui résultent de ces principes.

Nous allons examiner successivement les appareils destinés à recueillir le travail et à le transmettre à une roue d'engrenage quelconque, lorsqu'on le tire, 1°. des courans d'eau, 2°. des hommes et des animaux, 3°. de la vapeur, 4°. des courans d'air.

(97) Occupons-nous d'abord de l'emploi du travail que fournissent les courans d'eau. Nous donnerons un peu plus de détails sur ce moteur que sur les autres, d'abord, parce qu'il est le plus commun, et en outre, parce que plusieurs des considérations dans lesquelles nous entrerons s'appliqueront ensuite aux autres moteurs.

L'eau qui coule dans une rivière ou dans un canal reçoit de la gravité un travail dont la mesure est le poids de cette eau multiplié par la hauteur verticale dont est descendu son centre de gravité. Ce travail serait tout employé à accroître continuellement la vitesse du fluide sans les forces résistantes produites par les frottemens qui l'absorbent en entier. Une fois qu'il n'y a plus d'accroissement de vitesses dans le courant, et que la rivière ou le canal a pris ce qu'on appelle un régime, c'est-à-dire une vitesse constante, on peut dire que le travail dû au poids de l'eau qui se rend des terres à la mer est employé à opérer ce transport en surmontant les frottemens qui en résultent, de même que le tirage des chevaux opère celui des marchandises sur les routes. Ce travail qu'exige le transport de l'eau est d'autant plus considérable que la vitesse est plus grande, puisque les frottemens augmentent avec la rapidité du courant. Il en résulte que, pour obtenir une certaine vitesse, il faut une pente qui produise un travail suffisant. Le courant fournissant une quantité d'eau déterminée, la section de la rivière dépend de la vitesse ; lors donc qu'on a la faculté d'augmenter cette section, soit en tenant les eaux plus hautes dans leur lit, soit en les laissant s'étendre en largeur, on peut diminuer la vitesse, et dès lors diminuer aussi la pente nécessaire pour fournir le travail que doivent absorber les frottemens. C'est ce qu'on fait à l'aide des retenues ou barrages : ils économisent une portion du travail qui serait perdu par l'accroissement de frottemens que produirait une vitesse plus grande qu'il n'est nécessaire, et cette portion économisée se transmet à des usines où elle est employée à diverses fabrications. Mais une fois que la pente est devenue très faible, on accroîtrait dans une proportion énorme les inondations, si l'on voulait la diminuer encore pour économiser une très petite quantité de travail; on ne peut donc jamais disposer au plus, dans un jour, que d'un travail égal au produit du poids de l'eau que fournit la rivière dans ce temps, multiplié par la hauteur verticale dont on peut diminuer la pente totale sans rendre la section par trop grande et sans produire des inondations. Ainsi, chaque localité fixe une limite pour le travail qu'on peut rendre disponible dans une rivière.

Il faut remarquer qu'un courant d'eau ne peut pas fournir, même en théorie, tout le travail qui est dû à la hauteur dont on peut diminuer la pente; car à chaque barrage où l'on établira une machine destinée à recueillir le travail dû à la chute qu'il forme, il faudra que toute l'eau de la rivière entre dans la machine et en sorte ensuite sans occuper immédiatement un espace aussi grand que celui de la rivière; conséquemment il faudra qu'elle prenne pour sortir de cette machine une vitesse plus grande que celle qu'elle avait dans la rivière. Or, ces accroissemens de vitesse exigent l'emploi d'une certaine portion de travail, qui est ensuite perdue dans le courant par les frottemens. On rend cette portion la plus petite possible, en ne resserrant pas trop l'espace par lequel se fait cette sortie; mais on perd toujours ainsi quelques décimètres de chute. Comme cette hauteur perdue peut varier dans les différentes machines, et que c'est une perfection à atteindre que de la diminuer, il convient, quand on veut apprécier ces machines, de comparer le travail qu'elles recueillent à celui qui est dû à la chute totale : celle-ci se mesurera en prenant la distance verticale qui sépare les surfaces des deux courans à quelque distance au-dessus et au-dessous du barrage, là où la rivière a un cours réglé.

(98) Il est bon de remarquer que, lorsqu'on parle du plus ou du moins de travail disponible par la chute d'eau que forme un courant, on sous-entend que ce travail est calculé pour un temps donné, par exemple, pour une journée. Un cours d'eau qui descend, étant une source indéfinie de travail, il faut, pour donner une idée de cette source, énoncer ce qu'elle produit dans une certaine unité de temps, comme dans une seconde ou dans 24 heures. Il y a ici analogie entre l'évaluation d'une source de travail et celle d'une source d'eau. Quand on évalue le produit d'une fontaine, on le fait par le moyen de l'eau qu'elle peut fournir dans un temps donné. On emploie quelquefois pour cela une certaine unité qu'on appelle *pouce de fontainier*. On pourrait prendre une unité analogue pour les sources continues de travail : tel serait un nombre exact d'unité de travail fournies dans un certain temps. Mais au reste il ne paraît pas très nécessaire d'introduire encore un nouveau mot, dont on peut toujours se passer en énonçant le travail fourni par jour, ou par heure, ou par seconde.

Ce serait peut-être trop que d'introduire deux dénominations nouvelles, et alors la préférence doit être donnée à l'unité absolue plutôt qu'à l'unité de produit continu : cette seconde peut s'exprimer plus facilement au moyen de la première, que celle-ci ne pourrait s'énoncer au moyen de l'autre. Il en est des unités de travail comme de celles des capacités des liquides : on se passerait plutôt du pouce de fontainier, comme unité de produit continu, que de la pinte ou du litre, comme unités absolues. Nous ne serions donc pas de l'avis de quelques géomètres, qui avaient proposé de consacrer le mot *dyname* à l'unité d'une source continue de travail, sans donner de nom à l'autre unité. On peut d'ailleurs conserver, pour la première, la dénomination en usage de *force d'un cheval;* nous en expliquerons le sens un peu plus loin, en parlant du travail du cheval.

(99) Les moyens le plus en usage pour recueillir le travail dû au poids de l'eau qui descend d'un courant supérieur à un courant inférieur, sont les roues à augets et les roues à aubes ou à palettes. Dans les roues à augets, on tire l'eau du bief par sa superficie, et on la fait arriver sur la roue avec peu de vitesse; elle entre dans des seaux ou augets qui la descendent lentement, pendant qu'elle leur transmet le travail dû à son poids. Dans les roues à aubes ou à palettes, on tire l'eau de la retenue par un orifice inférieur; ce liquide arrivant sur les aubes avec la vitesse due à la chute, produit sur cette roue une partie du travail total qu'il peut transmettre, c'est-à-dire de sa force vive.

Nous ferons remarquer que les termes d'*augets* et d'*aubes* ou *palettes* n'ont point de distinction bien prononcée. Pour nous conformer à l'usage, et pour éviter tout embarras à ce sujet, nous appellerons *augets* ce qui est destiné à recevoir l'eau dans les roues où elle agit principalement par son poids, et nous appellerons *aubes* et *palettes* ce qui est destiné à recevoir l'eau quand elle n'agit que par la vitesse acquise : les palettes sont de simples plans; les aubes sont plutôt des surfaces recourbées, ou des espèces de vases ou canaux où le courant entre et sort facilement. On emploie quelquefois ces deux dernières dénominations l'une pour l'autre.

Pour transmettre le travail d'une chute d'eau, on a imaginé encore d'autres systèmes que les roues à augets et que les roues à aubes ou à palettes; mais ils rentrent tous, soit dans le premier mode, où l'on fait agir l'eau par son poids, en ne lui laissant acquérir que très peu de vitesse, soit dans le second, où le travail dû à la descente de l'eau commence par s'accumuler sur ce liquide, pour lui donner une certaine vitesse, qu'il perd ensuite, en grande partie, en transmettant à la machine une quantité de travail dont le *maximum* théorique a pour mesure la force vive qu'il possède. On peut combiner aussi des dispositions qui participent de ces deux systèmes; mais l'étude que nous ferons de ceux-ci suffira pour mettre en état d'apprécier facilement toutes les autres combinaisons.

(100) Occupons-nous d'abord des roues à augets, c'est-à-dire de celles où l'eau est reçue avant d'avoir acquis une grande vitesse, pour agir par son poids pendant qu'elle descend; examinons, en premier lieu, ce qu'on peut reconnaître sans calculs.

Il est clair que le travail qui est transmis aux augets sera d'autant plus grand qu'ils recevront une plus grande partie de l'eau qui descend, et que celle-ci y entrera avec moins de vitesse relative par rapport aux augets, puisque c'est cette vitesse relative qui donne lieu aux pertes de travail dues aux bouillonnemens, aux frottemens et aux ébranlemens que la roue peut prendre et communiquer au sol environnant. On voit aussi évidemment que l'eau quittant les augets avec la vitesse de ceux-ci, possédera encore une certaine force vive, et n'aura pas transmis tout le travail dû à la chute. Conséquemment, il faudra donner à la roue le moins de vitesse possible; il suffit que l'eau de la rivière puisse s'écouler en passant ainsi par les augets. Si donc on a plus d'eau à y faire passer, il vaudra mieux donner plus de largeur à ces augets que d'augmenter leur vitesse. Il ne faudra pas non plus donner trop d'épaisseur à la lame d'eau qu'ils reçoivent, parce qu'il y aurait une différence trop sensible entre les vitesses du dessus et du dessous de cette lame, et qu'il en résulterait des frottemens et des ébranlemens plus sensibles à son entrée dans ces augets. Comme l'eau qui arrive sur la roue doit passer dans un espace que les localités limitent ordinairement, il faut bien qu'elle ait une certaine vitesse. Pour profiter le plus possible de celle-ci, comme nous l'expliquerons tout à l'heure, on fait arriver l'eau un peu au-dessous du centre de la roue, au point où la direction de la vitesse des augets est à peu près celle de la lame qui vient les rencontrer. Il faut avoir aussi le soin d'emboîter la roue dans un canal qui empêche qu'une partie de l'eau fournie par le bief ne coule dans le coursier sans entrer dans les augets. Il est clair, en effet, que ce liquide, qu'ils ne reçoivent pas, ne peut transmettre aucun travail à la roue, et que celui qui en sort avant d'être arrivé au bas de la chute ne transmet pas tout le travail qu'il reçoit de la gravité, et qu'il aurait pu communiquer.

Le poids de l'eau que fournit la chute, et qui entre dans les augets, produira, par sa descente du bief supérieur au bief inférieur, une quantité de travail qui se partagera en deux parties : une portion sera employée à donner à l'eau qui arrive sur la roue une certaine force vive ; l'autre sera transmise aux augets, pendant qu'ils descendent avec le liquide. La première portion, c'est-à-dire la force vive qu'a l'eau à son entrée dans l'auget, se partagera en trois parties : une première sera perdue en bouillonnemens de l'eau et en ébranlemens de l'auget et de la roue; une seconde sera transmise à cet auget et produira un certain travail moteur, que la roue transmettra en outre de celui qui sera dû au poids de cette eau, pendant qu'elle reste dans l'auget ; enfin, une troisième sera la force vive qui restera à l'eau en quittant l'auget. Il est clair que, de ces trois parties, une seule sera employée utilement, les deux autres seront perdues sans profit : il faut donc chercher à rendre la somme de ces deux pertes aussi petite que possible. Or, pour cela, il suffit de faire tourner la roue le plus lentement possible, et de faire entrer l'eau dans l'auget avec une faible vitesse. Mais on ne peut pas diminuer cette dernière vitesse indéfiniment, car il faut bien que l'eau fournie par la rivière, ou au moins que celle qu'on veut user par minute, par exemple, passe dans une certaine ouverture pour arriver dans les augets ; dès lors il y a, suivant les localités, une vitesse qui est un *minimum*. Plus cette ouverture sera grande, c'est-à-dire plus la roue à augets sera large, et moins il y aura de travail perdu ; mais comme les économies de travail ne portent plus que sur peu de chose, une fois qu'on a réduit la vitesse à un certain *minimum*, et qu'il en coûterait plus alors en frais de construction, pour augmenter la largeur de la roue et du coursier, qu'on ne gagnerait à économiser une petite fraction de travail, on s'arrête à ce terme.

On doit donc se proposer cette question : lorsque la vitesse de l'eau qui arrive dans les augets est déterminée, quelle vitesse faut-il donner à la roue pour qu'elle reçoive le *maximum* de travail, c'est-à-dire pour que les deux pertes dont nous venons de parler soient un *minimum*? Après avoir traité d'abord cette question pour le travail transmis immédiatement aux augets ou à la roue qui les porte, nous reviendrons plus loin au cas où le travail qu'on veut rendre un *maximum* est celui que peut fournir une roue intérieure, ou telle autre partie de la machine, recevant son mouvement par des renvois plus ou moins compliqués, qui font perdre encore une portion du travail.

(101) Supposons les augets assez peu profonds, et la lame d'eau assez mince pour qu'on puisse regarder comme égales toutes les vitesses des différens points de ces augets, ainsi que celles des différentes particules d'eau qui y entrent. Nous admettrons aussi qu'à cause de la grande masse de la roue et des systèmes mobiles qu'elle fait marcher, la vitesse de rotation de cette roue reste très sensiblement constante, de telle sorte qu'on puisse assimiler les augets à des vases ayant un mouvement uniforme. Désignons par u les vitesses communes à toutes les particules d'eau, par v la vitesse de l'auget, par α l'angle de ces deux vitesses, et par P le poids de l'eau qui s'écoule pendant l'unité de temps. Une portion de la force vive que possède, à son entrée dans l'auget, l'eau écoulée pendant l'unité de temps, sera transmise à la roue. Cette portion, en vertu de ce que nous avons dit (article 86), sera

$$\mathrm{P}\,\frac{v(u\cos\alpha - v)}{g}.$$

Cette expression croissant avec $\cos\alpha$, c'est-à-dire à mesure que α diminue, on devra chercher à rendre cet angle le plus petit possible. C'est à quoi l'on parvient en faisant arriver la lame d'eau, comme nous l'avons dit, en un point de la roue où les augets se meuvent dans une direction qui diffère peu de celle de cette lame; mais comme il n'est pas possible de rendre cet angle α tout-à-fait nul, puisqu'il faut que l'eau entre dans les augets par les ouvertures qu'ils présentent, on doit laisser $\cos\alpha$ dans l'expression du travail transmis.

La valeur de v, qui rend ce travail un *maximum*, est $v = \frac{u\cos\alpha}{2}$. Ainsi, pour que l'on perde la plus petite portion possible de la force vive de l'eau, à son entrée dans l'auget, il faut que la vitesse de ce dernier soit moitié de celle de la lame, cette vitesse étant estimée dans le sens de l'autre. Le travail transmis alors, par le seul effet de la vitesse acquise u, est $\mathrm{P}\,\frac{u^2\cos^2\alpha}{4g}$, c'est-à-dire un peu moins de moitié de la force vive $P\frac{u^2}{2g}$ que possède l'eau à son entrée dans ces augets.

Si h désigne la hauteur dont descend le centre de gravité de l'eau, pendant qu'elle reste contenue dans l'auget, le travail transmis à la roue par le poids P de fluide qui est reçu dans l'unité de temps, sera Ph. En y ajoutant celui qui provient de la vitesse acquise quand le liquide arrive sur la roue, on aura pour le travail total

$$Ph + P\frac{v(u\cos\alpha - v)}{g}.$$

Pour $v = \frac{u\cos\alpha}{2}$, sa valeur, qui est un *maximum*, devient

$$Ph + P\frac{u^2\cos^2\alpha}{4g}.$$

D'après cette formule, on ne perdrait de tout le travail dû à la chute, qui est à très peu près $Ph + P\frac{u^2}{2g}$, que la quantité $P\frac{u^2}{2g}\left(1 - \frac{\cos^2\alpha}{2}\right)$, c'est-à-dire un peu plus de la moitié de la force vive de l'eau à son arrivée sur la roue. Cependant, comme dans la pratique il est difficile que tout le liquide soit reçu dans les augets, et qu'il ne les quitte pas avant d'être arrivé au bas de la chute, on ne recueille guère au plus que sept à huit dixièmes du travail total, c'est-à-dire du poids de l'eau multipliée par la hauteur de la chute.

Si, dans l'expression générale du travail transmis à la roue, savoir, $Ph + P\frac{v(u\cos\alpha - v)}{g}$, on fait $v = u\cos\alpha$, elle se réduit à Ph. Si v était plus grand que $u\cos\alpha$, le terme $P\frac{v(u\cos\alpha - v)}{g}$ changeant de signe, le travail transmis deviendrait plus petit que Ph, et il diminuerait indéfiniment, à mesure que v croîtrait. Ceci résulte évidemment de ce que l'auget ayant plus de vitesse que l'eau qui sort du réservoir supérieur, cette eau serait poussée dans le sens de son mouvement, et presserait en sens contraire le dessus de l'auget, pour s'opposer au mouvement de la roue. Il se produirait ainsi une force résistante et un travail résistant qui se retrancherait du travail moteur Ph, que la gravité produit par la descente de l'eau.

Il semblerait d'abord, d'après la formule précédente, que si v devenait très petit, et enfin zéro, le travail resterait égal à Ph. Ce résultat,

22..

pour être vrai, supposerait que le même poids P d'eau passe toujours dans la roue pendant l'unité de temps; mais il est clair que lorsque v est plus petit que u, il faut, pour que cette condition soit remplie, que la section du courant qui remplit les augets, et qui descend avec une vitesse v, pendant que la roue tourne, soit plus grande que celle qu'il avait en entrant dans l'auget avec la vitesse u, et cela dans le rapport de u à v. La dimension des augets fixe une limite à v, en-dessous de laquelle toute l'eau fournie par le courant supérieur, dans l'unité de temps, ne passerait plus par les augets. Pour des valeurs de v plus petites que cette limite, la quantité qu'il faudrait mettre dans la formule ci-dessus, à la place de P, pour représenter l'eau que reçoit la roue pendant l'unité de temps, irait en décroissant proportionnellement à v. Il s'ensuit, comme on va le voir, que si la vitesse des augets qui devient assez petite pour qu'ils commencent à être pleins, est encore supérieure à celle qui eût correspondu au *maximum*, si ces augets eussent été plus grands, elle sera celle qui conviendra au *maximum* dans ce cas; en sorte que le travail reçu par la roue irait en décroissant si elle diminuait.

En effet, si l'on désigne par v_0 cette vitesse des augets qui commence à être assez petite pour que la lame d'eau les remplisse, pour des vitesses plus petites, il faudra réduire le travail recueilli, dans le rapport de v à v_0; en sorte qu'en le désignant par T, tant que v est plus grand que v_0, il deviendra $T\frac{v}{v_0}$ une fois que v sera plus petit. Il est facile de voir que ce dernier travail $T\frac{v}{v_0}$ décroît avec v, à partir de l'instant où $v=v_0$; si toutefois cette valeur v_0 n'est pas beaucoup plus grande que celle qui rend T un *maximum*, c'est-à-dire que $\frac{u\cos\alpha}{2}$. En effet, on sait qu'une fonction décroît avec la variable, quand sa dérivée est positive; la dérivée de $T\frac{v}{v_0}$ devient, pour $v=v_0$, $\frac{dT}{dv}+\frac{T}{v_0}$, quantité qui est positive tant que le terme $\frac{dT}{dv}$ n'a pas une valeur négative égale à $\frac{T}{v_0}$. Or, quand T est un *maximum*, on a $\frac{dT}{dv}=0$; on voit donc qu'après ce *maximum*, tant que la valeur négative de $\frac{dT}{dv}$ n'est pas un peu grande, la fonction $T\frac{v}{v_0}$ décroît avec v. Ainsi, une fois que les augets sont pleins, c'est-à-dire une fois que v devient plus petit que v_0, si cette dernière valeur n'est pas trop supérieure à $\frac{u\cos\alpha}{2}$, le *maximum* de travail recueilli correspond à la vitesse pour laquelle les augets sont pleins. Si cette vitesse v_0 est plus petite que $\frac{u\cos\alpha}{2}$, le *maximum* de travail correspond toujours à $v = \frac{u\cos\alpha}{2}$. C'est ce qui arrive le plus ordinairement, parce qu'on fait en sorte que les augets aient assez de capacité pour que toute l'eau fournie passe encore dans la roue pour cette vitesse.

On peut remarquer que lorsque la vitesse de la roue est trop petite pour que les augets débitent l'eau que fournit le courant, alors celle-ci s'élève dans le bief supérieur. Cette élévation néanmoins a promptement un terme ; d'abord, parce qu'elle produit toujours une légère augmentation de la vitesse des augets, et par suite de l'eau qu'ils descendent ; et ensuite parce qu'une plus grande portion du liquide coule entre les augets et le coursier, et que bientôt cette portion, qui croît avec la charge à l'entrée, suffit pour le débit de ce qui ne pouvait passer par les augets. Souvent aussi, un déversoir qui laisse écouler librement l'eau du bief quand elle s'élève au-dessus d'une hauteur donnée, arrête aussi cette sur-élévation, et fait que toute l'eau est dépensée sans que les augets en prennent davantage.

En résumant les conséquences des considérations précédentes, nous dirons que lorsqu'il s'agit d'une roue à augets déjà établie, et pour laquelle la section et la vitesse du courant d'eau qu'on y fait entrer sont aussi déterminées, si la capacité des augets permet d'y faire passer toute l'eau du bief avec une vitesse v moitié de la vitesse u cos α, c'est-à-dire de celle de la lame d'eau qu'ils reçoivent, cette vitesse étant estimée dans le sens de celle des augets, le travail transmis dans l'unité de temps est un *maximum*, ainsi qu'on vient de le dire pour $v = \frac{u\cos\alpha}{2}$. Mais lorsqu'il s'agit d'établir une roue à augets et tous ses accessoires, et de disposer de la vitesse u elle-même et de l'angle α, on tâchera de diminuer cet angle en faisant arriver l'eau presque tangentiellement à la roue; et en même temps on diminuera le plus possible la vitesse u avec laquelle l'eau arrive sur la roue, ce qu'on fera en augmentant la largeur de la lame autant que les localités le permettent. Comme il faudra bien que cette vitesse reste assez grande pour que toute l'eau dont on peut disposer dans l'unité de temps se débite par l'orifice, on cherchera encore à utiliser la plus grande partie possible de la force vive de l'eau qui entre dans les augets, en ne donnant à ceux-ci que la vitesse $\frac{u \cos \alpha}{2}$, pourvu qu'alors toute l'eau fournie dans l'unité de temps par le bief supérieur ne cesse pas de pouvoir passer par ces augets. Il faudra pour cela que ceux-ci, quand ils sont pleins, forment un courant ayant une section à peu près double de celle de la lame d'eau avant qu'elle y entre. Pour peu que cette condition ne soit pas remplie en même temps que celle qui se rapporte à la vitesse de la roue, on perdrait plus de travail en raison de ce qu'une partie de l'eau serait obligée de passer ailleurs que dans les augets, qu'on n'en aurait gagné en cherchant à employer une portion de la force vive du liquide à l'aide d'une diminution de cette vitesse. C'est par cette raison que, pour être bien sûr que les augets reçoivent toute l'eau possible dans l'unité de temps, on préfère donner à la roue une vitesse un peu plus forte qu'il ne le faudrait à la rigueur. Souvent même par économie de construction, pour ne pas avoir des augets très larges, on leur laisse une vitesse à peu près égale à celle qu'a l'eau en y entrant, et l'on ne recueille que le travail dû au poids de l'eau pendant qu'elle descend. Dans ce cas, ainsi que nous venons de le faire voir, les augets étant supposés remplis, si l'on donnait à la roue une vitesse moindre, le travail recueilli diminuerait.

Ainsi, dans tous les cas, il y a pour les augets d'une roue hydraulique une vitesse qui convient au *maximum* du travail à recueillir par la roue dans l'unité de temps : nous dirons plus loin comment on parvient, dans le premier établissement des autres parties de la machine, à disposer les choses de manière que cette vitesse se produise.

(102) Examinons maintenant la théorie analogue pour les roues à aubes ou à palettes (*), c'est-à-dire pour celles où l'eau sort de la retenue par une ouverture inférieure, et acquiert ainsi une grande force vive qu'elle transmet en partie à la roue sans agir par son poids.

On peut distinguer deux modes de construction de ces roues : dans le premier, les aubes sont emboîtées par un coursier de manière à former

---

(*) Le mot d'*aube* sera pour nous le terme générique s'appliquant à tout ce qui reçoit le choc de l'eau; ces aubes deviendront des palettes quand elles seront de simples plans non emboîtés.

des vases qui sont fermés un instant par ce coursier après que l'eau y est entrée, et qui se rouvrent ensuite quand l'aube se dégage de ce coursier; dans le second mode, les aubes ne sont pas emboîtées par le coursier, l'eau qu'elles reçoivent ne fait que circuler pour se dégager par les côtés, et même par-dessus.

(103) Occupons-nous d'abord du premier mode, c'est-à-dire de celui où le coursier emboîte les aubes assez long-temps pour que l'eau qu'elles ont reçue ne puisse les quitter qu'après que son centre de gravité n'a plus que la vitesse v de la roue. Alors on peut assimiler ces aubes et le coursier qui les renferme à un vase qui se meut dans une certaine direction avec une vitesse v, et dans lequel de l'eau, après être entrée avec une vitesse u faisant un petit angle α avec cette même direction, ne peut sortir avant que son centre de gravité ait perdu son mouvement relatif par rapport au vase, c'est-à-dire avant qu'il ait pris la vitesse v. Or, nous avons vu (article 87) que dans ce cas le travail transmis au vase dans l'unité de temps, par un poids P d'eau, est

$$P \frac{v(u\cos\alpha - v)}{g}.$$

Le *maximum* de cette expression par rapport à v correspond à $v = \frac{u\cos\alpha}{2}$; elle devient alors égale à

$$\frac{P}{2} \frac{u^2}{2g} \cos^2 \alpha.$$

Comme ordinairement l'angle est très petit, ce travail est sensiblement égal à

$$\frac{P}{2} \cdot \frac{u^2}{2g},$$

c'est-à-dire à la moitié de la force vive que possède l'eau à son entrée dans l'auget. L'autre moitié de la force vive se trouve perdue partie par les bouillonnemens et les ébranlemens, et partie par la vitesse que conserve le centre de gravité de l'eau enfermée entre deux aubes au moment où celles-ci quittent le fluide. Ainsi, dans les roues construites de manière que le coursier emboîte complètement les aubes, celles-ci recueillent le *maximum* de travail d'une lame d'eau ayant une vitesse et une section déterminées: lorsque leur vitesse est moitié de celle de l'eau, ce *maximum* est la moitié de la force vive que possède le courant en arrivant sur la roue.

Je ne connais pas d'expériences qui soient faites avec précision pour ce cas ; mais celles où les dispositions approchaient le plus de ce que nous venons de supposer n'ont guère donné plus que le tiers du travail dû à la chute. Il faut faire attention que ce travail total est toujours un peu supérieur à la force vive de l'eau qui arrive sur la roue, en sorte que bien qu'on recueille alors, suivant la théorie, la moitié de cette force vive, lorsque le coursier emboîte bien les aubes, on ne doit pas obtenir tout-à-fait la moitié du travail dû à la chute.

(104) Examinons maintenant le second mode de construction de ces roues; supposons qu'au lieu d'emboîter les aubes ou les palettes dans un coursier qui ferme l'issue à l'eau de tous côtés, on laisse à cette eau toute facilité pour se dégager. Pour prendre d'abord le cas où la théorie a quelque chose de plus précis, concevons qu'au lieu de palettes plates, on adapte à la roue des aubes ou des vases en forme de canaux recourbés, construits de manière à obliger chaque particule d'eau à se dévier horizontalement, et à quitter la roue dans une direction qui fait un certain angle avec celle qu'elle avait en y entrant. Chaque aube sera donc une espèce de canal recourbé en forme de portion de cercle, présentant, lorsqu'il se plonge dans le courant, une ouverture assez large pour que toute l'eau puisse y entrer et s'y dévier ensuite dans une direction sensiblement horizontale. Nous supposerons que cette eau, en sortant de l'aube, puisse se répandre dans un bassin latéral où l'écoulement ne soit pas gêné. Ceci ne s'applique, bien entendu, qu'au cas où la roue n'est pas plongée dans un courant indéfini, mais seulement au cas où elle reçoit un courant limité dans sa largeur, et à côté duquel on peut ménager un espace libre pour recevoir l'eau à sa sortie. Bien qu'on ne construise pas ordinairement des aubes qui fassent ainsi dévier horizontalement tous les filets du courant d'eau qu'elles reçoivent, cependant il est bon d'étudier ce cas, parce qu'on y ramène ensuite avec quelque approximation les diverses constructions en usage, savoir, les aubes courbées horizontalement ou verticalement.

Supposons que l'espèce de canal que forme l'aube ait assez peu de longueur pour que chaque particule d'eau qui y est entrée en soit sortie avant que le mouvement de la roue ne l'ait sensiblement relevée. Ici, comme l'eau peut sortir librement de l'aube, et qu'on peut regarder le mouvement de celle-ci comme uniforme et rectiligne pendant que l'eau la parcourt, que de plus la courbe décrite par chaque particule fluide est sensiblement dans un plan horizontal, et qu'ainsi l'effet de la gravité peut être négligé, on pourra supposer que la vitesse relative de l'eau par rapport à l'aube reste constante dans les filets fluides pendant que l'aube les force à se dévier. Nous ferons donc ici l'application de ce que nous avons dit à l'article (47) sur le travail transmis par un courant à un canal ayant un mouvement uniforme et rectiligne.

Si u est toujours la vitesse du courant à son entrée dans l'aube en forme de canal, v celle de cette aube, que α soit l'angle de la déviation totale qu'a subie la vitesse relative du fluide depuis son entrée dans l'aube jusqu'à sa sortie, on aura, pour le travail transmis à l'aube par un poids P de fluide,

$$P\frac{v(u-v)}{g}(1-\cos\alpha).$$

Il est clair que si plusieurs aubes semblables se succèdent, et qu'on ajoute les quantités de travail que chacune reçoit pendant que le fluide y passe, on aura pour somme une expression toute pareille à la précédente, à cela près que P y deviendra le poids total de fluide fourni par le courant dans l'unité de temps. Mais remarquons qu'il faut pour cela que l'intervalle des aubes soit tel, que chacune ne quitte pas le fond du coursier avant que toute l'eau qui se trouvait devant y soit entrée; car, dans le cas contraire, il y aurait une portion de fluide qui s'écoulerait sans avoir atteint l'aube et sans avoir produit aucun travail. Si l'on désigne par l la longueur de la partie de la circonférence extérieure de la roue qui reste emboîtée dans le coursier pour que l'eau soit forcée d'entrer dans les aubes, et par e l'intervalle de ces aubes mesuré sur cette même circonférence, il faudra approximativement que cet intervalle e ne dépasse pas $l\frac{(u-v)}{u}$, sans quoi les dernières particules fluides de la portion de courant qui est entre deux aubes n'auraient pas le temps d'atteindre celle qui est devant au moment où celle-ci commence à quitter le fond du coursier. Mais dès qu'on a $e < l\frac{(u-v)}{u}$, toute l'eau fournie par la chute dans l'unité de temps, dont nous désignons le poids par P, sera reçue par les aubes, et le travail transmis sera égal à

$$P\frac{v(u-v)}{g}(1-\cos\alpha).$$

Pour que cette expression soit un *maximum* par rapport à α et à v, il faut qu'on ait, $\cos\alpha = -1$, et $v = \frac{u}{2}$. Ainsi, pour recueillir de la chute un *maximum* de travail avec ce système de roues, il faut que l'aube forme un canal dans lequel l'eau se dévie de deux angles droits, comme dans un demi-cercle, et que la vitesse de l'aube soit moitié de celle du courant (*).

(*) Si, en partant de ce que la pression sur chaque aube est proportionnelle au carré de la vitesse relative $(u - v)$, ainsi que cela résulte des formules de l'art. 44, on voulait en conclure qu'elle doit être de même sur l'ensemble de la roue, on trouverait que le travail transmis est proportionnel à $(u - v)^2 v$, et que son *maximum* correspond à $v = \frac{u}{3}$.

Cependant nous avons trouvé pour le même cas qu'on devrait avoir $v = \frac{u}{2}$. L'erreur, dans le premier résultat, vient de ce qu'il ne s'appliquerait qu'à une seule aube toujours plongée dans le courant, et ne recevant pas ainsi dans l'unité de temps toute l'eau que fournit le courant, puisqu'elle recule devant lui. Lorsque l'on considère toute une roue, il y a deux pressions qu'il ne faut pas confondre : une pression moyenne hypothétique qui, appliquée à la roue, au centre d'une aube mobile, produirait le travail que recueille la roue, et la pression qui agit sur chaque aube en particulier, en vertu de la vitesse acquise par la portion de fluide qui se trouve entre deux aubes consécutives. Cette dernière est bien proportionnelle au carré de la vitesse relative $(u - v)$; mais si l'on a égard à sa durée, c'est-à-dire à l'espace que décrit l'aube pendant que la portion du courant qui est devant emploie à couler dedans, on trouve toujours que le travail total transmis à la roue contient le facteur variable $v(u - v)$, et qu'ainsi son *maximum* correspond à $v = \frac{u}{2}$. En effet, admettons toujours que l'aube fasse dévier le courant fluide d'un angle α, et cherchons le travail transmis à l'aube par l'action de ce courant ; nous réunirons ensuite toutes ces quantités de travail pour l'ensemble des aubes. Si A est la section du courant qui entre dans l'aube, et π le poids de l'unité de volume de l'eau, la pression exercée sur cette aube, dans le sens du courant qu'elle reçoit, sera, d'après ce que nous avons vu (article 44),

$$\pi A \frac{(u - v)^2}{g}(1 - \cos\alpha),$$

en supposant que le courant remplisse le canal depuis son origine jusqu'au point où la déviation est d'un angle égal à α. Lorsque le liquide n'est pas encore arrivé à l'extrémité du canal, c'est-à-dire que la déviation extrême n'est pas encore de la plus

Le travail transmis deviendra alors égal à

$$P\,\frac{u^2}{2g},$$

c'est-à-dire à toute la force vive de l'eau qui arrive sur la roue; il est

---

grande valeur de α, cet angle, dans l'expression ci-dessus, se rapporte à l'extrémité de la portion de courbe que cette eau occupe à l'instant que l'on considère. Cette pression est donc variable jusqu'à ce que le canal soit plein; elle reste constante ensuite tant qu'il reste plein, puis elle redevient variable quand il se vide. Or, en réunissant le travail dû à la pression variable pendant que l'aube se remplit, à celui qui est dû à la pression variable pendant qu'elle se vide, il est facile de voir que comme le mouvement de l'aube est supposé uniforme, ainsi que celui de l'eau dans le canal qu'elle forme, on aura une somme égale à ce qu'on obtiendrait si le canal restait plein pour l'une de ces périodes égales : en sorte qu'on peut regarder la force comme constante, et supposer qu'elle agit depuis que l'eau a commencé à entrer jusqu'à l'instant où elle cesse d'entrer. Soit s le chemin décrit par l'aube pendant ce temps; le travail qu'elle aura reçu sera donc

$$\pi A s\,\frac{(u-v)^2}{g}(1-\cos\alpha).$$

Pour trouver la valeur de s, remarquons que cet espace sera celui qu'aura décrit l'aube depuis l'instant où elle a commencé à entrer dans le courant, jusqu'à celui où la dernière portion de ce courant, qui n'est pas interceptée par une seconde aube qui vient se mettre devant la première, aura atteint son entrée. Cet espace est le chemin que doit parcourir un point ayant une vitesse u, pour atteindre un point qui a une vitesse v, et qui est parti avec une avance e égale à l'intervalle des aubes. On a donc $s=\frac{eu}{u-v}$, et le travail transmis à une aube par le courant que l'on considère sera par conséquent

$$\pi A u\,\frac{e\,(u-v)}{g}\,(1-\cos\alpha).$$

Cette expression ne se rapportant qu'à une aube, pour avoir le travail que reçoit la roue dans l'unité de temps, il faudra la multiplier par le nombre d'aubes qui entrent dans le courant pendant ce temps. Or, e étant l'intervalle des aubes, ce nombre sera $\frac{v}{e}$; ainsi le travail transmis dans l'unité de temps sera

$$\pi A\,\frac{uv\,(u-v)}{g}\,(1-\cos\alpha).$$

Ici $\pi A u$ est le poids de l'eau que fournit le courant dans l'unité de temps; c'est ce donc le plus grand possible pour tous les systèmes où, avant de faire agir l'eau, on la laissera acquérir toute la vitesse que la chute peut lui donner. Cependant nous allons voir que, même en admettant toujours les suppositions sur lesquelles est basée la formule précédente, on ne peut pas recueillir en totalité ce *maximum* théorique égal au travail dû à la chute d'eau.

D'abord, cette force vive totale $P\frac{u^2}{2g}$ que possède l'eau en arrivant sur les aubes ne peut jamais être tout-à-fait égale au travail dû à la descente de ce même poids P pour la hauteur de la chute, ainsi que l'expérience l'a appris; de sorte que, même en admettant qu'on pût transmettre un travail égal à $P\frac{u^2}{2g}$, il y aurait déjà une différence en faveur des roues à augets remplissant aussi de leur côté toutes les conditions rationnelles qui leur conviennent.

En admettant que les conditions $\cos\alpha = -1$ et $v = \frac{u}{2}$ fussent remplies, l'eau qui sort de l'aube n'aurait plus qu'une vitesse nulle, comme cela doit être pour qu'elle ait transmis un travail égal à sa force vive. En effet, sa vitesse relative dans l'aube étant $u - v$, ou $\frac{u}{2}$, et celle de l'aube étant en sens contraire $\frac{u}{2}$, ces vitesses se détruisent, et l'eau sort de l'aube sans vitesse; c'est dans ce cas l'aube qui abandonne une eau devenue immobile.

La condition que l'eau quitte l'aube avec une vitesse nulle ne pourrait être rigoureusement remplie qu'autant qu'il n'y aurait qu'une aube, et qu'il existerait un espace libre sur le côté de la roue où le liquide

---

que nous avions désigné par P. L'expression précédente devient donc

$$P\frac{v(u-v)}{g}(1 \cos\alpha).$$

Ainsi, en partant de la pression sur chaque aube, qui est proportionnelle au carré de la vitesse, nous retrouvons, pour le travail transmis à la roue, la même expression que celle que nous avons employée : son *maximum* correspond toujours bien à $v = \frac{u}{2}$.

pût venir s'arrêter ainsi ; mais dans la réalité, pour une série d'aubes tournant dans un espace fixe, il n'est pas possible que l'eau quitte cet espace sans une vitesse moyenne qui dépend du débouché qu'on peut donner pour sa sortie. Si l'on admettait pour un instant, comme cela est possible pour une aube, que l'eau sortît avec une vitesse nulle, alors l'aube suivante la pousserait devant elle en tournant, et lui donnerait nécessairement une vitesse dans le sens de son mouvement. La nécessité que l'eau fournie par le courant dans l'unité de temps sorte de la surface de révolution dans laquelle la roue tourne, détermine un *minimum* de vitesse moyenne de sortie. La force vive qui est due à cette vitesse viendra toujours en déduction du travail qu'on peut retirer de la chute d'eau.

Pour conserver cette légère vitesse, il suffit que celle de l'aube ne détruise pas complètement la vitesse relative de l'eau qui en sort ; or, cela peut arriver de deux manières, d'abord parce que l'angle α ne sera pas tout-à-fait de deux droits, ou parce que v ne serait pas égal à $\frac{u}{2}$. Il est facile de voir qu'en laissant toujours $v = \frac{u}{2}$, et donnant seulement à α une valeur un peu différente de deux droits, on aura une vitesse de sortie qui sera la résultante de deux vitesses égales, l'une tangente au cercle décrit par la roue, et l'autre tangente à l'extrémité de l'aube ; par conséquent cette vitesse sera à peu près perpendiculaire à ces deux directions, vu que celles-ci sont à peu près directement opposées. Si l'on désigne par θ le supplément de l'angle α, la valeur de cette vitesse de sortie sera $u \sin \frac{\theta}{2}$. On voit donc qu'en prenant l'angle θ assez petit, cette vitesse sera faible et aura la direction la plus favorable à l'écoulement de l'eau. Si, par exemple, on prend seulement θ de manière qu'on ait $\sin \frac{\theta}{2} = \frac{1}{4}$, la vitesse de sortie sera $\frac{u}{4}$: on ne perdra avec cette vitesse que le seizième de la force vive totale. Pour que l'on puisse diminuer ainsi la vitesse qu'a l'eau lorsqu'elle quitte l'aube, il faut lui préparer un débouché suffisant à sa sortie.

Ainsi, à l'examen d'une roue hydraulique, si l'on évalue par aperçu la section du courant d'eau qui quitte les aubes, on reconnaîtra si une grande portion de sa force vive a pu leur être transmise : plus cette section sera grande, et plus le courant aura donné de sa force vive.

Je ne sache pas qu'on ait essayé de construire des roues avec des aubes formant des canaux horizontaux. Tout ce qu'on pourrait faire pour approcher de cette conception rationnelle, ce serait de courber les aubes horizontalement et de les emboîter par-dessus et par-dessous pour que les filets fluides sortissent seulement par le côté de la roue en se déviant de près de deux angles droits. Je doute que cette construction en grand puisse être facile, et que la dépense à faire n'excède pas celle qu'il faudrait pour établir une bonne roue à augets, prenant l'eau à la surface du bief supérieur, et pour y joindre, s'il le fallait, les renvois de mouvemens qui redonneraient dans l'usine la même vitesse de rotation que celle que fournit la roue à aubes. Comme l'expérience prouve, conformément aux indications que donne la théorie, que ces roues à augets, quand elles remplissent bien les conditions qui leur conviennent, recueillent toujours plus de travail que les autres, on ne doit chercher pour ces dernières aucun perfectionnement qui rendrait leur construction plus chère que celle des roues à augets, en y joignant, si cela est nécessaire, un renvoi de mouvement qui augmente la vitesse de rotation dans l'intérieur de l'usine.

(105) M. Poncelet, capitaine du génie, professeur à l'école de Metz, a proposé de construire des aubes en forme de canaux verticaux où l'eau s'élève et redescend pour sortir par la même ouverture par laquelle elle est entrée. Cette disposition a l'avantage d'être d'une construction assez facile; aussi a-t-elle déjà été essayée. L'expérience a prouvé que le travail recueilli par ces roues pouvait être d'environ cinq dixièmes du travail dû à la chute du courant. On trouvera le mémoire de M. Poncelet sur cette forme d'aube, dans un ouvrage qu'il a publié sur les roues hydrauliques.

En considérant toujours, dans ce système de roues, le mouvement de l'aube comme rectiligne et uniforme pendant qu'une particule fluide la parcourt, on pourra appliquer ce que nous avons dit à la fin de l'article (57). Mais, comme nous l'avons remarqué, la théorie qui est basée sur ce que la vitesse relative de l'eau par rapport au canal, lorsqu'elle en sort, est la même que celle qu'elle avait en y entrant, ne peut guère s'appliquer qu'à de petites masses liquides entrant et sortant isolément, et pouvant s'assimiler chacune à une particule mobile. La vitesse relative $u - v$ avec laquelle une particule se meut dans le canal reviendra la même quand elle sera au même point de la courbe en redescendant; en sorte qu'en sortant de l'aube courbe, cette particule, après s'y être élevée à la hauteur due à la vitesse relative $(u - v)$ avec laquelle elle y est entrée, aura cette même vitesse relative; celle-ci se produisant en sens directement opposé à la vitesse v de l'aube, il en résultera pour l'eau qui sort une vitesse résultante égale à $2v - u$. Ainsi, ce canal vertical détourne de deux angles droits la direction de la vitesse relative de la particule d'eau, absolument comme si, au lieu de s'élever, elle se fût déviée horizontalement dans un canal en demi-cercle pour en sortir dans une direction parallèle et opposée à celle qu'elle avait en entrant. Cette vitesse de sortie $2v - u$ devient nulle quand $v = \frac{u}{2}$; dans ce cas, la particule fluide aurait transmis toute sa force vive en quittant l'aube.

Lorsqu'on ne considère ainsi qu'une particule d'eau qui se meut librement dans l'aube, la théorie est la même pour le mouvement dans une aube courbée verticalement ou dans une aube courbée horizontalement; la gravité n'a point d'influence quand la particule est revenue à l'entrée de l'aube; son effet s'est borné à retourner la vitesse. Mais quand il y a un courant continu entrant dans un canal vertical, alors la même théorie devient beaucoup moins applicable, ainsi que nous l'avons remarqué à l'article (57). Les particules déjà élevées, dont la vitesse est moindre, gênent le mouvement de celles qui sont en-dessous et qui ont plus de vitesse. En outre, le fluide qui redescend se choque avec celui qui devrait encore s'élever, et il en résulte beaucoup de pertes de force vive par les bouillonnemens. Il n'est donc pas étonnant que bien que, d'après un aperçu théorique, on pourrait recueillir un travail presque égal à la force vive, on n'en obtienne réellement qu'environ cinq dixièmes.

(106) Examinons maintenant le cas où les aubes sont formées de plans ou palettes plus larges et plus hautes que le courant, et qui forcent ainsi tous les filets fluides, ou au moins une grande partie, à devenir parallèles à ces plans en se dégageant librement par les côtés et par-dessus. Alors, comme la vitesse relative dans chaque filet se conserve sensiblement constante, soit parce que la déviation se fait en grande partie horizontalement, soit parce qu'elle s'opère dans une petite étendue; qu'en outre le sens de la vitesse du plan diffère peu de celui de la vitesse du courant; on peut appliquer approximative-

ment à ce cas la formule donnée article (47) sur le travail transmis à un plan mobile par une masse ou un poids déterminé de fluide. Il est clair, en effet, que comme les angles que font ces palettes avec la direction du courant varient assez peu pendant qu'elles restent plongées, le travail transmis à plusieurs palettes qui se succèdent sera sensiblement le même que si une seule recevait le poids de fluide P que fournit la veine dans une seconde, et qu'elle conservât en même temps une inclinaison moyenne entre la plus grande et la plus petite de celles qu'elle a par rapport au courant pendant qu'elle est en présence de celui-ci. On peut admettre dans la pratique que l'angle du courant et de la palette, pour cette position moyenne, diffère très peu de 90°; ainsi, on fera dans la formule de l'article cité $\sin\alpha = 1$. Elle donnera alors pour le travail transmis à la roue

$$P\,\frac{v(u-v)}{g}.$$

Cette expression devient un *maximum* pour $v = \frac{u}{2}$; sa valeur est alors $P\,\frac{u^2}{4g}$, ou la moitié de la force vive que possède le courant en arrivant sur les palettes.

On peut remarquer que ce travail serait le même que celui qu'on a trouvé pour le cas où les aubes sont enfermées dans un coursier, et où l'on peut les assimiler à des vases recevant toute la lame d'eau. Mais comme ici les palettes ne sont pas rigoureusement d'équerre au courant pour une partie du temps pendant lequel celui-ci agit, que leur vitesse n'est pas non plus exactement dans le sens de celle de l'eau, que d'ailleurs, dans la pratique, il n'arrive pas que les déviations des filets se fassent de manière qu'ils deviennent tous parallèles aux palettes, l'expression précédente est trop forte. L'expérience ne donne guère, en effet, au lieu de la moitié de la force vive due au courant pour le travail recueilli avec la vitesse la plus favorable, qu'environ le tiers de cette force vive, ou un peu moins du tiers du travail dû à la chute. Ainsi, quand on ne pourra pas construire des aubes recourbées, soit horizontalement, soit verticalement, et qu'on n'aura que des palettes planes, il vaudra toujours mieux les emboîter de tous côtés, que de laisser le courant libre de se dégager après avoir rencontré ces palettes.

Il est bon de remarquer que tant que les palettes ne sont pas encore devenues perpendiculaires au courant, leur épaisseur, qui ne peut être négligée quand elles sont construites en bois, présentera ordinairement une face perpendiculaire à leur plan, sur laquelle une petite partie du courant viendra se détourner sans produire de travail, puisque ces petites faces n'ont qu'une vitesse perpendiculaire à la pression. On devra donc rendre ces épaisseurs aussi petites que possible, et diminuer aussi le nombre des palettes pour diminuer le nombre de ces faces. Mais, d'une autre part, il y a une limite à l'écartement à donner à celles-ci; car il faut que l'eau comprise entre deux palettes ait le temps d'atteindre celle qui est devant au moment où celle-ci commencerait à abandonner une portion du courant. Si l'on désigne, comme à l'article (104), par l la portion de la circonférence extérieure de la roue pour laquelle les palettes touchent sensiblement le fond du coursier, et par e l'intervalle de ces palettes, il faudra toujours qu'on ait approximativement $e < \frac{l(u-v)}{u}$.

(107) Lorsque les palettes sont plongées dans un courant indéfini qui les dépasse, alors on n'a plus d'expression un peu exacte du travail transmis, parce qu'on ne sait plus, ni à quelle portion du courant s'étendent les déviations, ni de combien sont déviés les filets qui approchent des bords de la palette. Cependant, si l'on admet que les formes de ces filets ne changent pas sensiblement avec les vitesses, l'expression du travail contiendra encore le facteur variable $v(u-v)$, qui est commun à ce que transmet chaque filet fluide. Le *maximum* à recueillir de leur ensemble correspondrait donc toujours à $v=\frac{u}{2}$. Au reste, ce n'est pas dans ce cas qu'il importe beaucoup de recueillir le plus possible du courant, puisque sa largeur dépassant celle des palettes, si l'on avait besoin de plus de travail, on pourrait toujours les élargir. Quand le courant est indéfini, on a ainsi autant de travail qu'on en veut, et l'on ne cherche plus autant à l'économiser.

Cependant, dans le cas où l'on voudra savoir approximativement ce qu'on peut recueillir avec une roue dont les palettes plongent dans un courant qui les déborde, on pourra le calculer comme pour le cas où elles sont plus larges que le courant, lorsque celui-ci n'aurait qu'une surface moitié de celle de chaque palette. En effet, les expériences sur la pression dans un fluide indéfini ne donnent que celle qui serait produite par ce courant fictif contre un plan plus large. Ainsi, pour avoir approximativement ce travail en se donnant la surface A des palettes, on remplacera le poids P de l'eau reçue dans l'unité de temps par $\frac{1}{2}\pi Au$, au lieu de πAu, et l'on aura pour le travail

$$\frac{\pi}{2}\frac{Auv(u-v)}{g}.$$

Son *maximum* pour $v=\frac{u}{2}$ deviendra

$$\frac{\pi Au}{4}\frac{u^2}{2g},$$

c'est-à-dire le quart de la force vive de la portion du courant interceptée par l'aube. Ce résultat n'est pas rigoureux, puisque la pression sur chaque aube n'est pas exactement ce que nous venons de la supposer; elle devient d'autant plus supérieure à cette valeur, que les vitesses sont plus grandes; mais au moins aura-t-on par là une approximation qu'il est toujours utile de connaître.

(108) Dans tout ce que nous avons dit jusqu'à présent sur la valeur de la vitesse de la circonférence des roues à augets ou des roues à aubes qui correspond au *maximum* de travail, nous n'avons considéré que celui que reçoit la roue elle-même. Dans la pratique, le travail qu'on veut rendre un *maximum* n'est pas précisément celui que reçoit la roue, c'est celui que transmettent certains corps de la machine agissant le plus immédiatement possible sur les points dont le déplacement constitue l'effet utile : ce dernier travail est toujours inférieur au premier de toutes les pertes dues aux frottemens et quelquefois aux chocs qui ont lieu dans les systèmes de transmission. Tant que la machine se meut avec la même vitesse, ces pertes sont proportionnelles au nombre de tours de chaque roue, et en général au nombre de périodes de mouvement que la machine a effectuées. Comme l'expérience prouve que les frottemens restent à peu près les mêmes pour des vitesses qui ne sont pas par trop différentes, il s'ensuit que le travail qu'ils font perdre dans l'unité de temps, pour différentes valeurs de la vitesse v des aubes ou des augets, sera toujours à peu près proportionnel seulement au nombre de périodes de mouvement de la machine, ou bien par conséquent à cette vitesse v. Si donc on suppose, comme cela arrive le plus souvent, qu'il n'y a pas d'autres pertes que celles qui sont dues à ces

frottemens, on peut représenter ce travail perdu par vf. Ici f serait égal à une force qui, appliquée à la roue motrice à la même distance de l'axe que les augets, produirait un travail égal à celui qui se perd en frottement par les renvois de mouvement depuis cette roue jusqu'aux points où l'on veut obtenir un *maximum* de travail.

A la rigueur, les frottemens ne dépendant pas seulement des poids des corps qui s'appuient les uns sur les autres, mais aussi des efforts dus à l'action du moteur, et ces efforts variant avec la vitesse, les frottemens varieraient aussi pour une même période de mouvement ; en sorte que dans l'expression vf, f ne serait pas tout-à-fait indépendant de v. Néanmoins il sera toujours utile de voir l'influence qu'auraient sur la détermination de la valeur de v, pour le *maximum* de travail utile, les pertes par les frottemens, dans les cas où l'on pourra les supposer toujours les mêmes pour chaque période de mouvement de la machine.

Nous avons trouvé que le travail que reçoit immédiatement la roue dans l'unité de temps est,

1°. Pour le cas des augets lorsque l'eau agit en partie par son poids,

$$Ph + P\frac{v(u\cos\alpha - v)}{g};$$

2°. Pour le cas des aubes emboîtées dans le coursier, ou des palettes sensiblement d'équerre au courant,

$$P\frac{v(u-v)}{g};$$

3°. Dans le cas des aubes faisant fonction de canaux et forçant le courant à se dévier d'un angle α,

$$P\frac{v(u-v)}{g}(1-\cos\alpha).$$

Le travail qu'on veut rendre un *maximum* s'obtiendra en retranchant de ces expressions le produit fv. En égalant à zéro les dérivées par rapport à v, on a des équations d'où l'on tire

Pour le premier cas, $\quad v = \frac{u}{2}\cos\alpha - \frac{fg}{2P};$

Pour le second, $\quad v = \frac{u}{2} - \frac{fg}{2P};$

Pour le troisième, $\quad v = \frac{u}{2} - \frac{fg}{2P(1-\cos\alpha)}.$

On voit donc que la vitesse qui correspond au *maximum* d'effet produit dans l'unité de temps doit toujours être au-dessous de $\frac{u}{2}$. Moins il y aura de pertes par les renvois entre la roue motrice et les points où l'on veut que le travail soit un *maximum*, et moins aussi la vitesse v différera de $\frac{u}{2}$, ou de $\frac{u \cos \alpha}{2}$. Mais quelque simple que soit la machine, s'agirait-il seulement d'élever des poids avec une corde qui s'enroule sur un cylindre, les pertes du travail dues aux frottemens des axes et au ploiement de la corde, feront toujours correspondre le *maximum* à une valeur de v sensiblement plus petite. Cette conséquence est tout-à-fait d'accord avec ce que l'expérience a appris.

Pour se faire une idée de la quantité $\frac{fg}{2P}$ qu'il faut retrancher de $\frac{u}{2}$ pour obtenir la seconde de ces valeurs de la vitesse v, supposons qu'on sache par expérience que pour une roue à aubes emboîtées, le frottement fait perdre dans l'unité de temps la n^{me} partie du travail total qu'elle reçoit quand elle marche avec la vitesse $v = \frac{u}{2}$; on aura, pour cette valeur de v,

$$fv = \frac{1}{n} P \frac{v(u - v)}{2g},$$

ou en substituant $\frac{u}{2}$ pour v,

$$\frac{fg}{2P} = \frac{u}{4n}.$$

Mais f restant sensiblement le même pour $v = \frac{u}{2}$ et pour des valeurs variables de v, on peut appliquer cette fraction à celle qui entre dans la valeur de v, et l'on a

$$v = \frac{u}{2} \left\{ 1 - \frac{1}{2n} \right\}.$$

Ainsi, en admettant que dans un moulin, par exemple, on sache par expérience que quand la roue motrice a une vitesse moitié de celle du courant, les frottemens, depuis la meule jusqu'à la roue motrice, font perdre le quart du travail que reçoit cette roue; pour recueillir un *maximum* de travail sur la meule, on devra donner aux aubes ou aux palettes une vitesse qui, au lieu d'être la moitié de celle du courant, sera les $\frac{7}{16}$ de cette vitesse. Ces résultats numériques supposent, comme nous l'avons dit, que les forces produites par les frottemens ne varient pas sensiblement quand on change la vitesse de la roue motrice. Bien que cette hypothèse ne donne qu'une approximation, on n'en voit pas moins, par ce que nous venons de dire, comment les frottemens et les autres pertes de travail, depuis la roue jusqu'au point où s'opère l'effet utile, tendent à diminuer la valeur de la vitesse qui correspond au *maximum* du travail utile.

(109) Dans l'établissement des machines destinées à recueillir le travail d'une chute d'eau, on doit distinguer deux cas : ou le courant fournit un travail beaucoup supérieur à celui dont on a besoin, en sorte qu'on n'a pas de motifs de l'économiser; ou bien, ce travail n'excédant pas celui dont on a besoin, il faut tâcher de le recueillir en totalité. Dans le premier cas, on ne se dirige que par des considérations d'économie dans la construction de la machine; alors les roues à aubes ou à palettes s'emploient de préférence. Outre que par elles-mêmes elles coûtent moins que les roues à augets, elles ont aussi l'avantage, lorsqu'on a besoin d'une assez grande vitesse, de dispenser des systèmes d'engrenages qu'il faudrait joindre à une roue à augets qui marche plus lentement. Dans le second cas, c'est-à-dire lorsqu'on veut obtenir le plus de travail possible de la chute d'eau, ce sont les roues à augets qu'on emploie. L'expérience montre que lorsqu'on leur donne une faible vitesse, elles recueillent environ sept dixièmes du travail dû à la chute, tandis que les roues à aubes ou à palettes, où l'on reçoit l'eau en-dessous, ne recueillent, pour le système ordinaire des palettes ou aubes plates, que trois dixièmes environ du travail total de la chute, et pour les meilleurs systèmes qu'on ait encore employés que les cinq dixièmes de ce travail.

(110) Nous ne nous occuperons point de quelques autres systèmes imaginés pour recueillir le travail des chutes d'eau; cet examen serait tout-à-fait inutile, surtout dans le but que nous nous sommes proposé, de donner seulement les moyens d'obtenir le plus de travail possible. L'étude que nous venons de faire des conditions à remplir pour cela ne doit pas laisser douter que la roue à augets, dite aussi *roue de côté*, ne satisfasse aussi bien que possible à ces conditions, et ne four-

nisse autant de travail que toute autre combinaison qui pourrait coûter plus à établir. Les autres systèmes ne peuvent avoir pour but que de dispenser de quelques renvois de mouvement, en donnant de suite, soit une vitesse de rotation plus grande, soit une position verticale à l'axe de rotation. C'est seulement quand la source de travail est surabondante que d'autres machines peuvent être bonnes pour économiser les frais d'établissement de quelques renvois de mouvement. Au reste, s'il arrive qu'on ait à apprécier, sous le rapport de l'économie du travail, quelque système nouveau, on comprend qu'il suffira d'examiner seulement si l'eau arrive sans vitesse sensible au plus bas de la chute dont on peut disposer, ce qui exige qu'elle ait pour cela une large issue, et si la machine ne donne pas lieu à des changemens de vitesses ou à des bouillonnemens dans le fluide qui fassent perdre une partie du travail en ébranlemens et en frottemens.

(111) Il ne suffit pas, dans la pratique, de connaître la vitesse qu'il faut donner à une roue à augets ou à aubes pour qu'elle recueille le plus de travail possible dans un temps donné, il faut encore trouver le moyen de disposer les choses de manière que cette vitesse soit produite, et qu'elle ne varie qu'entre des limites assez resserrées.

D'abord, pour empêcher qu'il n'y ait des changemens trop sensibles dans la vitesse, on conçoit, d'après ce que nous avons dit (article 95), que s'il y a, par la nature de l'effet à produire, trop d'inégalité dans les quantités de travail résistant, il suffira d'ajouter un volant, ou enfin de donner, par un moyen quelconque, assez de force vive à la machine pour que la vitesse de la roue varie peu par ces inégalités. Une fois qu'on aura atteint ce but, il ne restera plus qu'à faire en sorte que la vitesse moyenne qui s'établira soit celle qui convient au *maximum* d'effet.

Pour arriver à la solution de cette question, il faut d'abord qu'on conçoive comment, lorsque la somme des forces vives de la machine croît ou décroît avec la vitesse v des augets ou des aubes, ce qui a lieu en général, et ce qui peut toujours avoir lieu en ajoutant un volant, cette vitesse doit toujours osciller autour de celle qui est telle que le travail moteur est égal au travail résistant dans une unité de temps assez grande pour comprendre un nombre un peu considérable de périodes de travail. On entend ici par *période de travail* le temps nécessaire pour que la machine accomplisse un des effets qu'elle répète indéfiniment, et pour lesquels toutes les quantités de travail moteur et résistant se reproduisent les mêmes. Par exemple, s'il s'agit de mouvoir des marteaux ou des pistons, ce sera le temps qui sépare deux coups de marteaux ou deux élévations de pistons; ce sera un temps plus petit encore s'il s'agit d'un travail résistant plus continu, comme dans une filature. Cette période, quelle qu'elle soit, correspondra à un chemin déterminé des augets ou des aubes de la roue.

Considérons le mouvement pendant une unité de temps assez grande pour qu'on puisse la regarder approximativement comme comprenant un nombre exact des périodes de travail dont nous venons de parler, et pour qu'on puisse négliger ainsi le travail qui se produit pour des fractions de période qui compléteraient cette unité de temps. Si l'on suppose que la vitesse v vienne à changer, le nombre entier de périodes de travail achevées dans l'unité de temps variera à peu près proportionnellement à v, puisque chacune de ces périodes n'exige qu'un chemin déterminé des augets ou de la roue. Or, le travail résistant produit dans une période, c'est-à-dire pour un chemin déterminé de la roue et par suite des autres points de la machine, ne peut devenir plus petit quand la vitesse devient plus grande; il arrivera même au contraire, le plus ordinairement, qu'à cause des résistances diverses qui croissent avec la vitesse, il deviendra un peu plus grand; en sorte que le travail résistant total qui est produit dans une unité de temps croîtra au moins en raison du nombre des périodes, et par conséquent au moins aussi en raison de la vitesse v. Ce travail résistant n'aura point de *maximum* relativement à cette vitesse variable; plus elle croîtra, plus il sera grand. Il n'en sera pas de même du travail moteur produit pendant cette même unité; nous avons vu que pour les roues à augets et pour les roues à aubes, il a un *maximum* pour une certaine valeur de v au-delà de laquelle il décroît.

Si l'on représente les quantités de travail moteur et résistant produits dans l'unité de temps, chacune par l'ordonnée d'une courbe dont l'abscisse soit la vitesse v, supposée sensiblement constante pendant cette unité, la courbe du travail résistant partira de l'origine et ira en s'élevant comme une ligne droite, ou plus rapidement qu'une ligne droite en prenant une forme convexe vers l'axe; la courbe du travail moteur partira aussi de l'origine et reviendra sur elle-même comme une demi-ellipse. Ces deux courbes se couperont nécessairement, puisque sans cela le travail résistant l'emportant toujours sur le travail moteur, la force vive irait en diminuant sans cesse jusqu'à zéro, et la machine s'arrêterait.

Maintenant on peut établir facilement que la vitesse doit osciller autour de celle qui correspond au point d'intersection de ces courbes, et qui par conséquent sera telle, qu'il y ait égalité entre le travail moteur et le travail résistant, produits tous deux dans l'unité de temps : cette vitesse sera ce qu'on peut appeler la *vitesse de stabilité*. Remarquons en effet qu'auprès du point d'intersection des deux courbes, celle du travail résistant s'inclinera plus que l'autre; donc, si l'on suppose que pendant une unité de temps, la vitesse, c'est-à-dire l'abscisse de ces courbes, vient par une cause quelconque à rester plus grande que celle qui correspond à l'intersection, le travail résistant l'emporterait sur le travail moteur; conséquemment la force vive diminuerait. Comme nous avons admis que, soit par l'addition d'un volant, soit par la seule disposition de la machine, la vitesse v de la roue croissait et décroissait avec la force vive totale de la machine, cette vitesse devrait diminuer aussi; donc elle ira en s'approchant de la vitesse de stabilité. De même, si l'on suppose que la vitesse reste plus petite que celle qui correspond au point d'intersection des courbes, on voit qu'avant ce point la courbe du travail moteur est au-dessus de l'autre. Ce travail moteur l'emportant donc sur le travail résistant, la force vive doit croître dans l'unité de temps, et il en sera de même de la vitesse de la roue. Ainsi, soit qu'on suppose cette vitesse pendant l'unité de temps, ou en dessus ou en dessous de la vitesse de stabilité, elle ira en s'en rapprochant. Si l'on se rappelle ce que nous avons dit sur les volans, on concevra facilement comment on pourra resserrer les écarts que pourrait prendre la vitesse de la roue par suite des inégalités dans le travail qu'exige l'effet auquel elle est destinée : on obtiendra donc une vitesse sensiblement constante. Pour qu'elle soit celle qui correspond au *maximum* de travail à recueillir sur la roue, il ne restera qu'à faire en sorte que l'intersection des courbes dont nous venons de parler se trouve au point le plus élevé de celle qui se rapporte au travail moteur : nous allons entrer à ce sujet dans quelques développemens.

(112) Quand la dépense d'eau est donnée, ce qui entraîne que la courbe du travail moteur ait une forme donnée, on parvient à faire correspondre la vitesse de stabilité au point *maximum* du travail moteur, en cherchant à incliner plus ou moins la courbe du travail résis-

tant, c'est-à-dire en modifiant, quand cela est possible, le travail résistant produit dans l'unité de temps pour une vitesse donnée; mais si, au contraire, le travail résistant est donné pour chaque vitesse, et que la courbe de celui-ci ne puisse changer, il ne reste d'autre moyen que de modifier celle du travail moteur, lorsque cela est possible.

Occupons-nous d'abord de la première supposition où l'on se donne la chute d'eau, c'est-à-dire le travail moteur pour toutes les vitesses que peut prendre la roue, et où l'on peut seulement modifier le travail résistant produit avec une vitesse donnée. Il faut, par cette modification, amener la vitesse de stabilité à prendre la valeur qui correspond au *maximum* du travail moteur dans l'unité de temps. Voyons comment on y parviendra dans la pratique.

Il y a deux cas à distinguer : ou bien la partie de la machine destinée à opérer l'effet utile sera construite de telle sorte que, sans rien changer à sa construction, on pourra faire varier le travail résistant dû à cet effet dans l'unité de temps, avec une vitesse donnée, ou pour un tour de roue, ce qui revient au même; ou bien cela ne se pourra pas ainsi, et il faudra faire un changement dans les constructions premières pour modifier sensiblement le travail dû à l'effet utile par chaque tour de roue.

Dans le premier cas, on arrivera sans difficulté à donner à la vitesse de stabilité la valeur convenable. Pour cela, on augmentera peu à peu le travail résistant dû à l'effet utile, jusqu'à ce que la vitesse de stabilité soit celle qui répond au *maximum*. Par exemple, s'il s'agit d'une machine à aplatir des barres de fer entre des cylindres, on pourra augmenter la largeur ou le nombre des pièces de fer qu'on fera passer entre les cylindres, et le travail résistant augmentera à peu près proportionnellement à cette largeur ou à ce nombre. S'il s'agit d'écraser des matières sous une meule, on pourra, dans beaucoup de cas, fournir plus ou moins de matière dans un temps donné, et dès lors augmenter le travail résistant. Enfin, il y a encore des machines où, par les dispositions préalables, on s'est réservé la faculté d'augmenter ou de diminuer le travail, comme dans des filatures où, en engrenant ou désengrenant des métiers de broches, on ajoute ou l'on retranche autant de travail résistant qu'on le veut. Pour des dispositions de ce genre, on arrivera très facilement à amener la vitesse de stabilité à la valeur qu'elle doit avoir.

Dans le second cas, où l'on ne peut pas changer le travail dû à l'effet utile pour une vitesse donnée de la roue à aubes ou à augets, sans changer la construction première de la machine, nous allons montrer par un exemple comment on arrivera à établir cette construction première, de manière que la vitesse de stabilité corresponde au *maximum* de travail.

Supposons, pour fixer les idées, que la roue à aubes ou à augets soit destinée à faire mouvoir un marteau de forges qui soit levé par des cames. Il sera facile d'étendre à tout autre cas ce que nous dirons pour cet exemple. Ici le travail résistant pour l'unité de temps correspondant à une vitesse donnée, dépend du nombre de cames adaptées autour de l'arbre qui les supporte; il ne peut changer qu'en mettant plus ou moins de ces cames, et qu'en modifiant ainsi la construction première de la machine. Voici comment on s'y prendra pour combiner cette disposition première. On saura par expérience de combien il faut élever le marteau pour obtenir un battage convenable du fer; on aura ainsi le travail consommé pour élever le marteau à chaque coup. S'il y a des frottemens des cames contre les mentonnets du marteau, ou même des chocs, on s'aidera des résultats de l'expérience, ou de ceux des théories que nous avons donnés articles (49) et (74), pour estimer approximativement le travail que ces frottemens et ces chocs feront perdre; on aura donc le travail résistant qu'exige chaque coup de marteau. D'une autre part, en jaugeant le cours d'eau moteur, on saura combien la roue reçoit d'eau par unité de temps, par exemple, par minute : le poids de cette eau, multiplié par la hauteur de la chute, donnera un certain travail. En consultant les expériences faites sur le genre de roue qu'on emploiera, on saura quelle portion de ce travail elle peut recueillir quand elle a pris la vitesse qui correspond au *maximum* d'effet ou de travail utile : ce sera, par exemple, pour une roue à augets, environ 0,70 de ce travail; pour les roues à aubes courbes, environ 0,50, et pour les roues à aubes plates ordinaires, environ 0,30. En divisant ce travail par celui que demande chaque coup de marteau, on aura le nombre de coups qu'on peut frapper par minute. Mais connaissant la vitesse de la circonférence de la roue hydraulique, par la condition de recueillir le plus de travail possible, on en conclura celle de l'arbre qui porte les cames; on saura donc le nombre de tours que cet arbre doit faire par minute, et dès lors aussi le nombre de coups de marteau qu'il peut frapper pour chacun de ses tours. Comme on ne pourra prendre qu'un entier pour le nombre des cames, on choisira celui qui approche le plus du quotient exact qu'on aura trouvé. Ces cames étant ainsi distribuées autour de l'arbre qui les porte, il faudra de toute nécessité que la machine prenne d'elle-même la vitesse qui convient au *maximum* de travail à recueillir, puisque c'est avec cette vitesse seule que le travail moteur et le travail résistant seront égaux et qu'il pourra y avoir stabilité.

(113) Revenons enfin à la seconde supposition que nous avons distinguée plus haut, c'est-à-dire à celle où la nature de l'effet à produire ne permet pas de faire varier, même dans la construction première, le travail résistant qu'il doit exiger. C'est ce qui arriverait dans l'exemple dont nous venons de nous occuper, si les coups de marteau devaient se succéder à un intervalle de temps déterminé, et devaient ainsi produire dans l'unité de temps un travail résistant aussi déterminé. Alors on ne peut arriver à économiser le travail moteur qu'en construisant les engrenages dans la machine de manière que l'arbre qui porte les cames ayant la vitesse nécessaire au nombre de coups de marteau qu'on veut frapper par minute, celle de la roue hydraulique corresponde toujours au *maximum* de travail à recueillir de la chute d'eau. Mais pour que cette dernière vitesse se produise, il faut que cette chute d'eau fournisse une quantité de travail convenable dans chaque unité de temps : ce sera, pour les roues à aubes plates, environ trois fois celui qu'exige le jeu des marteaux et les frottemens et autres pertes depuis l'arbre de la roue à aubes; pour les roues à augets, environ une fois et demie le même travail; et pour les roues à aubes courbes, environ deux fois. Si donc le courant ne fournit pas assez d'eau dans l'unité de temps, il ne restera d'autre moyen, pour en tirer toujours le plus de parti possible, que de retenir l'eau en réserve dans un bief ou dans un étang, afin que quand on la fait arriver sur la roue, on soit maître d'augmenter ce débouché et de faire couler dans l'unité de temps la quantité d'eau suffisante. Alors la courbe du travail moteur prendra une amplitude telle, que son point *maximum* viendra se mettre sur la courbe du travail résistant, au point qui est donné par la quantité de ce travail qu'on veut nécessairement obtenir. Pour varier ainsi la quantité d'eau qui arrive sur la roue, et par suite le travail qui lui est transmis avec une vitesse donnée, il vaudra mieux élargir le débouché de la

lame d'eau que de l'approfondir; sa hauteur doit être combinée avec la construction de la roue, et il y aurait des pertes de travail à la changer. En donnant préalablement un surplus de largeur aux aubes ou aux augets, on peut augmenter celle de la lame d'eau sans qu'il en résulte des pertes en plus grande proportion que la dépense de travail.

Il y a des effets qui exigent des consommations variables de travail : pour le battage du fer, par exemple, tantôt il faut presser les coups de marteau, tantôt il faut les ralentir. Pour une parfaite économie de travail dans ce cas, il faudrait des systèmes de cames de rechange qui permissent de multiplier les coups de marteau sans changer la vitesse de la roue à aubes ou à augets. Alors, en même temps qu'on multiplierait le nombre des coups de marteaux, on élargirait dans la même proportion la lame d'eau reçue par la roue en levant des venteles adjacentes. Mais une pareille perfection pourrait bien devenir trop gênante, et l'économie de travail qu'on y trouverait ne vaudrait probablement pas la dépense qu'occasioneraient ces dispositions. C'est au reste sur quoi on ne peut guère se prononcer d'une manière générale; tout dépend des valeurs que les circonstances peuvent donner au travail à économiser.

(114) Nous allons maintenant donner quelques considérations sur les moyens de recueillir le travail des hommes et des animaux.

Lorsqu'on emploie les hommes comme moteur, on remarque que, suivant qu'ils agissent à l'aide de tels ou tels muscles, ils produisent plus ou moins de travail en se fatiguant également, et qu'en agissant avec les mêmes membres, le travail produit pour une même fatigue varie avec la rapidité du mouvement de ces membres et avec l'effort qu'ils ont à développer. Ainsi, à fatigue égale au bout de la journée, l'homme, avec les muscles des jambes, produit plus de travail qu'avec ceux des bras, et, en agissant avec ses jambes, il produit le plus de travail possible, lorsque les mouvemens n'ont pas plus de rapidité que dans la marche ordinaire et que l'effort à exercer approche le plus possible de celui que ses muscles exercent habituellement dans la marche, c'est-à-dire du poids de la partie supérieure du corps. Si l'homme agissait avec trop de rapidité, bien que d'une part les chemins décrits par les points qu'il pousse soient plus considérables, la force le serait beaucoup moins : l'expérience prouve qu'il n'y a pas compensation et que le travail diminuerait. S'il agissait au contraire avec trop de lenteur, bien qu'il pourrait exercer un effort plus considérable, les chemins décrits diminueraient : l'expérience prouve qu'il n'y a pas non plus compensation, en sorte que le travail diminue encore. Le *maximum* correspond au travail qu'il produit pour élever son corps en marchant sur une pente douce. Ce travail a pour mesure le produit de son poids par la hauteur dont il a été élevé. Tout appareil destiné à recueillir le plus de travail possible de l'homme, et à le transmettre à une machine, doit donc être disposé de manière qu'il agisse par les muscles de ses jambes avec une vitesse semblable à celle de la marche, et en exerçant l'effort qu'il produit habituellement pour élever son corps en marchant. Ce but est atteint à peu près en faisant agir les jambes sur une roue qui cède et tourne, pendant que la partie supérieure du corps reste immobile. On pourrait encore placer chaque pied sur un appui mobile qui pût s'abaisser d'une petite hauteur sous la pression du pied, et qui se relevât à l'aide d'un volant (*).

On tirerait encore plus de travail de l'homme en disposant une rampe ou un escalier où il pût s'élever pour se laisser redescendre sur un plateau mobile, où le poids de son corps seul agirait pendant qu'il se reposerait ; mais la difficulté de mettre ce mode à exécution doit faire renoncer à s'en servir, vu surtout qu'il ne produirait pas beaucoup plus que ce que l'on recueille de l'homme, en se servant de la roue de carrière ou du tambour.

La diminution de travail commence à devenir très sensible quand, au lieu de se servir d'un tambour, ou même de toutes les machines ordinaires pour appliquer le travail de l'homme à l'élévation des fardeaux, on les lui fait porter sur ses épaules, tandis qu'il monte sur un escalier ou sur une échelle. C'est ce que l'expérience prouve très évidemment, et ce que du reste on peut pressentir, en remarquant que l'homme produisant, par l'élévation du poids de son propre corps, le plus de travail possible, il ne doit plus déjà en produire autant si ce poids se trouve surchargé d'un fardeau. Si donc on ne compte pour le travail recueilli que celui de l'élévation du fardeau, et qu'on perde tout celui qui a été produit pour élever le poids du corps, à plus forte raison n'en recueillera-t-on qu'une bien plus petite quantité.

(*) Ce moyen a été proposé par M. Frimot, pour faire mouvoir des pompes.

(115) On pourrait lier les résultats fournis par l'expérience sur le travail de l'homme au moyen d'une théorie empirique que je suis loin de présenter ici comme une explication de ces résultats, mais seulement comme un moyen de les faire retenir. On pourra se représenter l'homme comme produisant son effort à l'aide du mouvement d'un fluide matériel qui circule dans ses membres et qui agit sur les points qu'il pousse, à peu près comme un courant d'eau contre les aubes d'une roue. On supposera que la fatigue est d'autant plus grande au bout d'un temps donné, que ce courant a plus de vitesse, en sorte que pour soutenir son travail d'une manière continue avec un certain repos et une certaine nourriture, l'homme ne pourra donner à ce courant qu'une vitesse déterminée. Il résulte de cette conception, 1°. qu'à fatigue égale, au bout de la journée, l'effort que l'homme doit exercer pour produire le plus de travail possible sur des points mobiles, doit être les $\frac{4}{9}$ de celui qu'il pourrait continuer pendant le même temps sans remuer son corps; de même que, dans ce cas, l'effort d'un courant d'eau contre un plan mobile doit être les $\frac{4}{9}$ de ce qu'il serait contre le même plan quand il est fixe; 2°. que le poids que l'homme peut porter pour produire le plus de travail, non compris l'élévation du poids de son corps, est égal à ce poids multiplié par 0,597, ce qui est assez bien confirmé par les expériences de Coulomb; 3°. enfin, que la vitesse verticale qu'il doit prendre dans ce cas doit être celle qu'il donnerait à son corps s'il l'élevait seul, multipliée par 0,47, ce qui est encore confirmé, à peu de chose près, par ces mêmes expériences. Pour arriver à ces conséquences de la théorie empirique d'où nous sommes partis, il faut admettre d'abord que le poids du corps est l'effort que l'homme doit faire pour produire le plus de travail, et ensuite que les efforts produits par un courant de vitesse déterminée contre un corps fixe ou mobile sont proportionnels au carré de la vitesse relative. En comparant l'effort contre le corps et la vitesse de ce dernier pour le *maximum* de travail, avec l'effort et la vitesse qui seraient nécessaires pour que le *maximum* ait lieu seulement pour le travail dû à l'excès d'un effort plus grand sur le premier, on trouve facilement les résultats qu'on vient de citer (*).

(*) Voici les calculs auxquels on est conduit en assimilant ainsi le travail de l'homme qui élève une charge à celui d'un courant fluide qui a une vitesse déter-

(116) Lorsqu'on n'a pas pour principal but d'écouomiser le travail de l'homme, mais qu'on veut plutôt éviter les dépenses de construction des machines qui servent à transmettre ce travail pour opérer certains effets ; alors, au lieu de la force des jambes, on emploie celle des bras : l'adresse de ces membres dispense des renvois de mouvement. Mais ce serait une erreur que de croire que, pour éviter les pertes qu'occasione toujours la transmission nécessaire pour obtenir et le chemin et la force qu'exige l'effet qu'on veut produire, il vaudrait mieux se dispenser de ces renvois de mouvement et faire agir l'homme immédiatement. On perd presque toujours moins à transmettre le travail qu'on ne perdrait à faire agir l'homme d'une manière qui ne correspondît point au *maximum* de travail : c'est pour cela que dans les fabrications qui se continuent indéfiniment, et où la dépense des

---

minée. Si l'on désigne, par P l'effort exercé par le courant quand il produit le *maximum* de travail contre un mobile dont la vitesse est V, cet effort P correspondant au poids du corps de l'homme ; par P′ le surplus d'effort quand la vitesse v du mobile est moindre que V qui convient au *maximum*, cet effort P′ représentant la charge que l'homme élève en sus du poids de son corps ; si u est la vitesse du courant de fluide ; on aura pour l'effort total, $P + P' = C(u - v)^2$; C représente ici un coefficient que l'on regarde comme constant. Comme on a $P' = C(u - v)^2 - P$, le travail dû à l'élévation de ce poids P′ avec la vitesse v sera, dans l'unité de temps, $C(u - v)^2 v - Pv$. Pour qu'il devienne un *maximum*, on doit avoir $v = \frac{2}{3} u - \sqrt{\left(\frac{u^2}{9} + \frac{P}{3C}\right)}$: il ne faut prendre que le signe moins, parce que v ne peut être plus grand que u. P n'étant autre chose que la valeur de $C(u - v)^2$, quand le travail $C(u - v)^2 v$ est un *maximum*, c'est-à-dire quand $v = V = \frac{u}{3}$; on a $P = \frac{4}{9} Cu^2$. Mettant cette valeur dans v, on trouve $v = u \frac{(2 - \sqrt{\frac{7}{3}})}{3} = (2 - \sqrt{\frac{7}{3}}) V = 0{,}474 V$. Ainsi la vitesse v de la charge pour le *maximum* de travail, en ne considérant que l'élévation de cette seule charge, serait les 0,47 de celle que prend le corps de l'homme quand il n'a rien à élever. Pour avoir la valeur de cette charge, on substituera la valeur $v = \frac{u}{3} (2 - \sqrt{\frac{7}{3}})$ dans $P' = C(u - v)^2 - P$, ce qui donnera $P' = Cu^2 \left(1 - \frac{2 - \sqrt{\frac{7}{3}}}{3}\right)^2 - P$. On tirera cu^2 de l'équation $P = \frac{4}{y} Cu^2$, et il viendra en substituant $P' = \frac{1}{4} P (1 + \sqrt{\frac{7}{8}})^2 - P$, ou en réduisant $P' = 0{,}597 P$: ainsi la charge P′ serait les 0,597 du poids P du corps.

machines est peu de chose en comparaison du produit de la fabrication, si l'on ne peut employer que des hommes pour moteur, il faut d'abord établir une première partie de la machine destinée à recueillir le *maximum* de travail; ensuite, à l'aide d'une seconde partie, on se procurera les mouvemens nécessaires à l'opération qu'on veut exécuter. Si un homme ne produit pas assez de travail dans un temps donné, on en mettra plusieurs, et, sans changer le mode d'agir de chacun d'eux, on parviendra à se procurer sur les outils la force et la vitesse dont on a besoin. Si l'effet à produire donne lieu à un travail résistant qui ne soit pas fourni uniformément, alors on ajoutera un volant à la machine, pour éviter que les hommes n'agissent avec des forces et des vitesses trop sensiblement variables, et ne donnent pas ainsi le *maximum* de travail.

(117) Les chevaux n'agissent dans les machines qu'en tirant horizontalement; il ne paraît pas qu'on puisse les employer d'une autre manière. Cependant il est assez probable qu'en élevant le poids de leur corps sur une pente douce, ils produiraient plus de travail qu'en tirant; mais la difficulté de faire agir leurs pieds sur un plan mobile, comme on le fait pour les hommes, empêche qu'on ne se serve de ce mode de produire du travail. C'est en les attelant à un manége qu'on en retire un *maximum* de travail. Ce *maximum* exige que leur vitesse soit à peu près celle de la marche au pas, et que la force du tirage ait une certaine valeur qui varie suivant l'individu. On doit donc disposer le manége de manière que le cheval exerce un tirage déterminé, et marche avec une vitesse déterminée. C'est l'expérience seule qui fait connaître ces élémens pour chaque espèce de chevaux. Pour se procurer la force et la vitesse nécessaires à l'effet qu'on a en vue, on fera usage de renvois de mouvemens, en employant autant de chevaux que cela sera nécessaire pour qu'avec une vitesse donnée on ait aussi une force déterminée, c'est-à-dire pour qu'on obtienne un certain travail par seconde de temps. Si l'effet à produire exige une consommation de travail qui ne soit pas uniforme, comme lorsqu'il s'agit de faire mouvoir un marteau, alors on fait usage du volant pour éviter que le cheval n'exerce un effort et une vitesse trop sensiblement variables, et ne donne pas alors son *maximum* de travail.

Les hommes et les animaux étant aujourd'hui des moteurs bien plus chers que la vapeur, on ne les emploie plus pour tout ce qui demande un travail très continu et assez considérable ; mais ils sont toujours utiles lorsque le travail ne doit être fourni que pendant un temps limité, ou bien par intervalles, ou lorsque le peu de travail dont on a besoin ne vaut pas les frais d'établissement des moteurs à vapeur.

(118) D'après un tableau donné par M. Navier dans ses Notes sur Bélidor, l'homme dans une journée, en élevant le poids de son corps seulement, produit 280 des unités que nous appelons dynamodes ; lorsqu'il agit sur une roue de carrière, 251 ; sur un cabestan en se servant de ses bras, 207 ; sur une manivelle, 172. Toutes ces quantités supposent les vitesses les plus favorables au travail ; elles sont de $0^m,60$ à $0^m,75$ pour les bras, et pour les jambes de $0^m,15$, cette dernière vitesse étant mesurée verticalement.

Suivant le même tableau de M. Navier, un cheval ordinaire, en prenant la vitesse la plus favorable au travail, qui est à peu près de $0^m,90$ par seconde, produit dans la journée de 8 heures un travail de 1166 dynamodes.

Les Anglais, qui ont de forts chevaux, portent aujourd'hui, dans l'estimation des machines à vapeur, le travail d'une journée de 8 heures à environ 2190 dynamodes. Le cheval de machine à vapeur étant supposé travailler 24 heures, c'est-à-dire valant trois chevaux travaillant chacun 8 heures, représente donc, suivant les mesures anglaises, un produit de 6570 dynamodes par jour, ou de $0^d,076$ par seconde. Comme plusieurs mécaniciens français commencent à s'entendre pour fixer ce qu'ils appellent *force d'un cheval* au produit de $0^d,075$ par seconde, il est à désirer qu'on s'arrête à ce nombre, qui est assez près des mesures anglaises pour en être regardé comme la traduction en unités métriques. Ainsi, il serait entendu, qu'en livrant la *force d'un cheval*, on met à la disposition du fabricant un travail par seconde de 75 kilogrammes élevés à un mètre (*).

(119) Nous allons donner maintenant, pour l'emploi de la vapeur

---

(*) Si l'on voulait introduire le travail de la journée d'un homme comme unité de comparaison, il serait assez convenable d'adopter pour le produit moyen le nombre de 216 dynamodes, qui est à peu près ce qu'il fournit en agissant pour tirer ou pour pousser horizontalement : le travail d'une journée d'homme serait alors exactement le 30e de ce qu'on adopte aujourd'hui pour le produit, par jour, du cheval de machine à vapeur. En admettant que l'homme ne travaille que pendant

26

comme moteur, quelques considérations qui ressortent de la théorie. Si elles ne donnent pas des résultats positifs, elles auront toujours l'avantage de montrer de combien d'élémens divers dépend le travail qu'on en recueille, et d'apprendre à mettre beaucoup de réserve avant de prononcer auquel de ces élémens on doit un accroissement dans les effets produits par une machine à vapeur.

Les machines destinées à recueillir le travail de la vapeur sont composées ordinairement, comme on sait, de la chaudière, du cylindre et de son piston, du balancier, et du volant destiné à régulariser le mouvement. C'est de l'arbre de ce volant qu'on transmet ce travail à la machine destinée à la fabrication qu'on a en vue, comme on le fait de l'arbre d'une roue hydraulique. En suivant l'analogie entre ces machines destinées l'une et l'autre à recueillir le travail, nous assimilerons la dépense de charbon dans le foyer, à la dépense d'eau; et le travail que pourrait produire toute la chaleur dégagée, au travail de la chute, c'est-à-dire au produit de la quantité d'eau par la hauteur totale dont elle descend. De même qu'on apprécie la roue hydraulique, en comparant le travail qu'elle peut transmettre, au travail total de la chute d'eau, on devrait apprécier également la machine à vapeur en comparant le travail que peut transmettre l'arbre du volant, à celui que produirait toute la chaleur dépensée. Mais comme ce *maximum* n'est pas encore bien fixé dans l'état actuel de la Physique, que d'ailleurs il paraît qu'il dépend de la température à laquelle on forme la vapeur, et qu'il ne reste pas proportionnel à la quantité de charbon brûlé, c'est dans la pratique à cette dernière quantité que l'on compare le travail recueilli. La nature du charbon étant très variable, puisqu'il y en a qui fournit presqu'un tiers de chaleur de plus qu'un autre, il serait plus exact de tout rapporter à une quantité de chaleur déterminée; mais on n'en est pas encore venu là, soit que, d'une part, cet élément manque d'une unité facile à énoncer, soit que même on ne sache pas encore assez bien quelle quantité de chaleur on produit avec les divers charbons qu'on emploie. En attendant que de nouvelles recherches expérimentales permettent de mettre plus de précision dans les énoncés, on se contente donc de comparer le travail recueilli au poids du charbon brûlé,

---

8 heures, son produit par seconde, durant ce temps, serait le 10e du produit du cheval de machine, et pourrait élever ainsi à un mètre un poids de $7^{kil},50$.

en distinguant assez vaguement les diverses qualités de ce charbon.

(120) De même qu'il y a toujours dans la réalité, pour les chutes d'eau, une portion du liquide qui ne vient pas passer par les augets ou contre les aubes ou palettes, il peut y avoir aussi, pour les foyers des machines à vapeur, lorsqu'ils sont mal construits, une portion sensible du courant de chaleur qui ne passe pas contre les parois de la chaudière. Il faut chercher d'abord à diminuer cette quantité autant que possible, par la construction du foyer, ce qui est toujours assez facile, en plaçant celui-ci presque dans la chaudière, et en forçant ainsi le courant de chaleur à la traverser, comme on force le courant d'eau à passer par les augets ou les aubes d'une roue. Mais de même que l'eau, après avoir passé par les aubes, peut n'avoir transmis que très peu de travail, le courant de chaleur qui est emmené par le courant d'air qui entretient le foyer peut communiquer trop peu de calorique à la chaudière, et en conserver une grande partie en la quittant. On a bien la ressource d'allonger le circuit du courant de chaleur en contact avec la chaudière, par une construction convenable; mais la machine une fois établie, la perte, à la sortie de ce circuit, peut encore devenir plus ou moins grande, suivant la température que la vitesse du piston entretient dans l'eau de la chaudière. C'est ainsi que, pour une roue à palettes ou à aubes, après l'avoir construite de la manière la plus convenable, il faut encore lui donner une vitesse telle, que le travail transmis dans l'intérieur de la machine, déduction faite des pertes par les frottemens, soit le plus grand possible. On aperçoit donc ici, pour les machines à vapeur, une question analogue à celle dont nous nous sommes occupés pour les roues hydrauliques : quelle vitesse faut-il donner au piston ou au volant, c'est-à-dire avec quelle rapidité faut-il laisser se dégager la vapeur, pour que, dans un temps donné, on retire d'un foyer déterminé le plus de travail possible de l'arbre du volant? Quoiqu'on ne puisse pas obtenir par la théorie la solution de cette question, il sera toujours bon de faire sentir que le *maximum* existe, et de montrer les élémens qui font croître et décroître le travail qu'on recueille par kilogramme de charbon brûlé.

Remarquons d'abord que la température de la vapeur pour une même machine et pour un foyer d'une même intensité de chaleur, dépend de la vitesse du piston. Car, si l'on pouvait supposer que cette température de la vapeur qui se forme ne changeât pas quand la vitesse du

26..

piston augmente, le poids de vapeur dépensé dans l'unité de temps étant plus grand quand les coups de piston sont plus précipités, la chaleur sortie de la chaudière, qui est proportionnelle à ce poids de vapeur, deviendrait aussi plus grande; dès lors, comme nous supposons que la combustion reste dans le même état, l'eau de la chaudière ne pourrait pas se conserver à la même température comme on le suppose, puisqu'elle dépenserait plus de chaleur dans le même temps et qu'elle n'en recevrait pas davantage : il faut donc que cette température s'abaisse quand le piston marche plus rapidement. Ainsi, la question de la vitesse à donner au piston revient à celle de la température qu'il convient de laisser prendre à la vapeur pour un certain degré d'activité de la combustion.

Le travail qu'on recueille pour chaque kilogramme d'eau vaporisée peut se représenter par trois termes : 1°. le *maximum* théorique que peut fournir la vapeur si elle ne perdait point de chaleur avant la condensation; 2°. la déduction qu'il faut faire pour les pertes de chaleur; 3°. le travail perdu par le frottement du piston. Ces termes dépendant de la température θ_0 de la formation de la vapeur, nous les désignerons par $F(\theta_0)$, $\psi(\theta_0)$, et $\varphi(\theta_0)$; en sorte que le travail qu'on pourra recueillir d'un kilogramme de vapeur sera représenté par $F(\theta_0) - \psi(\theta_0) - \varphi(\theta_0)$.

Si nous désignons par N le nombre de kilogrammes d'eau vaporisée par un foyer d'une intensité de chaleur déterminée, pendant qu'on dépense un kilogramme de charbon, ce qui répond à un temps donné, le travail total recueilli de l'arbre du volant de la machine, pendant ce temps, sera représenté par $N\{F(\theta_0) - \psi(\theta_0) - \varphi(\theta_0)\}$.

La quantité N de kilogrammes d'eau vaporisée dans un temps donné étant proportionnelle à la quantité de chaleur qui passe du foyer dans la chaudière, ce facteur N, pour un même foyer, variera avec la température θ_0 de l'eau dans la chaudière. On sait, en effet, que plus est élevée la température d'un corps mis en présence d'un foyer, moins il prend de chaleur dans un temps donné. Cette vérité physique devient tout-à-fait sensible ici, en remarquant que, dans le cas où la chaudière serait fermée, la température atteindrait un *maximum*, et que l'eau ne prendrait plus de chaleur du tout; il faut donc que cette température soit inférieure à ce *maximum*, pour qu'il y ait de la chaleur employée à former de la vapeur; le facteur N serait nul pour une certaine valeur de θ_0 qu'on n'obtiendrait qu'en fermant tout-à-fait la chaudière, et il sera d'autant plus petit que θ_0 sera moins en dessous de cette limite.

Examinons maintenant comment varie aussi avec la température θ_0 le second facteur $F(\theta_0) - \psi(\theta_0) - \varphi(\theta_0)$, qui, dans l'expression du travail total, représente celui qu'on recueille pour chaque kilogramme de vapeur formée. Supposons d'abord qu'on ne se serve pas de l'expansion. Nous avons donné à l'article (43) la quantité de travail que produiraient dans ce cas 10 kilogrammes de vapeur s'il n'y avait point de pertes de chaleur. Suivant qu'on admettra la loi de Southern ou celle de la dilatation des gaz, le premier terme $F(\theta_0)$, qui représente le travail théorique pour un kilogramme seulement, sera donné par l'une ou l'autre de ces équations,

$$F(\theta_0) = 17{,}54\left(1 - \frac{h_1}{h_0}\right) \text{ ou } F(\theta_0) = 12{,}76\,(1 + 0{,}003750_0)\left(1 - \frac{h_1}{h_0}\right).$$

Ces deux expressions décroissent évidemment avec h_0 et conséquemment avec θ_0; elles deviendraient nulles pour $h_0 = h_1$.

Si l'on suppose maintenant qu'on se serve de l'expansion jusqu'à un volume déterminé v', ainsi que cela arrive dans les machines à cause de la hauteur limitée de la course du piston, on aura, d'après la formule que nous avons donnée au même article (43),

$$F(\theta_0) = \int_{v_0}^{v'} h\,dv + h_0 v_0 \left\{1 - \frac{v' h_1}{v_0 h_0}\right\}.$$

Soit que l'on suppose avec Southern que la force élastique soit en raison inverse du volume, ou qu'on admette la loi de dilatation des gaz, on a pour la première hypothèse, $h = \frac{h_0 v_0}{v}$, et pour la seconde, $h < \frac{h_0 v_0}{v}$; car la température allant en diminuant pendant l'expansion, le produit hv ne peut être que plus petit que $h_0 v_0$, qui correspond à la formation de la vapeur. On aura donc

$$F(\theta_0) = \text{ou} < h_0 v_0 \left\{\log\left(\frac{v'}{v^0}\right) + 1 - \frac{v' h_1}{v_0 h_0}\right\}.$$

L'expansion ne se poussant que jusqu'à un volume v' qui est dans un rapport donné n avec le volume de formation v_0, on aura $\frac{v'}{v^0} = n$, et cette formule devient

$$F(\theta_0) = \text{ou} < h_0 v_0 \left\{\log(n) + 1 - n\frac{h_1}{h_0}\right\}.$$

Le produit $h_0 v_0$ ne pouvant point croître quand h_0 diminuera, le second membre de cette inégalité devient nul quand on a

$$h_0 = h_1 \frac{n}{1 + \log(n)}.$$

Ainsi, le travail théorique $F(\theta_0)$ deviendra nul aussi pour une valeur encore moins petite de h_0, et conséquemment de θ_0 qui décroît avec h_0.

Maintenant si l'on considère, non plus le travail théorique $F(\theta_0)$, mais le travail réellement disponible que nous avons exprimé par $F(\theta_0) - \psi(\theta_0) - \varphi(\theta_0)$, il est clair qu'il deviendra nul pour une valeur encore moindre de θ_0. En effet, les pertes $\varphi(\theta_0)$ dues aux frottemens augmenteront nécessairement quand θ_0 diminuera; car le même poids de vapeur fournissant plus de coups de piston quand la vapeur se forme à une température plus basse, et le frottement étant à très peu près le même pour chaque coup de piston, le travail résistant produit pendant que ce même poids de vapeur se dépense ira en augmentant. Quant au terme $\psi(\theta_0)$, qui représente la diminution qui est due aux pertes de chaleur, de quelque manière qu'il varie, quand même il serait moindre à des températures plus basses, il ne peut que faire décroître le travail, qui n'en deviendra nul que plus tôt encore que si ces pertes n'existaient pas. On ne peut donc se refuser à reconnaître que le travail recueilli par kilogramme de vapeur finira par décroître assez rapidement avec la température de formation.

Ainsi le travail total qui est recueilli dans un temps donné deviendra très petit pour deux valeurs de la température θ_0, d'abord à cause du peu de vapeur produite quand cette température est trop élevée, et ensuite à cause du peu de travail recueilli avec une quantité donnée de vapeur, quand cette même température devient trop basse. On conçoit donc comment il doit y avoir un *maximum* pour une certaine température intermédiaire.

Si ce n'est plus avec un foyer d'une intensité déterminée qu'on veut produire du travail, mais en formant de la vapeur à une température et une pression donnée, alors il est clair que c'est la température de la combustion qu'il faudra porter à un point suffisant pour obtenir le *maximum* de travail par kilogramme de charbon brûlé.

(121) Si l'on prend pour abscisse d'une courbe la vitesse moyenne du piston ou celle du volant d'une machine à vapeur, et pour ordonnée le travail moteur que peut produire cette machine dans l'unité de temps

sur l'arbre du volant, cette courbe, partant de l'origine des abscisses, s'élèvera, puis s'abaissera pour revenir recouper l'axe à une certaine distance. Cette forme de courbe étant semblable à celle que nous avons considérée pour le travail recueilli dans l'unité de temps par les roues hydrauliques, on prouverait, comme nous l'avons fait pour ces roues, que la vitesse du volant oscille autour de celle qui est telle que le travail moteur est égal au travail résistant pour chaque période de mouvement, ou pour une unité de temps qui comprend plusieurs de ces périodes. Cette stabilité autour d'une certaine vitesse résulte, comme on l'a vu à l'article (110), de ce que le travail moteur produit dans l'unité de temps, aux environs de la vitesse qui donne cette égalité, croît moins rapidement avec la vitesse que le travail résistant. En se reportant à ce que nous avons dit pour les roues hydrauliques, on verra comment, connaissant une fois par expérience le *maximum* de travail qu'on peut recueillir d'un certain foyer, on pourra s'y prendre dans les différens cas pour que le piston prenne la vitesse qui convient à ce *maximum*; il suffira de raisonner sur la vitesse du volant absolument comme nous l'avons fait sur celle de la roue.

Tant que les expériences manqueront pour évaluer *à priori* le travail moteur *maximum* que peut transmettre l'arbre du volant d'une machine à vapeur, on ne sera jamais sûr, ou de faire marcher la machine avec une vitesse convenable, ou de donner au foyer l'activité qui convient à la vitesse qu'on veut avoir, et l'on brûlera souvent plus de charbon qu'il ne le faudrait. C'est ainsi que, dans l'emploi des chutes d'eau par les roues à aubes, on dépense plus d'eau pour produire un certain effet quand on ne dispose pas les choses de manière que la roue prenne la vitesse convenable, ou de manière que la vitesse du courant soit celle qui convient à la vitesse qu'on veut donner à la roue.

(122) Les expériences sur le *maximum* de travail à retirer d'un foyer offrent beaucoup de difficultés; il en faudrait faire, non-seulement pour diverses températures, mais aussi pour chaque espèce de machine employée pour recueillir ce travail, puisque les frottemens et d'autres genres de pertes influent sur le point qui convient au *maximum*. Jusqu'à ce qu'on ait des observations de ce genre, voici un aperçu d'après lequel on pourra conclure approximativement la vitesse du piston et le travail à recueillir, quand on saura toutefois la température à laquelle on doit former la vapeur.

Quelques auteurs portent la quantité de chaleur employée pour les dispositions les plus favorables à 0,60 de la chaleur totale, dans le cas où on forme la vapeur à des pressions qui ne dépassent guère trois ou quatre atmosphères. Le facteur N de l'article (120), qui représente le nombre de litres d'eau vaporisée par kilogramme de charbon, serait alors égal à 6. Quel que soit ce nombre N, une fois qu'on le connaîtra, on pourra en déduire approximativement le volume de la vapeur formée à une température θ_0 pour chaque kilogramme de charbon consommé. Si v_0 et h_0 désignent toujours le volume et la pression de cette vapeur, on trouvera, suivant qu'on adoptera la loi de Southern ou celle de la dilatation des gaz (article 43),

$$h_0 v_0 = 17{,}544\text{N} \quad \text{ou bien} \quad h_0 v_0 = 12{,}759\,(1 + 0{,}00375\theta_0)\text{N};$$

et comme, d'après la formule d'interpolation donnée à l'article cité, on a $h_0 = 0{,}03782\,(1 + 0{,}01878\theta_0)^{5{,}355}$, on en conclura deux limites entre lesquelles on prendra approximativement le volume v_0 qui est dû à la première formation de la vapeur produite par kilogramme de combustible dépensé. Connaissant le poids de charbon qu'on voudra brûler par jour, on en déduira donc facilement le nombre de coups de piston et la vitesse du volant. Pour qu'elle se conserve telle, il faudra disposer les choses de manière que lorsqu'elle se produit, le travail résistant sur ce volant soit bien égal au travail moteur qu'il reçoit. Ainsi, quand on forme de la vapeur à des pressions qui ne sont pas trop élevées, on prendra les six dixièmes du travail qu'on obtiendrait de l'emploi de toute la chaleur dégagée par la quantité de charbon brûlé dans le foyer dans un temps donné, par exemple, dans une seconde; on aura ainsi celui qui est produit sur le piston : on tiendra compte du frottement et des autres pertes, que l'on porte assez généralement au tiers de cette dernière quantité, et ce qui restera donnera le travail résistant qui devra se produire sur l'arbre du volant, quand sa vitesse est celle qui convient au *maximum*.

En partant de ces données et des résultats les moins élevés de l'article (43), on trouverait que si l'on brûlait un kilogramme de houille dans un certain temps, il faudrait, quand la vapeur est formée à une atmosphère, que le travail résistant sur l'arbre du volant fût pour le même temps de 65 dynamodes si l'on ne se sert pas de l'expansion de la vapeur, et de 170 de ces unités si l'on se sert de l'expansion.

Si l'on admet qu'à 8 atmosphères on utilise de même les six dixièmes de la chaleur totale, et que les frottemens n'absorbent toujours que le tiers du travail produit sur le piston, en partant du résultat de l'article (43) qui porterait à 208 dynamodes le travail dû à toute la chaleur sans profiter de l'expansion de la vapeur, et à 825 dynamodes quand on emploie l'expansion, on trouverait qu'on peut recueillir de l'arbre du volant, dans le premier cas, 83 dynamodes par kilogramme de charbon brûlé, et dans le second cas, 330. Ce dernier résultat excède encore beaucoup ce qu'on produit généralement aujourd'hui dans les machines à haute pression, où l'on profite de l'expansion de la vapeur.

(123) D'après ce qui est cité dans un Mémoire publié par M. Combes, ingénieur, dans les *Annales des Mines*, année 1824, voici ce que donnent pour l'effet utile, déduction faite de toutes pertes, les machines établies en France : celles des mines d'Auzin, près de Valenciennes, construites dans le système de Woolf, à 3 ou 4 atmosphères, produisent par kilogramme de charbon, et suivant la quantité de ce combustible, de 22 à 32 dynamodes; les meilleures machines à haute pression et à expansion produisent environ 115 de ces unités pour le même poids de charbon.

M. Tredgold admettant dans l'évaluation du produit des mines de Cornouailles qu'en calculant l'eau élevée par les courses des pistons, on n'a guère plus que le travail qui serait transmis par le balancier, porte ce produit de 137 à 170 dynamodes par kilogramme de charbon. Ces résultats paraîtront bien forts pour des machines où la vapeur ne s'emploie pas à une très haute pression. Néanmoins, nous remarquerons qu'en supposant qu'il fût possible d'employer toute la chaleur de la combustion pour former la vapeur à trois atmosphères, si l'on fait usage de la dilatation jusqu'à une pression correspondante à 40°, et si l'on emploie de bon charbon qui vaporise 12 litres d'eau par kilogramme, on obtiendra, suivant la théorie, 753 dynamodes par kilogramme de charbon. Comme d'ailleurs il est possible qu'on ne perde que les quatre dixièmes de la chaleur produite, et qu'il n'y ait qu'un tiers du travail qui soit absorbé en frottement depuis le piston jusqu'à l'eau à élever, on pourrait obtenir pour cette élévation d'eau jusqu'à 301 dynamodes (*).

(*) On vient d'imprimer dans quelques journaux que les machines des mines

La qualité du combustible a une grande influence sur ces résultats: il y a telle nature de houille qui dégage presque un tiers de chaleur de plus qu'une autre, en sorte que les produits des machines ne sont réellement comparables que lorsqu'on se sert du même charbon.

S'il s'agissait de constater une amélioration dans la construction d'une machine à vapeur, il faudrait prendre garde de ne pas confondre un accroissement de travail qui peut être dû à la qualité du charbon, avec celui qui tiendrait à la construction des cylindres et des systèmes de renvois de mouvement. On ne doit pas perdre de vue, dans ce genre d'examen, que la construction du foyer et de la chaudière, la manière de conduire le feu, peuvent entrer pour beaucoup dans une économie de travail; et surtout, que suivant que la température de la chaudière sera dans un rapport convenable avec celle du foyer, et que par suite la vitesse du piston, ou celle du volant, ne sera ni trop grande ni trop petite, il pourra en résulter aussi des accroissemens dans le produit du travail par kilogramme de charbon brûlé. On conçoit donc combien il faut mettre de réserve avant de prononcer sur les avantages qui peuvent résulter de la seule construction des renvois de mouvement.

(124) Il nous reste à dire quelque chose sur les moyens de recueillir le travail des courans d'air. On sait que les machines destinées à cet objet sont des roues garnies d'ailes; elles recueillent le travail à peu près comme les roues à aubes qui reçoivent celui d'un courant d'eau.

La quantité d'air en mouvement étant indéfinie, on en retirerait un travail aussi grand qu'on voudrait en augmentant les dimensions des ailes, si les frais de construction et d'entretien des machines ne mettaient pas une limite au profit qu'on peut y trouver. L'emplacement nécessaire pour présenter au vent beaucoup d'ailes à la fois, la fragilité de celles-ci lors des ouragans, le peu de constance des vents, qui ne règnent un peu régulièrement que dans des lieux élevés éloignés des habitations; toutes ces circonstances sont autant de causes qui empêchent de tirer un grand parti des courans d'air, quoique théoriquement ce moteur nous offre une quantité de travail presque indéfinie.

Il y a cette différence entre les courans d'air et les courans d'eau,

---

de Cornouailles donnaient pour l'élévation de l'eau, jusqu'à 270 dynamodes, et même 315, par kilogramme de charbon. Ces résultats commencent à devenir moins croyables. On peut voir à ce sujet le tableau qui est à la fin de l'article 136 et les observations qu'il renferme.

que ces derniers étant presque toujours limités lorsqu'on les reçoit à leur sortie d'une retenue ou barrage, on ne peut pas augmenter le travail qu'on en retire en augmentant les dimensions des aubes, tandis qu'on peut toujours le faire pour le vent : aussi ne met-on pas ordinairement un grand intérêt à construire les ailes de manière à satisfaire rigoureusement à la condition de retirer le plus de travail possible d'un courant d'air d'une section déterminée ; on se borne à chercher quelles sont les dispositions qui, sans rien coûter de plus en construction, sont les plus favorables. Sous ce rapport, il y en a qui sont indiquées par l'expérience et par la théorie, et qu'on adopte effectivement.

Nous allons examiner quelle est la disposition à donner aux ailes d'un moulin à vent, d'une longueur et d'une largeur données, pour qu'elles recueillent le plus de travail possible. Euler s'est occupé de cette question dans un Mémoire inséré dans le *Recueil de Berlin;* mais comme il est parti de formules établies presque d'une manière empirique, et qu'en outre il n'a pas poussé ses calculs jusqu'aux applications, il nous a paru convenable de reprendre ici cette question, en nous appuyant sur la formule que nous avons donnée (article 93). Si les hypothèses qu'il faut faire pour l'appliquer aux ailes d'un moulin à vent ne sont pas complètement admissibles, cependant, comme elles donnent des résultats assez bien confirmés par l'expérience, l'analyse à laquelle elles conduisent n'est pas tout-à-fait indigne d'attention. Au reste, on pourra si l'on veut ne pas s'arrêter à ces calculs et se contenter de prendre comme des données d'observation les dispositions fournies par la théorie, puisqu'elles sont toutes d'accord avec celles que l'expérience a fait adopter.

Comme il n'en coûte pas plus de donner aux ailes des moulins à vent la forme d'une surface gauche que celle d'une surface plane, puisque l'on peut incliner différemment les traverses qui sont adaptées aux volans ou rayons qui forment l'axe de chaque aile, on doit chercher comment il convient de varier les différentes inclinaisons de ces traverses à mesure qu'on s'éloigne de l'axe de rotation. Nous supposerons donc à l'aile la forme d'une surface gauche quelconque. Si l'on concevait des plans isolés au lieu des élémens de cette surface, on trouverait que leurs inclinaisons doivent assez peu varier entre les deux extrémités de l'aile ; il en résulte que la surface gauche inconnue ne doit pas être très courbe. Nous ferons donc l'hypothèse que, quelle que soit la forme qu'on doive donner à l'aile, on peut partager sa surface en élémens qu'on pourra regarder comme des plans diversement inclinés. En outre, comme chacun de ces élémens plans doit passer par le volant ou axe de l'aile qui est toujours dans le plan de rotation perpendiculaire au vent, on pourra prendre pour l'angle que l'élément fait avec le vent celui d'une génératrice avec l'axe de rotation ; ainsi, l'aile se trouvera décomposée en élémens sensiblement plans, qui feront avec le vent des angles variables : ces angles seront ceux de chaque génératrice avec l'axe de rotation, c'est-à-dire avec l'arbre qui porte les ailes.

Remarquons maintenant que, bien que la formule de l'article (93) sur la pression que le vent produit contre un plan ne puisse pas du tout s'appliquer, en ce qui concerne la pression du côté du vent, à des élémens de surface très petits dans les deux sens, ni même à des élémens très étroits dans un sens, mais qui seraient seulement isolés, on peut cependant l'appliquer sans trop grande erreur aux élémens que nous considérons. En effet, la condition de l'exactitude de la formule sur la pression du côté du vent, c'est que les filets fluides interceptés dans le courant d'air par la présence du plan se dévient tous jusqu'à devenir parallèles au plan. Or, ici, à cause de la longueur de l'aile, on conçoit qu'à l'exception de ce qui est très près des extrémités, les déviations se feront dans la direction de la ligne la plus courte qui est sensiblement la génératrice transversale, à peu près comme si le courant d'air se divisait par tranches perpendiculaires au rayon ou axe de l'aile, et que les filets ne pussent sortir de ces tranches. Dans ce cas, il n'y a plus d'autres inexactitudes dans la formule que celle qui résulte de ce qui arrive aux deux extrémités de la largeur de l'aile, où les déviations ne sont plus ce qu'on les suppose. Mais les ailes étant déjà assez larges, il arrive que cette cause d'erreur n'est pas très sensible. Quant à la diminution de pression sur le revers de l'aile, si l'on se reporte à ce que nous avons dit pour la trouver, on verra qu'il n'y a pas de raison pour ne pas l'appliquer avec une grande approximation aux élémens transversaux de l'aile.

En supposant donc que le vent souffle dans la direction de l'axe de rotation des ailes, les élémens de celles-ci auront des vitesses perpendiculaires à celle du vent, et nous devrons appliquer à chacun d'eux la formule de l'article (93), pour le cas où le plan se meut perpendiculairement à la direction du vent. Si nous désignons par α l'angle qu'un des élémens fait avec la direction du vent, ou avec l'axe de rotation, par r sa distance à cet axe, et par ω la vitesse angulaire commune à tous les élémens, la vitesse v de chacun sera représentée par ωr. Si l'on désigne par l la largeur de l'aile, qui sera la longueur de l'élément, la superficie de celui-ci sera ldr. Ainsi, en représentant toujours par ϖ le poids de l'unité de volume de l'air, le travail que recevra cet élément dans l'unité de temps, pour une vitesse du vent représentée par u, sera

$$\frac{3\varpi l}{2g} dr \left(u \sin \alpha - \omega r \cos \alpha\right)^2 \omega r \cos \alpha.$$

Il faut faire attention que cette formule ne s'applique au travail reçu par l'élément qu'autant que le vent le rencontre par-dessus, c'est-à-dire qu'autant que $u \sin \alpha - v \cos \alpha$ est positif; mais il arrive que cette condition est satisfaite pour les résultats que nous trouverons.

Si nous faisons la somme de ces quantités de travail pour tous les élémens d'une aile, en commençant à la distance r_0 de l'axe, et en finissant à la distance r_1, et si nous prenons le quadruple du résultat pour avoir tout de suite le travail sur les quatre ailes, nous aurons

$$\frac{6\varpi l}{g}\int_{r_0}^{r_1} (u \sin \alpha - \omega r \cos \alpha)^2 \omega r \cos \alpha dr.$$

Ce n'est pas tout-à-fait ce travail qu'il s'agit de rendre un *maximum*, c'est celui dont on peut réellement disposer pour l'employer à un effet utile; en sorte qu'il faudrait en retrancher au moins la portion que fait perdre le frottement de l'arbre dans les coussinets. Or, d'après les expériences de Coulomb, ce frottement ne varie pas beaucoup avec la vitesse de rotation, il ne dépend guère que des pressions. Comme la partie variable de celles-ci est insensible devant le poids de l'arbre et de ses ailes, on peut supposer que le frottement est constant; en sorte que le travail qu'il fait perdre dans l'unité de temps peut être regardé comme proportionnel aux arcs parcourus par les points frottans, et par conséquent aussi à la vitesse de rotation à l'unité de distance, c'est-à-dire à ω. On pourra donc représenter ce travail perdu par $f\omega$. L'expression du travail qu'on peut recueillir de l'arbre qui porte les ailes deviendra ainsi

$$\frac{6\varpi l}{2g}\int_{r_0}^{r_1} (u \sin \alpha - \omega r \cos \alpha)^2 \omega r \cos \alpha dr - f\omega.$$

Pour rendre ce travail un *maximum*, on peut faire varier la dépendance qu'il y a entre α et r, et en outre la valeur de ω. Le *maximum* absolu par rapport à ces deux élémens devant entraîner le *maximum* relatif quand l'un des deux ne change pas, il faudra d'abord satisfaire à la condition relative à la fonction inconnue de α en r sans faire varier ω. Pour cette première partie de la question, le terme $f\omega$ n'entre pour rien dans le calcul.

Soit par les principes du calcul des variations, soit par les considérations géométriques ordinaires, on verra que pour que l'intégrale devienne la plus grande possible, il faut que chacun de ses élémens soit un *maximum* par rapport à α. En désignant pour abréger par V la fonction à intégrer, la quantité à rendre un *maximum* étant exprimée par

$$\frac{6\pi l}{2g}\int_{r_0}^{r_1} V dr,$$

on devra avoir pour chaque valeur de r

$$\frac{dV}{d\alpha}=0.$$

Exécutant cette différentiation, et remarquant que la valeur de α qu'on tirerait du facteur commun $\omega r(u\sin\alpha-\omega r\cos\alpha)$ ne correspond pas au *maximum* du travail, puisqu'elle le rendrait nul, on obtient en ôtant ce facteur

$$2(u\cos\alpha+\omega r\sin\alpha)-(u\sin\alpha-\omega r\cos\alpha)\,\omega r\sin\alpha=0,$$

ou

$$u(\text{tang}^2\alpha-2)=3\omega r\,\text{tang}\,\alpha\,;$$

d'où l'on tire

$$\text{tang}\,\alpha=\frac{3\omega r}{2u}+\sqrt{\left\{\left(\frac{3\omega r}{2u}\right)^2+2\right\}}.$$

Telle est donc déjà la relation entre α et r. On ne doit prendre ici que la valeur positive du radical, parce que l'autre valeur rendrait tang α négative, et qu'alors le vent prenant l'aile par-derrière, le travail ne serait plus moteur.

Pour achever de satisfaire aux conditions du *maximum* relativement à la valeur de ω, il faudrait substituer dans l'expression du travail la valeur de α en r résultant de l'équation que nous venons de trouver; on exécuterait l'intégration, et l'on réduirait ainsi l'expression à ne plus contenir que ω, pour égaler ensuite à zéro sa dérivée par rapport à cette variable. On peut simplifier ces calculs en remarquant que cette condition du *maximum* peut être représentée par

$$\frac{6\omega l}{2g}\int_{r_0}^{r_1}\left(\frac{dV}{d\omega}\right)dr - f = 0;$$

la différentiation étant faite ici à la fois par rapport à la variable ω qui paraît explicitement et par rapport à cette même variable qui sera introduite par la valeur de α en r que nous venons de trouver. Si l'on désigne par $\frac{dV}{d\omega}$ la dérivée partielle de V prise par rapport à la lettre explicite ω, sans que celle-ci varie dans la valeur de α, on aura pour la dérivée totale $\left(\frac{dV}{d\omega}\right)$ qui entre dans l'équation précédente, la valeur

$$\left(\frac{dV}{d\omega}\right) = \frac{dV}{d\omega} + \frac{dV}{d\alpha}\frac{d\alpha}{d\omega}.$$

Or, comme en vertu de la première condition qui a déterminé la relation entre α et r, on a $\frac{dV}{d\alpha} = 0$, l'équation ci-dessus se réduit à

$$\left(\frac{dV}{d\omega}\right) = \frac{dV}{d\omega}.$$

Ainsi la condition du *maximum* devient

$$\frac{6\varpi l}{2g}\int_{r_0}^{r_1}\frac{dV}{d\omega}dr - f = 0.$$

En développant $\frac{dV}{d\omega}$, et y introduisant les simplifications que donne la relation déjà trouvée en r et α, on obtient

$$\frac{6\varpi l}{2g}\int_{r_0}^{r_1} 2u(u\sin\alpha - \omega r\cos\alpha)\frac{r\cos^3\alpha}{\sin\alpha}dr - f = 0.$$

Il faudrait mettre ici pour α sa valeur en r et ω; après avoir intégré, on aurait l'équation qui déterminerait ω. Or, il sera plus simple de mettre r et dr, en α, $d\alpha$ et ω, et ensuite d'intégrer par rapport à α, en mettant alors pour les limites de cette variable, que nous représenterons par α_0 et α_1, les valeurs données par les équations

$$\operatorname{tang}\alpha_0 = \frac{3\omega r_0}{2u} + \sqrt{\left\{\left(\frac{3\omega r_0}{2u}\right)^2 + 2\right\}},$$

$$\operatorname{tang}\alpha_1 = \frac{3\omega r_1}{2u} + \sqrt{\left\{\left(\frac{3\omega r_1}{2u}\right)^2 + 2\right\}}.$$

En mettant donc pour r et dr les valeurs tirées de la relation trouvée précédemment, laquelle donne

$$r = \frac{u}{3\omega}\left(\frac{1 - 3\cos^2\alpha}{\sin\alpha\cos\alpha}\right),$$

$$dr = \frac{u}{3\omega}\left(\frac{1 + \cos^2\alpha}{\sin^2\alpha\cos^2\alpha}\right)d\alpha,$$

on obtient

$$\frac{24}{27}\frac{\varpi l u^4}{\omega^2}\int_{\alpha_0}^{\alpha_1}\frac{(1 - 3\cos^2\alpha)(1 + \cos^2\alpha)}{\sin^5\alpha}d\alpha - f = 0.$$

Si l'on représente par $\varphi(\alpha)$ l'intégrale indéfinie à exécuter en α, on trouve par les méthodes connues

$$\varphi(\alpha) = \frac{5\cos^3\alpha - 3\cos\alpha}{2\sin^4\alpha} - \frac{1}{2}\log\left(\operatorname{tang}\frac{1}{2}\alpha\right);$$

en sorte qu'on aura pour la condition du *maximum*

$$\frac{24}{27}\frac{\varpi l u^4}{\omega^2}\left\{\varphi(\alpha_1) - \varphi(\alpha_0)\right\} - f = 0,$$

ou bien

$$\omega - \sqrt{\left\{\frac{24}{27}\frac{l u^4}{f}\left(\varphi(\alpha_1) - \varphi(\alpha_0)\right)\right\}} = 0.$$

Cette équation, dans laquelle α_0 et α_1 sont des fonctions déjà compliquées en ω, le devient elle-même beaucoup trop pour qu'on puisse la résoudre par rapport à cette inconnue. Mais pour discuter les résultats admis par expérience, il suffira d'y faire des substitutions successives pour différentes valeurs de la vitesse angulaire ω : de cette manière nous trouverons entre quels nombres sont comprises les racines. Une fois que nous aurons ainsi approximativement la valeur de ω pour chaque vitesse du vent, nous en déduirons la forme des ailes pour chacune de ces vitesses par la formule tang $\alpha = \frac{3\omega r}{2u} + \sqrt{\left\{\left(\frac{3\omega r}{2u}\right)^2 + 2\right\}}$.

(125) Pour trouver ainsi les valeurs de ω, par des substitutions successives nous allons d'abord réduire toutes les lettres en nombres, en adoptant les données qui conviennent aux moulins pour lesquels Coulomb a consigné des résultats d'expérience (*).

Voyons d'abord quelle est la valeur du coefficient f; il doit être égal à une force qui, appliquée à un mètre de l'axe, produirait le même travail que le frottement. Dans les moulins que Coulomb a observés, il a reconnu que pour vaincre les frottemens quand on a égard aux poids des pilons soulevés à chaque instant, il fallait une force de 3 kilogrammes à l'extrémité de l'aile, ou à 12 mètres de l'axe. La force équivalente à 1 mètre de l'axe, est de 36 kilogrammes. Nous y ajouterons quelque chose pour tenir compte du frottement sur la base du pivot de l'arbre quand la pression du vent la fait appuyer contre la crapaudine. Cette pression étant d'environ 200 kilogrammes pour les vents les plus ordinaires, le frottement peut être évalué au plus à une force de 40 kilogrammes agissant à une distance réduite de $0^m,03$ de l'axe; de sorte que la force équivalente qui serait appliquée à un mètre de l'axe serait égale à $1^{kil},21$; ce qui ferait en tout $37^{kil},21$: nous prendrons en nombre rond, $f = 38$ kil.

Pour les moulins observés par Coulomb, la tenture de l'aile commençant à 2^m de l'axe et finissant à 12^m, on a $r_0 = 2^m, r_1 = 12^m$. La largeur de la toile étant d'un peu plus de six pieds, on prendra $l = 2^m,00$. Enfin, on peut prendre très approximativement pour le poids d'un mètre cube d'air, $\varpi = 1^{kil},30$.

Coulomb a fait des observations pour des vitesses du vent de $2^m,27$, de 4,05, de 6,50 et de $9^m,10$ par seconde. Nous commencerons par examiner ce que donneront les calculs précédens pour un vent de $4^m,05$, qu'on peut regarder comme celui qui a lieu le plus souvent.

Pour cette vitesse du vent, on est dans l'usage de donner à l'arbre qui porte les ailes une vitesse de rotation de 7 à 8 tours par minute,

(*) Toutes les observations de Coulomb, auxquelles nous comparerons ici les résultats du calcul, se trouvent dans sa *Théorie des Machines simples*, pag. 298, et en grande partie, dans le *Traité des Machines*, de M. Hachette, pag. 225, édition de 1828.

ce qui donne pour la vitesse à l'unité de distance de l'axe, $\omega = 0,785$. Pour reconnaître si cette valeur est loin de celle qui satisfait à l'équation du *maximum* que nous venons de trouver, on déterminera d'abord les limites α_0 et α_1 qui en résultent; on trouve $\alpha_0 = 64° 38' 30''$, et $\alpha_1 = 82° 8' 40''$. En mettant ces valeurs et celles des autres lettres dans l'équation du *maximum*, et poussant l'approximation jusqu'à la quatrième décimale, le premier membre, qui devrait être nul, se réduit à $-0,0741$. Si l'on refait des substitutions analogues pour $\omega = 0,70$, on trouve que ce même premier membre devient $+0,0094$. Ainsi il y a une valeur de ω entre 0,785 et 0,70 : elle sera très près de 0,70. Cette racine conviendra au *maximum*; car en faisant d'autres substitutions, on verra que les résultats s'écartent davantage de zéro. Ainsi, la vitesse angulaire 0,785 qu'on donne aux ailes pour ce vent ne diffère pas beaucoup de la valeur que fournit la théorie.

Les autres élémens adoptés par expérience diffèrent aussi très peu des résultats du calcul. En effet, Coulomb a constaté qu'on donne aux ailes la forme d'une surface gauche dont les génératrices extrêmes font, la première à 2^m de l'axe, un angle de 60°, et l'autre, à 12^m, un angle qui varie de 78 à 84°, ou qui est moyennement de 81°; que, dans l'intervalle, les inclinaisons varient de manière que les extrémités des génératrices forment une ligne très peu courbe. Or si, dans l'équation

$$\tang \alpha = \frac{3\omega r}{2u} + \sqrt{\left[\left(\frac{3\omega r}{2u}\right)^2 + 2\right]},$$

on substitue $\omega = 0,70$ et $u = 4,05$, on trouve que les angles α_0 et α_1, aux extrémités, sont de 63° et de 81°. Dans l'intervalle, les inclinaisons des génératrices qui sont données par l'équation ci-dessus seraient telles, que la courbe formée par leurs extrémités serait une ligne à double courbure différant assez peu d'une hyperbole et même d'une ligne droite (*).

(*) Pour construire exactement la surface donnée par le calcul, on devrait concevoir un plan perpendiculaire à l'axe de rotation à une distance quelconque b du rayon ou ligne milieu de l'aile. Les génératrices transversales de celles-ci, prolongées jusqu'à ce plan, viendraient le rencontrer suivant une hyperbole, dont une asymptote serait la projection de la ligne milieu de l'aile sur ce plan, prolongée

Ainsi pour un vent de $4^m,05$, qui doit être celui avec lequel le moulin marche le plus souvent, l'accord entre les dispositions que la pratique a fait admettre et celles qu'indique la théorie est aussi grand que possible.

La forme des ailes une fois arrêtée dans la pratique, il est clair que dès qu'elle correspond à la condition du *maximum* absolu, pour le vent de $4^m,05$, elle ne peut plus y correspondre encore pour d'autres vitesses du vent; en sorte que, pour ces autres vents, ce ne sera plus la vitesse angulaire déterminée par ce *maximum* absolu lorsqu'on fait varier la forme des ailes pour chaque vent, qui devra être celle qui correspondra au *maximum* lorsque la forme de l'aile ne change plus. Ainsi il doit arriver que les vitesses angulaires satisfaisant à l'équation du *maximum* absolu ne soient pas celles qu'on donne dans la pratique. Effectivement, Coulomb a constaté que, pour les vents de $2^m,27$ et de $6^m,50$, on donnait les vitesses angulaires de 0,31 et de 1,36. Or, en reprenant des calculs analogues à ceux que nous venons d'indiquer, voici ce que fournit la théorie, quand on fait varier la forme des ailes.

Pour une vitesse de vent de $2^m,27$, le *maximum* absolu tombe entre

$$\omega = 0,18, \quad \alpha_0 = 59^\circ\ 3', \quad \alpha_1 = 73^\circ 40',$$

et

$$\omega = 0,22, \quad \alpha_0 = 59^\circ 39', \quad \alpha_1 = 75^\circ\ 6';$$

car ces deux valeurs de ω, substituées dans l'équation du *maximum*, donnent $+0,0135$ et $-0,0192$.

Pour une vitesse de vent de $6^m,50$, ce même *maximum* tombe entre

$$\omega = 1,64, \quad \alpha_0 = 67^\circ\ 4', \quad \alpha_1 = 83^\circ 51',$$

et

$$\omega = 1,80, \quad \alpha_0 = 67^\circ 58', \quad \alpha_1 = 84^\circ 22';$$

du côté opposé à cette aile, et l'autre asymptote serait une ligne partant de l'axe de rotation et faisant, avec la première, un angle obtus dont la tangente serait $\frac{3\omega b}{u}$. Cette courbe couperait un diamètre perpendiculaire à la première asymptote à une distance égale à $b\sqrt{2}$.

car ces deux valeurs de ω donnent, dans l'équation du *maximum*, $+0,169$ et $-0,016$.

Ainsi on voit déjà qu'il faudrait rendre les ailes d'autant plus perpendiculaires à l'axe de rotation, que le vent le plus fréquent serait plus considérable.

(126) Ne nous occupons plus maintenant que de la forme qui a été adoptée par expérience.

Cherchons d'abord la vitesse angulaire pour le *maximum*, en laissant cette forme constante, et pour cela exprimons le travail au moyen de cette vitesse. En prenant pour le vent de 4,05, $\omega = 0,70$, on trouve que la relation précédemment trouvée entre r et α, pour le *maximum* relatif à la forme de l'aile seulement, devient

$$\operatorname{tang}\alpha = 0,518\frac{r}{2} + \sqrt{\left[\left(0,518\frac{r}{2}\right)^2 + 2\right]}.$$

Cette formule donne aux extrémités de l'aile

$$\alpha_0 = 63^\circ\, 42'\, 55'', \qquad \alpha_1 = 81^\circ\, 17'\, 28''.$$

Ces angles étant très près de ceux de 60° et de 81°, que Coulomb a trouvés, et la forme du reste de l'aile s'accordant d'ailleurs assez bien avec celle des moulins qu'il a observés, nous regarderons la formule ci-dessus comme pouvant s'appliquer aux ailes de ces moulins.

Pour abréger l'écriture, nous représenterons par $\frac{1}{a}$ le coefficient numérique 0,518, ce qui revient à poser $a = 1,928$; nous aurons

$$\operatorname{tang}\alpha = \frac{r}{2a} + \sqrt{\left(\frac{r^2}{4a^2} + 2\right)}.$$

Au lieu de mettre α en r dans l'expression du travail, il sera plus commode de mettre r en α, en intégrant entre les limites α_0 et α_1, qui correspondent aux extrémités de l'aile. On tirera de l'équation ci-dessus

$$r = a\left(\frac{1-3\cos^2\alpha}{\sin\alpha\,\cos\alpha}\right),$$

$$dr = a\left(\frac{1+\cos^2\alpha}{\sin^2\alpha\,\cos^2\alpha}\right),$$

valeurs qu'il faudra substituer dans l'expression du travail, qui est

$$\frac{6\pi l}{g}\int(u\sin\alpha - \omega r\cos\alpha)^2\,\omega r\cos\alpha\,dr - \omega f.$$

Si l'on développe d'abord cette expression, elle devient

$$\frac{6\varpi l}{g}\left(\omega u^2\int_{r_0}^{r_1}\sin^2\alpha\cos\alpha r dr-2\omega^2 u\int_{r_0}^{r_1}\sin\alpha\cos^2\alpha r^2 dr+\omega^3\int_{r_0}^{r_1}\cos^3\alpha r^3 dr\right)-f\omega.$$

En substituant les valeurs de r et de dr, le facteur a sort des intégrales en α. Si, pour abréger, on représente ces intégrales indéfinies par $\varphi(\alpha)$, $\chi(\alpha)$, $\psi(\alpha)$, et leurs valeurs entre les limites par P, Q, R, on pourra écrire

$$\int_{\alpha_0}^{\alpha_1}\frac{(1-3\cos^2\alpha)^3(1+\cos^2\alpha)}{\sin^5\alpha\cos^2\alpha}d\alpha=\varphi(\alpha_1)-\varphi(\alpha_0)=\mathrm{P},$$

$$\int_{\alpha_0}^{\alpha_1}\frac{(1-3\cos^2\alpha)^2(1+\cos^2\alpha)}{\sin^3\alpha\cos^3\alpha}d\alpha=\chi(\alpha_1)-\chi(\alpha_0)=\mathrm{Q},$$

$$\int_{\alpha_0}^{\alpha_1}\frac{(1-3\cos^2\alpha)(1+\cos^2\alpha)}{\sin\alpha\cos^4\alpha}d\alpha=\psi(\alpha_1)-\psi(\alpha_0)=\mathrm{R}.$$

Le travail se trouve exprimé alors par

$$\frac{6\pi l}{g}(\mathrm{R}a^2u^2\omega-2\mathrm{Q}a^3u\omega^2+\mathrm{P}a^4\omega^3)-f\omega.$$

La condition du *maximum* devient donc

$$\frac{6\varpi l}{g}(\mathrm{R}a^2u^2-4\mathrm{Q}a^3u\omega+3\mathrm{P}a^4\omega^2)-f=0;$$

on en tire

$$\omega=\frac{u}{a}\left[\frac{2\mathrm{Q}}{3\mathrm{P}}-\sqrt{\left(\frac{4\mathrm{Q}^2}{9\mathrm{P}^2}+\frac{gf}{18\pi la^2u^2}-\frac{\mathrm{R}}{3\mathrm{P}}\right)}\right].$$

Le signe positif du radical donnerait aux deux élémens extrêmes des vitesses au-delà de celles qui correspondraient au *maximum* de travail qu'ils peuvent recevoir. En effet, ces dernières sont données par $\omega=\frac{u\tang\alpha}{3r}$, comme il serait facile de le voir, en cherchant le *maximum*, par rapport à ω, de $\frac{3\varpi l}{2g}dr(u\sin\alpha-\omega r\cos\alpha)^2\omega r\cos\alpha$. Or, d'après les valeurs de $\tang\alpha_1$, $\tang\alpha_0$, on verrait que, pour les élémens extrêmes, ω doit être d'environ $\frac{u}{3}$ et $\frac{u}{6}$; tandis que suivant les nombres que nous donnerons pour P, Q, R, on aurait, en prenant le signe positif du radical, une valeur de ω qui serait plus grande que $\frac{u}{2}$; elle ne pourrait donc évidemment pas correspondre au *maximum* pour l'ensemble des élémens, puisqu'alors aucun d'eux ne recevrait le plus de travail possible.

Pour réduire en nombre la valeur de ω, ainsi que l'expression du travail, il faudra calculer les intégrales P, Q, R. Or en appliquant les méthodes connues, on trouve pour les intégrales indéfinies, que nous avons représentées par $\varphi(\alpha)$, $\chi(\alpha)$, $\psi(\alpha)$, les valeurs

$$\varphi(\alpha)=-27\frac{\cos^3\alpha}{\sin^4\alpha}+135\frac{\cos^3\alpha}{\sin^4\alpha}-105\frac{\cos\alpha}{\sin^4\alpha}+\frac{1}{\cos\alpha\sin^4\alpha}-54\log\left(\operatorname{tang}\frac{1}{2}\alpha\right)(*),$$

$$\chi(\alpha)=9\frac{\cos^3\alpha}{\sin^2\alpha}-14\frac{\cos\alpha}{\sin^2\alpha}+\frac{1}{\cos\alpha\sin^2\alpha}-16\log\left(\operatorname{tang}\frac{1}{2}\alpha\right),$$

$$\psi(\alpha)=\frac{1}{\cos\alpha}-3\cos\alpha-4\log\left(\operatorname{tang}\frac{1}{2}\alpha\right);$$

en les prenant entre les angles $\alpha_0=63°\,42'\,55''$ et $\alpha_1=81°\,17'\,28''$, qui correspondent à $\omega=0{,}70$, et qui diffèrent très peu de ceux que Coulomb a mesurés; on trouve, en calculant par logarithmes et s'arrêtant à la troisième décimale,

$$P=2{,}963,\quad Q=3{,}382,\quad R=3{,}928;$$

substituant avec ces valeurs, $a=1{,}928$, $f=38{,}00$, $g=9{,}8088$, et $\varpi=1{,}30$, on trouve,

$$\omega=0{,}518\,u\left[0{,}761-\sqrt{\left(0{,}1372+\frac{0{,}7228}{u^2}\right)}\right].$$

Cette formule confirme déjà la règle pratique énoncée par Coulomb, savoir, qu'on donne un rapport à peu près constant entre la vitesse des ailes et celle du vent; car, dès que u devient de 3^m ou 4^m, le terme $\frac{0{,}7228}{u^2}$ sous le radical a peu d'influence sur le coefficient de u, lequel reste ainsi à peu près constant. Au reste, voici la comparaison entre les résultats de la formule ci-dessus et les vitesses observées.

Pour la vitesse du vent de $2^m{,}27$, la formule donne $\omega=0{,}28$, et l'observation $\omega=0{,}31$ (**).

(*) Il faut faire attention que les logarithmes sont hyperboliques.

(**) Cette vitesse serait un peu forte, puisque Coulomb la donne comme étant à

Pour la vitesse du vent de $4^m,05$, la formule donne $\omega = 0,70$, l'observation $\omega = 0,785$.

Pour la vitesse du vent de $6^m,50$, la formule donne $\omega = 1,24$, et l'observation $\omega = 1,36$.

Pour la vitesse du vent de $9^m,10$, il faut changer la formule, parce qu'on repliait 2^m de toile à l'extrémité de chaque aile; alors, pour calculer les intégrales définies P, Q, R, il faut modifier la seconde limite de r, et par suite, celle de α. Au lieu d'avoir, comme pour les ailes entières, $\alpha_1 = 81° 17' 28''$, on a $\alpha_1 = 79° 46' 41''$: avec cette seconde limite, on trouve

$$P = 2,093, \qquad Q = 2,494, \qquad R = 2,987.$$

On en déduit $\omega = 1,89$: l'observation donne $\omega = 1,83$.

L'accord de ces résultats est aussi grand qu'on peut l'attendre des hypothèses d'où nous sommes partis.

Si l'on appelle N le nombre de tours que font les ailes par minute, on aura $\omega = \frac{6,283N}{60}$, ou bien $N = 9,354\,\omega$. Si dans la valeur de ω on laisse en dehors le facteur u, en substituant seulement sa valeur sous le radical, on aura, pour les quatre vitesses du vent que nous venons de citer,

$$N = 1,16u, \qquad N = 1,65u, \qquad N = 1,82u, \qquad N = 1,98u.$$

Ce résultat conduit à la règle approximative qu'on trouve énoncée dans le *Traité des Machines* de M. Hachette, que le nombre de tours, par minute, doit être près du double du nombre de mètres qui exprime la vitesse du vent, surtout quand cette vitesse n'est pas trop faible.

(127) Il nous reste à faire la comparaison la plus essentielle à l'appréciation du degré d'approximation de la formule sur la pression produite par le vent; c'est celle du travail que les ailes reçoivent dans une seconde de temps d'après cette formule, avec celui qui résulte des observations de Coulomb. Comme on connaît par ces observations les poids soulevés dans un temps donné, on en conclura le travail reçu par les ailes, en tenant compte du travail perdu par les frottemens et par le choc des pilons. Le premier sera le produit $f\omega$ ou 38ω; le second s'obtiendra approxi-

---

peine celle qui avait lieu; la vitesse effective se rapprocherait donc encore plus de celle que donne la formule.

mativement par la règle énoncée à la fin de l'article (74), c'est-à-dire en calculant la force vive qu'auraient les pilons soulevés dans une seconde, s'ils étaient conduits par l'arbre avec la vitesse qu'a celui-ci avant le choc. Le contact se faisant à la distance horizontale de 0,57 de l'axe, si l'on désigne par P la somme des poids des pilons choqués pendant une seconde; la somme des forces vives, qui est approximativement la mesure de la perte due aux chocs, sera

$$(0,57)^2 \frac{P\omega^2}{2g}, \text{ ou } 0,0165\, P\omega^2.$$

Chaque poids étant élevé de $0^m,49$, il en résulte que le travail dû à l'élévation de leur somme P, sera 0,49P; ainsi, celui qui, suivant l'observation, est reçu par les ailes dans une seconde de temps, sera exprimé par

$$0,49P + 0,0165\, \omega^2 P + 38\omega.$$

On négligerait encore ici le frottement des pilons contre les cames; mais comme ces cames étaient de simples rayons qui glissaient très peu contre les pilons, on peut négliger ce frottement.

En partant du poids P qui résulte des observations de Coulomb, voici ce que l'on obtient :

1°. Pour la vitesse du vent de $2^m,27$, et pour $\omega = 0,31$, comme on a observé que $P = 51$ kilogrammes, on en conclut pour le travail, que nous désignerons par T, en l'exprimant en dynamodes, $T = 0,0369$;

2°. Pour la même vitesse du vent, mais pour $\omega = 0,576$, le moulin ne soulevant pas de pilons, ce qui donne $P = 0$, on en conclut $T = 0,0219$;

3°. Pour la vitesse du vent de $4^m,05$, et pour $\omega = 0,785$, comme on a $P = 296^{kil},33$, on en conclut $T = 0,1779$;

4°. Pour la vitesse du vent de $6^m,50$, et pour $\omega = 1,36$, comme on a $P = 1213^{kil},33$, on en conclut $T = 0,6826$;

5°. Enfin, pour la vitesse du vent de 9,10, les ailes ayant deux mètres de longueur de moins, et pour $\omega = 1,83$, comme on a $P = 1633^{kil},33$, on en conclut $T = 0,9598$.

Nous aurions pu dès l'origine nous servir de la seconde observation pour trouver la valeur du coefficient f du frottement, en admettant l'exactitude de la formule sur le travail reçu par les ailes; mais notre objet étant d'apprécier cette exactitude, il valait mieux déterminer ce coefficient directement sur d'autres expériences, et voir ensuite quel accord il y avait entre les deux observations : or, il est aussi grand que possible ; car il résulte des nombres consignés dans le tableau suivant, que le frottement, évalué par la formule qui donne la pression produite par l'air, eût été de 40 kilogrammes, au lieu de 38 kilogrammes que nous avons adopté.

Pour obtenir par le calcul les quantités de travail produites sur les ailes, lesquelles doivent être comparées à celles qui résultent des expériences, on se servira de l'expression trouvée précédemment, en ne déduisant plus le frottement, savoir :

$$\frac{6\varpi l}{g}\left(Ra^2u^2\omega - 2Qa^3u\omega^2 + Pa^4\omega^3\right).$$

On aura soin d'y changer les coefficiens P, Q, R, comme nous l'avons indiqué, quand on réduit de $2^m,00$ la longueur des ailes pour le vent de $9^m,10$; on trouve ainsi la comparaison suivante.

TABLEAU de comparaison des quantités de travail que reçoivent les ailes d'un moulin à vent, suivant la théorie et suivant l'observation, les quatre ailes ayant chacune 10 mètres de long sur 2 mètres de large (*).

VITESSE du VENT u.	VITESSE des ailes à 1^m de l'axe ω.	TRAVAIL PRODUIT SUR LES AILES pendant une seconde, exprimé en dynamodes ou 1000 kil. élevés à $1^m,00$ — Par la formule.	Par l'observation.	RAPPORTS entre les résultats de l'expérience et ceux de la théorie.
2,27	0,31	0,0222	0,0369 (**)	1,66
Idem.	0,58	0,0233	0,0219	0,94
4,05	0,78	0,1378	0,1779	1,28
6,50	1,36	0,5714	0,6826	1,19
9,10	1,83	1,2264	0,9598	0,78

(*) Pour rendre les calculs un peu moins longs, j'ai adopté la longueur de 10 mètres, quoique Coulomb ait trouvé 32 pieds ou $10^m,40$ de tenture; avec cette longueur, les résultats théoriques eussent été un peu plus forts. (**) Observation douteuse.

La première observation est celle qui s'écarte le plus du résultat des formules; mais il faut remarquer que Coulomb dit que les ailes faisaient à peine trois tours par minute, et qu'il serait possible que les poids élevés, calculés dans l'hypothèse des trois tours, fussent trop considérables. La vitesse du vent ayant une grande influence sur le travail qui, pour une même vitesse des ailes, varie à peu près comme le carré de celle du vent, quelques inexactitudes dans les mesures de u peuvent entraîner d'assez grandes différences entre les résultats de l'expérience et ceux des formules, sans rien prouver contre ces dernières. La plus grande proportion qu'on trouve ici dans la différence entre la théorie et l'observation, pour la dernière vitesse du vent, de $9^{m},10$, peut venir en partie de ce que la longueur de la toile ne paraît pas avoir été mesurée avec exactitude dans ce cas.

Quand même il n'y aurait aucune cause d'inexactitude dans les formules, ce qui n'est certainement pas, il ne pourrait pas se présenter ici une concordance parfaite; car on n'est pas certain d'avoir bien exactement les élémens des expériences. La forme des ailes n'est qu'approximativement celle qui était adoptée dans les moulins qu'on a observés. Il serait possible qu'on ait pris dans le calcul des angles α_0 et α_1 un peu trop forts. En les diminuant un peu, on augmenterait les produits pour les petites vitesses du vent, et on les diminuerait pour les plus grandes, ce qui donnerait des rapports plus constans avec les résultats des expériences.

En définitive, les différences ne sont pas assez grandes pour faire rejeter plutôt ici l'usage des formules qu'on ne le fait dans d'autres théories d'approximation où l'accord n'est pas plus complet.

(128) Il faut remarquer que les quantités de travail qui sont consignées dans le tableau ci-dessus ne sont pas celles dont on peut disposer pour opérer l'effet utile qu'on a en vue; il faut en déduire les pertes par le frottement. Quant aux pertes par le choc des cames, on ne doit pas les soustraire, puisqu'elles tiennent au genre d'effet, et qu'elles n'existeraient plus, ou qu'elles seraient remplacées par des pertes fort différentes, si l'on opérait un autre effet.

Nous donnerons ci-dessous le tableau de ces quantités de travail qu'un moulin à vent met à la disposition du fabricant, en présentant les résultats de la théorie à côté de ceux de l'observation. Nous y ajouterons les quantités que donnent les formules pour des changemens dans la vitesse angulaire et dans la forme des ailes, afin qu'on voie l'influence que peuvent avoir ces élémens sur les quantités de travail qu'on recueille.

Quand on change la forme des ailes de manière à satisfaire à la condition du *maximum* pour différentes vitesses du vent, et qu'ainsi on a toujours $\text{tang}\,\alpha\,\frac{3\omega r}{2u} + \sqrt{\left[\left(\frac{3\omega r}{2u}\right)^2 + 2\right]}$, on trouve que ce travail se réduit à

$$\frac{24\varpi l u^4}{81 g \omega}\int\frac{(1-3\cos^2\alpha)(1+\cos^2)}{\sin^5\alpha\cos^4\alpha}d\alpha.$$

En représentant l'intégrale par $\Psi(\alpha)$, laquelle a pour valeur

$$\Psi(a) = \frac{1}{\cos\alpha\sin^4\alpha} - \frac{3}{2}\frac{\cos\alpha}{\sin^2\alpha} + \frac{3}{2}\log\left(\text{tang}\,\frac{1}{2}\,\alpha\right),$$

ce travail *maximum* devient

$$\frac{24\varpi l u^4}{81 g \omega}\left[\Psi(\alpha_1) - \Psi(\alpha_0)\right].$$

C'est d'après cette formule que nous avons calculé les trois quantités de travail du tableau ci-après, qui répondent à la forme des ailes qui convient au double *maximum* par rapport à leur forme et à leur vitesse angulaire. Nous n'avons pas donné ce *maximum* pour la quatrième, parce que, dès qu'on est obligé de diminuer la longueur de la tenture, il n'y a pas lieu de chercher à recueillir plus de travail qu'on n'en obtient dans la pratique.

TABLEAU des quantités de travail qu'on peut recueillir par seconde, de l'arbre d'un moulin à vent ayant quatre ailes dont les tentures ont 10 mètres de long sur 2 mètres de large (*), chacune commençant à 2 mètres de l'axe de rotation et finissant à 12 mètres de cet axe.

VITESSE de rotation des ailes, à $1^m,00$ de l'axe ω.	ANGLES que font, avec l'axe de rotation, les premières et dernières traverses des ailes.		TRAVAIL à recueillir par seconde, exprimé en dynamodes, ou 1000^{kil} élevés à $1^m,00$.		OBSERVATIONS.
	A 2^m de l'axe α_0.	A l'extrémité α_1.	Par la formule.	Par l'observation.	
	Vitesse du vent de $2^m,27$.				
0,10	63° 42′	81° 17′	0,0065		
0,20	*Idem.*	*Idem.*	0,0098		
0,28	*Idem.*	*Idem.*	0,0106	....	Maximum de travail par rapport à la vitesse de rotation seulement.
0,31	*Idem.*	*Idem.*	0,0105	0,0250 (¹)	
0,40	*Idem.*	*Idem.*	0,0088		
0,58	*Idem.*	*Idem.*	0,0014	0,0000	
0,18	59° 3′	73° 40′	0,0121	....	Double maximum par rapport à la vitesse de rotation et à la forme des ailes.
	Vitesse du vent de $4^m,05$.				
0,33	63° 42′	81° 17′	0,0822		
0,70	*Idem.*	*Idem.*	0,1094	....	Double maximum par rapport à la vitesse de rotation et à la forme des ailes.
0,78	*Idem.*	*Idem.*	0,1080	0,1480	
1,00	*Idem.*	*Idem.*	0,0957		
	Vitesse du vent de $6^m,50$.				
1,00	63° 42′	81° 17′	0,5073		
1,24	*Idem.*	*Idem.*	0,5232	....	Maximum par rapport à la vitesse de rotation seulement.
1,36	*Idem.*	*Idem.*	0,5197	0,6309	
1,50	*Idem.*	*Idem.*	0,5070		
2,00	*Idem.*	*Idem.*	0,4025		
1,80	67° 58′	84° 22′	0,5345	....	Double maximum par rapport à la vitesse de rotation et à la forme des ailes.
	Vitesse du vent de $9^m,10$.				
1,00	63° 42′	79° 46′	0,9537		
1,83	*Idem.*	*Idem.*	1,1568	0,8901 ..	Très près du maximum par rapport à la vitesse de rotation seulement.
2,50	*Idem.*	*Idem.*	1,0470		

(*) Comme nous l'avons fait remarquer dans la note précédente, la longueur des ailes était de $10^m,40$ pour les moulins sur lesquels portent les observations; en sorte qu'à la rigueur les résultats théoriques devraient être un peu plus forts; mais cette différence peut être négligée pour le degré d'approximation qu'il est possible d'avoir ici.

(¹) Observation douteuse.

On voit, par les résultats de la quatrième colonne de ce tableau, combien, pour une même vitesse du vent, les quantités de travail varient peu pour des écarts très sensibles dans la vitesse angulaire; on y voit aussi que les quantités de travail qu'on recueille dans le cas du double *maximum*, correspondant à d'autres formes des ailes que celles qu'on a adoptées, ne sont pas beaucoup plus considérables que si l'on ne changeait pas cette forme.

Ainsi, la théorie confirme ce que Coulomb a obervé, savoir : que les produits de différens moulins à vent, marchant dans des circonstances assez différentes, étaient sensiblement les mêmes. On voit qu'il y aurait très peu à gagner à changer la forme des ailes pour des vents différens, et que pour la forme qu'on aura choisie, on peut laisser tourner les ailes avec des vitesses de rotation assez différentes de celles qui conviennent au *maximum*, sans qu'on recueille sensiblement moins de travail.

Dans les cas où l'on voudra déterminer *à priori* avec quelque approximation le travail qu'on peut recueillir d'un moulin à vent, lorsque les élémens ne seront plus les mêmes que pour les observations de Coulomb, on pourra, à défaut de nouvelles expériences, se servir des formules qui ont fourni les résultats théoriques consignés dans ce tableau, et modifier toutefois les nombres qu'elles donneront dans le sens qui résulte des comparaisons ci-dessus. En se donnant la vitesse du vent, les dimensions et la forme des ailes, on aura assez approximativement le travail qu'on peut recueillir.

(129) Dans la pratique, une fois qu'on aura construit les ailes suivant la forme qui répond au *maximum* absolu pour le vent le plus fréquent, il faudra chercher à faire prendre aux ailes, pour ce vent, la vitesse angulaire déterminée par les calculs précédens; or, en se donnant cette vitesse, on en conclura celle de toutes les roues du moulin. S'il s'agit, par exemple, d'élever des pilons, on saura conséquemment combien l'arbre qui porte les cames devra faire de tours par minute. Mais pour que cette vitesse puisse subsister, il faudra que le travail que cet arbre aura à transmettre dans l'unité de temps, dans une minute, par exemple, soit égal à celui qu'il reçoit. Ce dernier étant connu, soit par les formules précédentes, soit par les résultats d'expériences que nous venons de donner, on le divisera par le travail qu'exige l'élévation de chaque pilon, y compris les pertes de toute nature, et l'on aura pour quotient

le nombre de pilons que le moulin devra élever par minute, et conséquemment le nombre de cames qu'il faut mettre autour de l'arbre qui les porte, puisqu'on connaît la vitesse de celui-ci. Les choses étant ainsi disposées, les ailes arriveront d'elles-mêmes à prendre la vitesse la plus favorable à la fabrication. Si le travail résistant se produit trop inégalement, et que la roue qui porte les ailes ne puisse suffire pour faire fonction de volant et resserrer suffisamment les écarts de la vitesse de rotation, on ajouterait un volant à celui des axes du moulin qui a le mouvement de rotation le plus rapide; par ce moyen, la vitesse des ailes s'écarterait aussi peu qu'on voudrait de celle qui convient au *maximum*. On ne doit pas, au reste, attacher trop d'importance à ce que la vitesse de rotation soit bien exactement celle qui convient au *maximum*, puisqu'on a vu dans le tableau précédent qu'elle peut en différer encore beaucoup sans que le travail diminue sensiblement.

(130) En terminant ici ce que nous nous proposions de dire sur la théorie de chaque système propre à recueillir le travail des moteurs, nous rappellerons qu'en général, quelle que soit la vitesse qu'on veuille obtenir sur les outils qui doivent opérer l'effet utile, il ne faudra pas changer celle de la partie de la machine qui est destinée à recueillir le travail quand on voudra en retirer le plus possible. Ce sera le plus souvent par des renvois de mouvement qu'on devra se procurer la vitesse qu'exige cet effet. Il ne faut pas perdre de vue néanmoins qu'il y a bien des cas où les dépenses en perfectionnement de machines, n'étant pas compensées par l'accroissement qui en résulte pour les produits, on devra se contenter de recueillir un travail qui ne sera pas le plus grand possible. Ce sont là des questions d'argent qu'on résoudra dans chaque cas particulier suivant les valeurs de chaque chose. Mais dès qu'on attache beaucoup de prix à ce qu'on fabrique, qu'un léger accroissement dans la production a promptement couvert quelques dépenses en machines, c'est à tort qu'on néglige d'économiser le travail : le principal soin qu'on doit avoir alors, c'est de disposer un premier système de manière à recueillir le plus possible du moteur. Comme on met aujourd'hui une grande perfection dans la construction des machines pour y diminuer les chocs et les frottemens, les économies de travail qu'on trouverait dans quelques nouveaux perfectionnemens pour les renvois de mouvement ne pourraient produire que très peu

de chose en comparaison de celles qui résultent d'un meilleur emploi du moteur. L'erreur de beaucoup de personnes est de voir dans le mode de transmission toute l'économie du travail, et l'on pourrait presque dire son accroissement, tandis que cette économie est presque tout entière dans le soin qu'on met à en recueillir le plus possible du moteur par le moyen de la première partie de la machine.

(131) Lorsque l'on veut donner une idée de la bonté d'une machine destinée, soit à recueillir, soit à transmettre le travail, on compare ce qu'elle rend avec ce qu'elle reçoit, ou ce qu'elle pourrait recevoir théoriquement : la fraction qui exprime le rapport entre ces deux quantités est la mesure du degré de perfection de la machine. En énonçant cette fraction, on doit dire avec précision de quelle manière on mesure les quantités de travail, sans quoi on risque de ne pas s'entendre et de faire de fausses comparaisons. Ainsi, quand on dit qu'une roue à augets rend les 0,70 du travail d'une chute d'eau, il faut savoir d'abord comment on mesure le travail de cette chute, si l'on prend la descente totale de l'eau depuis le niveau supérieur du cours d'eau, ou depuis l'arrivée du liquide sur l'auget jusqu'à sa sortie. Il faut aussi s'entendre sur le point où le travail est rendu, si c'est sur l'arbre même de la roue à augets, ou sur une roue d'engrenage, plus ou moins séparée de cet arbre par des renvois de mouvement. Quand on énonce le produit d'une machine à vapeur, il faut avoir soin de dire où le travail est mesuré, si c'est à l'arbre du volant, ou en un point plus éloigné du moteur. Si la machine sert à élever de l'eau, et qu'on énonce le travail obtenu pour cette élévation, il faut dire en outre comment l'eau arrive, par quel orifice elle sort; car la machine aura produit en sus du travail qu'exige l'élévation du liquide, celui qui est nécessaire pour lui donner la vitesse de sortie. Si l'on veut apprécier le soin dans la construction du cylindre, du piston et du balancier, on énoncera les rapports entre le travail produit sur le piston et celui qui peut être transmis par l'arbre du volant.

(132) La connaissance du *maximum* de travail qu'on peut recueillir des moteurs, soit qu'on l'acquière par l'expérience, ou par des considérations théoriques, est très nécessaire pour établir de justes bases dans les marchés qu'on peut faire à ce sujet. Pour en donner une idée, supposons, par exemple, qu'on veuille savoir si, moyennant un certain paiement annuel ou moyennant une somme qui le représente, on

peut, sans faire un marché désavantageux, acquérir une chute d'eau pour s'en servir à une certaine fabrication. On calculera d'abord le travail total que la chute produit en un jour, c'est-à-dire le produit de l'eau que fournit le courant, multiplié par la hauteur de la chute; on en conclura ensuite le *maximum* de travail qu'on pourrait recueillir par jour, et transmettre à une roue d'engrenage placée dans les bâtimens qui doivent être situés près de la chute : ce travail peut être environ les sept dixièmes du travail total. On tiendra compte des frais d'établissement, d'entretien et de renouvellement des roues à augets, et de toutes les constructions nécessaires pour amener ainsi le travail dans le bâtiment. Après avoir réduit, par exemple, ces frais en une rente annuelle, on l'ajoutera à celle qu'on doit payer pour l'acquisition ou la jouissance de la chute, et l'on en conclura ce que coûte annuellement la source de travail fournissant tant d'unités par jour en une place déterminée du bâtiment. Pour savoir si le marché est ou n'est pas défavorable, il faudra comparer cette dépense avec celle qu'exigerait l'établissement et l'entretien d'une machine à vapeur : on examinera donc ce qu'on paierait annuellement, tant pour la rente équivalente au prix d'achat et de pose de cette machine, que pour son entretien, et pour la consommation de charbon qui serait nécessaire pour recueillir par jour le même travail d'une roue d'engrenage placée semblablement dans le bâtiment. On verra ainsi à quel prix la chute d'eau devient moins chère que l'emploi de la vapeur.

On conçoit qu'il ne faut comparer ainsi les dépenses que pour des quantités de travail qui, non-seulement soient les mêmes, mais qui soient produites en des points où il est également facile de les employer au même usage. Lors donc qu'on achète du travail, il faut avoir soin de bien spécifier à quel endroit il sera livré, et quelle est la partie de la machine qui le produira. Le travail dynamique a cela de commun avec toutes les autres marchandises, que ce n'est pas la quantité seule que l'on paie, mais aussi la facilité d'en user.

Il ne faudrait pas prendre à la lettre ce que disait Montgolfier : *La force vive (le travail), c'est ce qui se paie.* Nous répéterons ce que nous avons dit dans le premier chapitre, que le travail, quoique étant le principal élément de ce qu'on paie dans le mouvement, et le seul qui soit du domaine des mesures exactes, n'est cependant pas seulement ce qui fait la valeur du mouvement. C'est ainsi que le volume, quoique le principal élément de valeur de diverses matières utiles, n'est cependant pas, à beaucoup près, le seul que l'on considère pour établir les valeurs de ces matières.

Si, pour les machines à vapeur, on se contentait de constater la pression dans la chaudière, et d'en conclure le travail produit sur le piston par le moyen de sa surface, de la hauteur de la course et du nombre des coups dans un temps donné, on n'aurait pas ainsi le travail qu'on doit payer; il faudrait en soustraire les pertes par les frottemens du piston et les divers ébranlemens pour la transmission jusqu'à l'arbre du volant. Ce n'est que celui qui peut être transmis par cet arbre qu'on doit faire entrer dans un marché. Ainsi, quand on achète une machine de la force de dix chevaux, on doit entendre que la quantité de 0,750 dynamodes par seconde sera livrée par une roue d'engrenage, d'où l'on peut la retirer pour un usage quelconque.

(133) Il serait fort important pour la sûreté des personnes qui font marché avec les constructeurs des machines destinées seulement à recueillir et à livrer le travail, qu'on eût un moyen de mesurer celui qui est transmis, soit à une roue d'engrenage par un mouvement de rotation continu, soit à des tiges agissant par des mouvemens de va-et-vient. Si c'était toujours le même fournisseur qui se chargeât de toutes les machines d'une fabrique, on n'aurait pas besoin d'énoncer dans le marché combien on recueillera de travail dynamique en un point donné de la machine; il suffirait que le constructeur s'engageât à produire un effet déterminé, comme d'élever tant d'eau, de moudre tant de blé, et cela avec une certaine dépense de charbon s'il s'agit de machine à vapeur, ou avec une chute et une dépense d'eau fixée par les localités lorsqu'il s'agit de chute d'eau. Mais la plupart du temps, surtout pour les machines à vapeur, celui qui vend le système propre à recueillir le travail ne se charge pas d'établir le reste des machines nécessaires à la fabrication. Dès lors, il faut que ce vendeur garantisse qu'une certaine quantité de travail sera transmise dans un jour par tel point de sa machine, pour une consommation de charbon déterminée. Il faudrait donc, pour vérifier l'accomplissement de ces marchés, qu'on eût un moyen de mesurer le travail transmis en un point donné d'une machine.

Comme c'est presque toujours par un mouvement circulaire continu que le travail recueilli du moteur se transmet à la machine construite spécialement pour l'effet qu'on a en vue, ce serait déjà beaucoup que de pouvoir le mesurer dans ce cas. Une disposition propre à opérer cette mesure par des moyens mécaniques serait en même temps d'une grande utilité pour toutes les expériences qui restent à faire, tant sur le *maximum* de travail à retirer des différens moteurs, que sur l'évaluation des pertes de travail par les frottemens et les chocs qu'occasionent les renvois de mouvemens.

Pour mesurer le travail que peut transmettre un arbre tournant mu par un moteur quelconque, M. de Prony a fait usage d'un frein formé de deux demi-colliers qui embrassent le cylindre et le serrent par des vis qui les relient entre eux. Un poids attaché à l'extrémité d'un bras de levier qui ne forme qu'un même corps solide avec le collier, retient celui-ci à peu près en équilibre et le fait frotter contre l'arbre en l'empêchant de tourner. La mesure du travail absorbé par ce frottement se calcule facilement au moyen de ce poids, ainsi que nous l'avons expliqué article (51). Si le travail absorbé par le frottement contre ce frein est le même que celui qui est transmis au reste de la machine par le cylindre quand le frein n'y est pas et que l'effet utile se produit, on a la mesure de ce dernier travail par le moyen de celui qu'absorbe le frein. Tout se réduit donc à faire en sorte que le frein absorbe précisément autant de travail qu'il y en aurait de transmis si la machine produisait son effet. On y parvient à peu près en serrant le frein et augmentant le frottement jusqu'à ce que la vitesse de rotation de l'arbre soit la même que celle qu'il prendrait dans ce dernier cas. Il est clair qu'en général le travail recueilli du moteur et le travail transmis par l'arbre, ne dépendant que de cette vitesse, il sera le même quand le frein l'absorbe que quand l'arbre le transmet pour produire l'effet auquel la machine est destinée.

Ce moyen de mesure ne remplit pas toutes les conditions qu'on pourrait désirer. D'abord, il arrive que le frottement ne pouvant s'entretenir bien constant, surtout quand la vitesse varie un peu par la nature du travail moteur, le poids se trouve, tantôt trop fort, tantôt trop faible, et il oscille tellement qu'il faut le tenir à une bride : on ne connaît pas alors la force due à cette bride qui agit de temps en temps et dont l'action s'ajoute à celle du poids. Ce dernier ne donne donc plus à lui seul la force d'où l'on peut conclure le frottement contre l'arbre.

Il y a des machines où aucune des vitesses de rotation ne peut être sensiblement constante quand elles travaillent à l'effet auquel elles sont destinées; de sorte qu'on ne peut pas savoir quelle vitesse constante il faut que le frein laisse au cylindre sur lequel il agit, pour que le travail retiré du moteur soit le même que quand ce frein n'y est plus et que la machine prend une vitesse variable pour produire son effet. Sous ce rapport, il serait à désirer qu'on pût mesurer le travail transmis sans l'absorber et sans interrompre la communication avec le reste de la machine, et en même temps sans que la force ou la vitesse qui ont lieu en un point donné de la machine dussent rester constantes. Il faudrait pour ainsi dire mesurer le travail au passage, et non pas le détourner pour le mesurer. Ce mode aurait l'avantage de convenir très bien aux expériences sur les consommations de travail qu'exigent différens effets compliqués; mais il offre une difficulté de plus : c'est qu'il ne peut se réaliser au moyen d'un appendice de la machine. Le frein peut s'employer sur toute machine sans qu'on y ait fait d'autre disposition préalable dans la première construction, que de se ménager le moyen d'interrompre la transmission du travail au-delà de l'arbre sur lequel on le place, pour le forcer ainsi à venir s'absorber par le frottement. Mais pour que le travail continuât de se transmettre et d'opérer l'effet auquel la machine est destinée, il faudrait que celle-ci fût disposée dans sa première construction, de manière que des ressorts ou des poids pussent accuser la force variable et par suite le travail qui est produit, sans le détourner de l'effet utile auquel il est destiné.

J'ai essayé de satisfaire à ces conditions par un moyen dont on trouvera la description dans une note à la fin de cet ouvrage. Je ne le présente que comme une idée qui aurait sans doute besoin d'être étudiée encore en exécution, avant qu'on pût savoir au juste s'il est possible d'en tirer parti.

Lorsqu'il s'agit seulement de faire des expériences sur le *maximum* de travail à recueillir d'un moteur, il est assez commode d'absorber ce travail en le mesurant : on n'a pas alors l'embarras d'une machine plus considérable qu'il ne faut. L'élévation des poids, qui serait un moyen très exact de mesure, a l'inconvénient d'exiger un emplacement où l'on ait une hauteur suffisante, ce qu'on ne trouve pas dans la plupart des localités. Le frein offre l'avantage de n'occuper que peu de place et de pouvoir s'adapter partout ; mais il serait à désirer qu'au lieu de le retenir avec un poids qui a toujours un battement assez fort par les inégalités du frottement, on le maintînt avec un ressort attaché à un point fixe, en cherchant un moyen de tenir compte des efforts variables qu'il exerce, et de les combiner avec les vitesses, de manière à mesurer toujours le travail dû au frottement. Les personnes qui seraient à portée de faire des expériences pourraient essayer le moyen que j'indique pour ce cas, dans la note dont je viens de parler.

(134) Après avoir exposé les généralités les plus utiles sur les parties des machines qui ont pour objet de recueillir le travail, il resterait à traiter de celles qui sont destinées à le transmettre; mais, comme nous l'avons dit précédemment, la théorie géométrique des renvois de mouvement ne rentre pas dans l'objet qui nous occupe; elle est plutôt du domaine de la Géométrie. On peut l'étudier dans le *Traité des Machines* de M. Hachette, ou dans celui de MM. Lantz et Bétancourt. Nous n'aurions à considérer ici que les moyens d'éviter les pertes de travail. La théorie indiquant les causes qui influent sur ces pertes, elle peut servir à disposer les choses de manière à les diminuer. Ainsi, d'après ce que nous avons vu au chapitre II sur les frottemens, on en conclut qu'il faut chercher à diminuer les arcs de glissement des surfaces frottantes, en même temps qu'on tâchera de diminuer les pressions entre les points qui frottent. Ce que nous avons dit sur les pertes par les mouvemens internes des corps suffit aussi pour indiquer qu'il faut éviter les changemens dans les forces, et tout ce qui peut modifier l'état de tension ou de pression des corps. Nous avons vu comment, dans quelques cas, les considérations théoriques peuvent donner approximativement des limites aux pertes de travail dans le choc; mais c'est à l'expérience seule à faire connaître leur valeur avec un peu d'exactitude. Pour celles qui tiennent aux frottemens, on pourra recourir aux résultats des expériences de Coulomb, quand on connaîtra les pressions au contact.

Dans les expériences qui ont pour objet de déterminer les pertes de travail qu'occasionent les renvois de mouvement, tels que les arbres tournans, les engrenages, les cordes, les chaînes, etc., il est inutile de s'attacher à observer directement les forces quelquefois variables qui peuvent remplacer à chaque instant certains frottemens, aux points mêmes où ils se produisent; il suffit de faire porter l'expérience sur la perte de travail. On peut observer les machines pendant le mouvement avec la vitesse qu'on veut leur donner : dès que le travail absorbé reste assez constant pendant l'expérience pour qu'on puisse le mesurer, on a obtenu tout ce qui intéresse les applications. Il suffira ensuite de varier les observations et d'en faire pour les diverses circonstances qui peuvent influer sensiblement sur les pertes de travail, et qui doivent accompagner le mouvement pour lequel on veut y appliquer les résultats qu'elles fournissent.

Pour connaître, par exemple, ce qu'on perd de travail par un engrenage de deux roues à dents de bois ou de métal, on transmettra un travail moteur à l'arbre de l'une de ces roues par le moyen d'un poids attaché à une corde, ensuite on examinera le travail résistant produit par l'élévation d'un poids attaché à une corde qui s'enroule sur l'arbre de la seconde roue. On variera le travail résistant jusqu'à ce qu'on obtienne une vitesse presque uniforme, et alors la différence du travail moteur au travail résistant, diminué du travail nécessaire au ploiement et déploiement des cordes, et de la force vive qui pourrait être acquise, donnera la mesure de la perte par les frottemens des engrenages et des tourillons des arbres dans leurs crapaudines. On fera ces expériences en variant les poids et les vitesses.

Si l'on avait un instrument pour mesurer avec un peu d'exactitude le travail qui est transmis par un cylindre tournant qui le reçoit d'un moteur quelconque, on emploierait dans ces expériences la machine à vapeur ou un cheval à un manége, et l'on se procurerait ainsi un travail moteur qui serait mesuré en arrivant sur la première roue d'engrenage. On n'aurait plus alors l'inconvénient des poids, qui ne peuvent se mouvoir long-temps, parce qu'on n'a qu'une hauteur limitée pour les laisser descendre. Pour produire un travail résistant qui n'ait pas non plus ce même inconvénient, on pourrait employer le frottement dans un frein.

Des expériences du genre de celles que j'indique peuvent être faites, non-seulement sur les frottemens, mais sur toutes les pertes de travail dans les renvois de mouvement; par exemple, pour les ploiemens et déploiemens des cordes et des chaînes, pour les frottemens dans les tourillons, et pour les chocs dans le jeu des assemblages quand il y a des mouvemens de va-et-vient.

Il y a des cas où il serait possible d'isoler les résultats les uns des autres quand on ne peut isoler les phénomènes. En doublant ou triplant une des pertes sans changer les autres sensiblement, on obtiendrait chaque perte en les tirant d'autant d'équations qu'il y a d'inconnues, chacune de ces équations étant fournie par une observation. Par exemple, s'il s'agit de mesurer à la fois les pertes par les engrenages entre des roues égales, et par les ploiemens des cordes, on pourrait faire une seconde observation après avoir intercalé entre les deux roues une troisième roue dentée semblable aux autres, et alors les pertes par les engrenages seraient doublées sans que celles qui sont dues aux ploiemens et déploiemens des cordes aient changé sensiblement.

(135) Il nous reste à considérer, sous le rapport de l'économie du travail, la troisième partie des machines, c'est-à-dire celle qui opère immédiatement l'effet utile. Notre objet ne peut être ici que d'indiquer d'abord comment le choix des moyens pour produire cet effet peut diminuer le travail qu'il exige; nous montrerons ensuite comment il est possible de déterminer ce travail par expérience.

Les effets mécaniques des machines consistent, 1°. dans l'élévation des poids; 2°. dans le brisement ou l'altération de forme des corps; 3°. dans les frottemens à surmonter pour opérer le déplacement lent des corps; 4°. dans les transports rapides, c'est-à-dire dans la production de vitesse.

Les trois premiers effets absorbent complètement par eux-mêmes une certaine quantité de travail, qui ne peut plus reparaître, au moins pour le moment. Ainsi, les corps brisés ou déformés, les frottemens vaincus, les corps élevés tant qu'ils ne redescendent pas, ont consommé une quantité de travail qui ne peut se transmettre. Cette quantité suffirait théoriquement pour produire ces effets; mais il en faut toujours consommer une quantité plus grande, à cause des vitesses communiquées et des ébranlemens qui en résultent dans les corps environnans. Le plus souvent, ces surcroîts de travail sont tellement liés à l'effet à produire, qu'il n'est pas possible de les empêcher, on ne peut que les diminuer. Par exemple, lorsqu'une pompe élève de l'eau dans un réservoir, il faut bien que cette eau arrive par un canal qui ne soit pas trop large et qu'elle ait une certaine vitesse, quelque faible qu'elle soit. Le piston qui la refoule doit donc produire en outre du travail qu'exige l'élévation de l'eau, la portion nécessaire pour donner à cette eau la vitesse qu'elle a en sortant de la pompe; ce surplus de travail communiqué va se perdre en mouvement de l'eau dans le bassin qui la reçoit : on peut bien diminuer cette perte, en élargissant le tuyau d'écoulement; mais on ne peut pas la rendre nulle. Dans une scierie, le mouvement de la scie exigera un certain travail qui sera employé, partie à produire des ruptures dans les fibres du bois, et partie à répandre des ébranlemens dans la pièce, dans ses supports et dans le sol environnant. Or, suivant le plus ou le moins de facilité qu'auront ces corps à recevoir ces ébranlemens sous la force qui doit se produire pour opérer ces ruptures, il y aura plus ou moins de travail qui sera consommé en sus de celui qui est rigoureusement nécessaire. La même remarque s'appliquerait à l'opération du forage des canons. Lorsqu'il s'agit de forger des barres de fer, le travail qu'on doit dépenser pour élever le marteau sera supérieur à celui qu'exige réellement l'aplatissement du fer. Cela tient à ce que l'enclume reposant sur un sol qui peut s'ébranler sensiblement sous une grande pression, ce travail se partage entre la compression du fer et l'ébranlement du terrain : cette dernière portion est employée en pure perte. Mais si, au lieu de battre le fer, on le lamine entre des cylindres, la pression sur le sol restant constante et continue, on ne perd presque point de travail en ébranlement du terrain. Voilà donc beaucoup d'exemples où des effets semblables sont opérés en dépensant plus ou moins de travail.

En général, moins on observe de vitesse ou d'ébranlemens après l'effet produit, et moins il a fallu communiquer de travail au dernier outil pour produire le même effet utile. Quoiqu'on doive chercher à diminuer ces ébranlemens par des dispositions convenables, cependant il ne faut plus s'en occuper au-delà du terme où ces dispositions coûteraient plus en frais d'établissement qu'elles ne rapporteraient en économie de travail. Lorsqu'il faut briser ou rompre des adhérences par le choc, il est impossible d'empêcher qu'une partie du travail ne se perde en ébranlemens, et alors ceux-ci ne doivent pas être considérés comme tenant à une imperfection de la machine. Il y a des cas où, en cherchant ainsi à économiser le travail, on pourrait ne pas obtenir les mêmes produits, sans que cela paraisse au premier abord. Ainsi, en laminant du fer, on n'obtient pas une qualité aussi bonne qu'en le battant. Cela peut tenir à ce que la pression sous le coup de marteau est toujours plus forte ou plus prompte à se développer que celle qui se produit entre des cylindres, et à ce qu'elle détermine ainsi une plus grande agrégation. C'est aux fabricans à examiner jusqu'à quel point on peut faire ainsi des économies de travail aux dépens de la qualité des produits.

Dans l'estimation du travail qu'exige un certain genre d'effet, on doit comprendre la portion qu'on ne peut éviter de perdre en mouvemens ou ébranlemens dans les corps environnans; il faut adopter pour cette estimation les circonstances ordinaires qui accompagnent les meilleures dispositions en usage.

Lorsqu'on a pour but de produire seulement sur des masses qui se renouvellent sans cesse, des déplacemens rapides, c'est-à-dire des vitesses assez grandes, ce genre d'effet donne lieu à la transmission de toute la force vive dans les corps environnans. Il est évident qu'alors le travail employé en ébranlement ou frottement sur ces corps environnans, après qu'on a produit ce qu'on voulait, ne peut être évité; il tient essentiellement à l'effet utile et il en forme la mesure. Par exemple, lorsqu'il s'agit de faire sortir de l'air d'un réservoir, comme dans les machines soufflantes, la vitesse de l'air qui sort par la tuyère est le but qu'on se propose : elle produit de l'ébranlement dans l'atmosphère; mais il est clair que cet ébranlement ne peut être diminué et qu'il entre complètement dans l'effet à produire; il en forme la principale partie. Il est presque superflu de dire qu'il faut distinguer en cela les ébranlemens qui se lient ainsi aux effets utiles et se produisent par le travail qui se transmet après avoir opéré ces effets, d'avec les ébranlemens qui détournent le travail avant qu'il ne soit arrivé sur les corps à briser ou à déplacer. Ces derniers peuvent toujours se diminuer indéfiniment par des dispositions convenables, parce que, lorsqu'il s'agit seulement de transmettre le travail, il n'est jamais nécessaire de produire des chocs ou des changemens brusques dans les forces. Dès lors, on ne doit pas comprendre, en général, ces pertes de travail dans la quantité qu'exige l'effet à obtenir.

(136) Il serait à désirer qu'on arrivât à avoir des tables des quantités de travail qu'il faut transmettre à tel point d'un outil pour produire telle quantité d'un certain ouvrage. Par exemple, on saurait ce qu'il en faut transmettre à la meule d'un moulin à blé pour moudre un hectolitre avec tel système de mouture; on saurait ce qu'il en faut produire sur le marteau d'une forge pour battre et forger 100 kilogrammes de barres de fer d'une certaine forme; on constaterait ce qu'il faut de travail sur l'arbre qui met en mouvement les broches d'une filature pour fabriquer une certaine quantité de fil de coton d'une espèce déterminée. Le temps n'est pas éloigné, sans doute, où le travail s'employant davantage, s'économisera mieux, et où l'intérêt qu'on aura à

connaître tous ces résultats fera chercher par expérience ceux qui ne peuvent s'obtenir directement par la théorie.

Si l'on trouvait moyen d'adapter facilement à une machine un mécanisme propre à donner la mesure du travail qui se produit immédiatement sur le dernier outil destiné à opérer l'effet utile, il n'y aurait aucune difficulté à obtenir les quantités de travail consommées pour divers effets; mais comme cela ne paraît guère praticable, et qu'au moins quant à présent on n'a pas un tel mécanisme à sa disposition, il faut chercher une autre voie pour obtenir ces quantités. On va voir comment cela est possible à l'aide de quelques observations assez praticables, quand on n'a pas besoin d'une grande rigueur.

Désignons, comme nous l'avons déjà fait, par $\Sigma\int Pds$, le travail produit par le moteur sur la première partie de la machine sur laquelle il agit; par $\Sigma\int Fdf$, le travail résistant qui est dû aux frottemens et à toutes les pertes qui résultent de la transmission jusqu'à l'outil qui opère l'effet utile; par $\Sigma\int P'ds'$, celui que développent les outils en produisant cet effet; et par v et v_0 les vitesses au commencement et à la fin de l'observation : le principe de la transmission du travail donne

$$\Sigma\int Pds = \Sigma\int P'ds' + \Sigma\int Fdf + \Sigma p \frac{(v^2 - v_0^2)}{2g}.$$

La variation de la somme des forces vives est toujours négligeable devant les autres quantités, quand on prend le travail pour un temps un peu considérable par rapport à celui qu'il faut pour que la machine prenne son *maximum* de vitesse. Au reste, si les expériences duraient trop peu de temps, on pourrait toujours calculer directement la valeur de cette variation $\Sigma p \frac{(v^2 - v_0^2)}{2g}$, en sorte que toutes les recherches se rapporteront seulement aux trois autres termes. Les expériences doivent avoir pour but de s'arranger de manière à en connaître deux préalablement pour en conclure le troisième, en ayant soin de produire autant que possible les circonstances qui influent sur sa valeur dans les cas pour lesquels on veut faire des applications.

Quelquefois ce travail moteur $\Sigma\int Pds$ pourra être donné très approximativement par les formules théoriques rectifiées d'après quelques expériences, ainsi que nous l'avons vu pour les courans d'eau ou les courans d'air.

Si l'on a besoin de faire de nouvelles expériences pour connaître ce travail moteur, on commencera, ainsi que nous l'avons dit, par disposer les choses de manière que le travail résistant $\int P'ds'$, et le travail perdu $\int Fdf$, soient connus. Pour cela on substituera à des effets compliqués d'autres effets plus simples qui donnent par eux-mêmes la mesure du travail qu'ils exigent, sans qu'ils changent rien aux vitesses de la première partie de la machine qui est destinée à recueillir le travail du moteur; ainsi on supprimera tous les renvois de mouvement et l'on appliquera immédiatement un frein ou un poids sur le premier arbre de la roue hydraulique, s'il s'agit de courant d'eau, ou sur celui du volant, s'il s'agit de machine à vapeur, et l'on aura par expérience la mesure du travail moteur $\int Pds$ pour différentes vitesses de la roue hydraulique ou du volant de la machine à vapeur.

Si c'est le travail perdu par des renvois de mouvement qu'on veut déterminer, on s'arrangera, ainsi que nous l'avons dit aussi, pour que le travail produit par le moteur et le travail résistant dû à l'effet utile soient connus. Pour cela on emploiera un moteur dont on a déjà mesuré le travail; on substituera ensuite à l'effet utile, si cela est nécessaire, un effet plus simple qui donne un moyen facile d'évaluer le travail qu'il exige, et tout cela en donnant à la seconde partie de la machine, c'est-à-dire aux renvois de mouvemens, des vitesses et des pressions qui diffèrent peu de celles qui devront avoir lieu dans le cas où l'effet utile sera produit.

Une fois qu'on aura fait, avec des dispositions spéciales, ces deux sortes d'expériences sur le travail recueilli des moteurs et sur celui qui est perdu en renvoi de mouvement, on n'aura plus qu'à observer la machine même qui produit l'effet utile. Pour obtenir la valeur du travail que cet effet exige, il suffira de soustraire du travail produit par le moteur sur la partie destinée à le recevoir, celui qui est perdu dans la transmission jusqu'aux outils qui produisent cet effet utile ; la différence donnera celui qui est immédiatement employé pour cet effet.

Sans doute qu'il se présente souvent des difficultés pour faire de telles observations avec un peu d'exactitude, néanmoins ces considérations conduiront presque toujours à des résultats assez approchés pour la pratique.

A défaut d'observations où le travail employé pour produire certains effets aura été mesuré sur la partie de la machine qui l'opère immédiatement, il sera toujours utile d'en avoir où il ait été mesuré sur d'autres parties plus éloignées de cette partie. Ces observations apprendront qu'en disposant une machine semblable, depuis l'effet à produire jusqu'à ces parties plus rapprochées du moteur, celles-ci devront recevoir tant de travail pour produire tel effet. Il est déjà fort utile, par exemple, de savoir quelle quantité de travail on doit appliquer à la roue hydraulique qui conduit un moulin d'un certain mécanisme, pour moudre 100 kilogrammes de blé : ce résultat apprendra ce qu'on pourra moudre de blé avec une chute d'eau d'un produit connu, lorsque son travail sera recueilli par une certaine roue hydraulique qui fera mouvoir un moulin d'un mécanisme semblable à celui qui a été observé.

Lorsque les effets entraînent avec eux tout un mécanisme nécessaire qui ne peut jamais en être séparé et qui n'est plus susceptible de changement, il est clair qu'il est même préférable alors de connaître le travail qui doit être produit par le moteur appliqué à la première partie de ce mécanisme. Ainsi, dans les filatures, ce n'est pas le travail reçu par le fil qu'on veut tordre qu'il importe de connaître, mais celui qui est produit sur un premier arbre qui met en mouvement tout le mécanisme dépendant nécessairement de cette fabrication.

Voici un tableau contenant quelques résultats sur les consommations de travail nécessaires pour produire différens effets utiles. Je ne le donne pas comme contenant des résultats bien précis; mais néanmoins, tel qu'il est, il ne sera pas sans utilité. Je l'ai dressé tant d'après ce qu'on trouve rapporté dans différens ouvrages, que d'après des renseignemens qu'ont bien voulu me fournir M. Clément, professeur au Conservatoire des Arts et Métiers, M. Benoist, ingénieur, et M. Mallet, ingénieur en chef des eaux de Paris.

TABLEAU des quantités de travail dynamique nécessaires pour produire divers effets utiles; ces quantités étant mesurées comme il est indiqué dans la 2e colonne.

NATURE ET QUANTITÉS DES EFFETS A PRODUIRE.	Sur quelle partie de la machine on évalue le travail moteur ou le travail résistant.	TRAVAIL dynamique exprimé en dynamodes, ou 1000 kil. élevés ou descendus de $1^m,00$.	INDICATIONS DES OBSERVATEURS OU DES AUTEURS qui ont cité les résultats. — *Remarques particulières.*
Mouture du blé.			
Un hectolitre de blé, ou 75 kilogrammes de blé à moudre assez grossièrement dans un moulin à vent.	Travail résistant sur l'arbre qui porte les ailes.	301^d	On a obtenu le travail par la théorie, en rectifiant le résultat d'après les expériences de Coulomb pour des élémens peu différens de ceux qui ont fourni ce travail.
Un hectolitre de blé, ou 75 kilogrammes à moudre à la grosse dans des moulins ordinaires.	Travail résistant sur l'arbre qui porte la meule.	419^d	Moyenne adoptée par M. Navier, entre plusieurs anciennes observations.
Idem.	Travail résistant sur l'arbre de la roue hydraulique.	611^d	Observations de M. Hachette aux moulins de Corbeil.
Un hectolitre de blé, ou 75 kilogrammes à moudre et remoudre sur gruaux.	Travail résistant sur l'arbre qui porte la meule.	628^d	Estimé approximativement par M. Navier, comme exigeant une moitié en sus du travail, pour moudre à la grosse.
Idem, le moteur étant une chute d'eau.	Travail résistant sur l'arbre de la roue hydraulique.	916^d	Estimé approximativement par M. Hachette, comme exigeant aussi une moitié en sus du travail pour moudre à la grosse.

NATURE ET QUANTITÉS DES EFFETS A PRODUIRE.	Sur quelle partie de la machine on évalue le travail moteur ou le travail résistant.	TRAVAIL dynamique exprimé en dynamodes, ou 1000 kil. élevés ou descendus de $1^m,00$.	INDICATIONS DES OBSERVATEURS ou DES AUTEURS qui ont cité les résultats. *Remarques particulières.*
Un hectolitre de blé, ou 75 kilogrammes à moudre, suivant le système anglais, dans des moulins mus par une machine à vapeur.	Travail résistant sur l'arbre du volant.	802^d	Observation citée par M. Farey; le résultat est déduit du produit connu de la machine en travail dynamique.
Idem.	*Idem.*	813^d	Suivant MM. Cazalès et Cordier, constructeurs de machines à Saint-Quentin : résultat déduit comme le précédent.
Un hectolitre de blé, ou 75 kilogrammes à moudre et remoudre sur gruaux, dans un moulin mu par une chute d'eau, à l'aide d'une roue à augets.	Travail moteur dû à la descente de l'eau du niveau du bief supérieur au niveau du bief inférieur.	1022^d	Moyenne de deux observations de M. Mallet, l'une à Pontoise, l'autre à Vast.
Battage et vannage du blé.			
Un hectolitre de blé, ou 75 kilogrammes, à retirer des gerbes, tout vanné, à l'aide d'une machine.	Travail résistant sur l'arbre de la première roue motrice.	40^d	Résultat des observations de M. Fenwick, cité par M. Navier.
Fabrication d'huile.			
Un kilogramme d'huile à retirer de l'écrasement par le choc et de la pression des graines écrasées, à l'aide de pilons mus par un moulin à vent.	Travail résistant sur l'arbre qui porte les ailes.	146^d	Observations de Coulomb : ce travail comprend les pertes dues au choc des pilons contre les cames.

NATURE ET QUANTITÉS DES EFFETS A PRODUIRE.	Sur quelle partie de la machine on évalue le travail moteur ou le travail résistant.	TRAVAIL dynamique exprimé en dynamodes, ou 1000 kil. élevés ou descendus de 1m.	INDICATIONS DES OBSERVATEURS ou DES AUTEURS qui ont cité les résultats. — *Remarques particulières.*
Pour produire le même effet à l'aide d'un écrasement sans choc, et de la pression des graines écrasées, le moteur étant une machine à vapeur.	Travail résistant sur l'arbre du volant.	34d	Résultat approximatif conclu de la consommation de charbon pour les machines de M. Hall.
Idem, suivant une autre observation.	*Idem.*	25d	Observation donnée par M. Clément.
Sciage des matériaux.			
Mètre carré de sapin, à scier par une machine à vapeur.	Travail moteur sur l'arbre du volant.	60d	Résultat donné par M. Clément.
Mètre carré de chêne vert, à scier à bras d'homme.	Travail résistant sur la scie.	43d	Résultat donné par M. Navier.
Mètre carré de chêne vert à scier, en employant une chute d'eau, à l'aide d'une roue à palettes non emboîtées.	Travail moteur dû à la chute d'eau.	129d	*Idem.*
Mètre carré de chêne sec, à scier à l'aide d'une machine, le trait de scie ayant de 0,003 à 0,004 d'épaisseur.	Travail résistant sur la scie.	63d	Suivant M. Coste ; résultat déduit d'observations faites à Metz.
Mètre carré d'orme à scier, le trait de scie ayant 0,003 à 0,004 d'épaisseur.	*Idem.*	71d	*Idem.*
Mètre carré de pierre de roche des environs de Paris, ou mètre carré de marbre, à scier par des hommes.	Travail résistant sur la scie.	295d	Résultat donné par M. Navier.
Mètre carré de granit à scier par des hommes.	*Idem.*	2069d	*Idem.*

NATURE ET QUANTITÉS DES EFFETS A PRODUIRE.	Sur quelle partie de la machine on évalue le travail moteur ou le travail résistant.	TRAVAIL dynamique exprimé en dynamodes, ou 1000 kil. élevés ou descendus de 1m.	INDICATIONS DES OBSERVATEURS ou DES AUTEURS qui ont cité les résultats. — *Remarques particulières.*
Fabrication du tan.			
100 kilogrammes de tan à produire en broyant l'écorce à l'aide d'une machine.	Travail résistant sur l'arbre de la 1re roue motrice.	466d	Résultat donné par M. Clément.
Fabrication du papier.			
100 kilogrammes de vieux cordages à réduire en pâte par la trituration, à l'aide de pilons mus par une machine à vapeur.	Travail résistant sur l'arbre du volant.	5700d	Suivant Tredgold. Ce résultat est déduit du produit connu de la machine à vapeur employée.
Filatures de coton.			
Pour filer un kilogramme de fil du n° 40, c'est-à-dire deux livres métriques de chacune 40000 mètres, et pour exécuter toutes les préparations nécessaires, en filant avec les mull-jennys prenant les vitesses les plus ordinaires.	Travail résistant sur l'arbre du volant de la machine à vapeur.	204d	Observation de M. Clément et de M. Benoist. La quantité de travail dynamique est assez variable suivant les circonstances. Celle qui est portée ici suppose qu'il faut un cheval de machine pour faire marcher 600 broches mull-jennys, avec les machines préparatoires.
D'après une autre observation, faite en 1822, il faudrait pour filer un kilogramme du n° 30, y compris toutes les préparations.	*Idem.*	290d	Observation faite à Rouen, par M. Mallet.

NATURE ET QUANTITÉS DES EFFETS A PRODUIRE.	Sur quelle partie de la machine on évalue le travail moteur ou le travail résistant.	TRAVAIL dynamique exprimé en dynamodes, ou 1000 kil. élevés ou descendus de 1m.	INDICATIONS DES OBSERVATEURS ou DES AUTEURS qui ont cité les résultats. — *Remarques particulières.*
Pour filer un kilogramme du n° 40 avec les broches continues, y compris toutes les préparations.	Travail résistant sur l'arbre du volant de la machine à vapeur.	408d	Estimation de M. Clément ; elle suppose qu'un cheval de machine fasse marcher 300 broches continues, et les préparatoires.
Idem, d'après une autre observation, faite en 1822.	*Idem.*	450d	Observation de M. Mallet.
Pour préparer un kilogramme de coton au batteur-éplucheur.	*Idem.*	6d,37	*Idem.*
Pour préparer un kilogramme au batteur-étaleur.	*Idem.*	9d,60	*Idem.*
Pour passer un kilogramme aux cardes, laminoir et boudinnerie, et pour carder deux fois.	*Idem.*	96d,00	*Idem.* Cette consommation de travail, relative au cardage, peut être beaucoup moindre; on a porté ici le *maximum*.
Pour préparer un kilogramme aux métiers d'apprêts ou aux broches bellys.	*Idem.*	19d,15	Observation de M. Mallet.
Pour filer seulement un kilogramme de fil n° 30, avec les mull-jennys faisant 3600 tours par minute; sans les préparations. Ce kilogramme pour ce numéro est le produit de 30 à 32 broches travaillant pendant 14 heures.	*Idem.*	159d	*Idem.*
Pour filer le n° 24 aux broches continues seulement sans les préparations, les broches faisant 2400 tours par minute:	*Idem.*	319d	*Idem.*

NATURE ET QUANTITÉS DES EFFETS A PRODUIRE.	Sur quelle partie de la machine on évalue le travail moteur ou le travail résistant.	TRAVAIL dynamique exprimé en dynamodes, ou 1000 kil. élevés ou descendus de 1m.	INDICATIONS DES OBSERVATEURS ou DES AUTEURS qui ont cité les résultats. — *Remarques particulières.*
ce kilogramme pour ce numéro, est le produit de 15 broches travaillant 14 heures.			
Nota. Tous ces résultats, sur les filatures, sont déduits d'observations faites il y a quelques années. On a introduit depuis dans les machines des modifications qui doivent faire varier les consommations de travail dynamique. On n'a pu présenter ici que des résultats approximatifs, destinés plutôt à donner une idée des consommations de travail, qu'à servir de base à des calculs aussi exacts qu'il serait possible.			
Filature de la laine.			
Pour ouvrir et pour carder seulement la laine nécessaire à la fabrication d'un kilogramme de fil d'un numéro moyen entre 6 et 50 (le numéro indique ici le nombre d'écheveaux de 780 mètres dans un kilogramme), le moteur étant une machine à vapeur.	Travail résistant sur l'arbre du volant de la machine à vapeur.	350d	Résultat donné par M. Benoist.
Pour filer un kilogramme de fil trame, d'un numéro moyen entre 22 et 30, ce kilogramme étant le produit de 13 broches mull-jenny.	Travail résistant sur la première roue motrice des mull-jenny.	17d	Ce résultat, donné par M. Benoist, est déduit de la supposition qu'un homme à une manivelle produit dans sa journée 160 dynamodes, et fait marcher 120 broches.

NATURE ET QUANTITÉS DES EFFETS A PRODUIRE.	Sur quelle partie de la machine on évalue le travail moteur ou le travail résistant.	TRAVAIL dynamique exprimé en dynamodies, ou 1000 kil. élevés ou descendus de 1m.	INDICATIONS DES OBSERVATEURS OU DES AUTEURS qui ont cité le résultats. — *Remarques particulières.*
Pour filer un kilogramme de fil chaîne, d'un numéro moyen entre 22 et 30, ce kilogramme étant le produit de 17 broches mull-jenny.	Travail résistant sur la première roue motrice des mull-jenny.	23d	Déduit de la même manière de la supposition qu'un homme fait marcher également 120 broches.
Tir des projectiles.			
Pour lancer une balle pesant 0kil,0247, avec la vitesse ordinaire de 390 mètres par seconde.	Travail moteur sur le projectile	0d,192	La consommation de poudre est de 0kil,0123.
Pour lancer un boulet pesant 6 kilogrammes avec la vitesse ordinaire de 417 mètres par seconde.	*Idem.*	53d	La consommation de poudre est de 2 kilogrammes.
Pour lancer un boulet pesant 12 kilogrammes avec la vitesse *maximum* de 519 mètres par seconde.	*Idem.*	164d	La consommation de poudre est de 6 kilogrammes.
Laminage du fer en barres.			
Pour fabriquer 100 kilogrammes de barres de 0,03 à 0,04 de grosseur en carré, en laminant la fonte rouge sortant du fourneau d'affinerie.	Travail résistant sur l'arbre de la roue motrice des laminoirs.	984d	Résultat donné par M. Clément.
Jeu des machines soufflantes à piston, pour les hauts-fourneaux.			
Pour produire 3000 kilogrammes de fonte par jour, dans un haut-fourneau, en chassant l'air par un orifice circulaire de 0,05 de diamètre, avec une conduite de 120 mè-	Travail résistant sur le piston, non compris les frottemens.	0d,446 par seconde.	Résultat déduit des observations de M. D'Aubuisson. Suivant cet ingénieur, le travail d'une chute d'eau

NATURE ET QUANTITÉS DES EFFETS A PRODUIRE.	Sur quelle partie de la machine on évalue le travail moteur ou le travail résistant.	TRAVAIL dynamique exprimé en dynamodes ou 1000 kil. élevés ou descendus de 1m.	INDICATIONS DES OBSERVATEURS ou DES AUTEURS qui ont cité les résultats. — *Remarques particulières.*
tres de long et de 0,15 de diamètre, la dépense d'air étant au *minimum* d'environ 15 mètres par minute.			motrice doit être environ quatre fois celui qui est porté ici.
Pour chasser l'air suffisant pour produire 8000 kilogrammes de fonte par jour, dans un haut-fourneau au coke. *Nota.* Le travail consommé varie comme le cube du volume d'air à chasser par seconde, y compris les pertes, et à peu près en raison inverse de la 4e puissance du diamètre de l'orifice de sortie.	Travail résistant sur l'arbre du volant d'une machine à vapeur.	2d,60 par seconde.	Résultat donné par M. Clément.
Jeu des machines soufflantes à piston, pour les feux d'affineries, de martineteur, étireur et corroyeur.			
Pour entretenir un feu d'affinerie, en chassant 4 mètres d'air par minute avec une vitesse de 80 mètres par seconde, les frottemens dans les tuyaux pouvant être négligés.	Travail résistant sur le piston, non compris les frottemens de toute espèce et les pertes d'air.	0d,028 par seconde.	Résultat théorique déduit des dépenses d'air données par M. D'Aubuisson. Suivant cet ingénieur, le travail dû à une chute d'eau motrice devrait être environ quatre fois celui qui est porté ici.
Pour entretenir un feu de martineteur, étireur et corroyeur, en chassant moyennement 2,66 mètres cubes par minute, avec une vitesse de 62 mètres, les frottemens dans les tuyaux pouvant être négligés.	*Idem.*	0d,011 par seconde.	*Idem.*

Il nous a paru utile de joindre ici un semblable résumé de ce que l'on connaît sur les quantités de travail que fournissent différens moteurs. Quoique nous ayons déjà indiqué quelques-unes de ces quantités, en parlant des moyens de recueillir le travail, cependant il sera plus commode de les trouver toutes réunies et d'avoir un plus grand nombre de résultats.

TABLEAUX des quantités de travail dynamique que fournissent les différens Moteurs, ou des Élémens qui serviront à trouver ces quantités.

1°. *Pour les Hommes et les Chevaux.*

INDICATIONS DU MODE EMPLOYÉ POUR PRODUIRE LE TRAVAIL.	POINT OÙ LE TRAVAIL EST MESURÉ.	TRAVAIL DYNAMIQUE exprimé en dynamodes, ou 1000 kilog. élevés à 1,00,		INDICATIONS DES OBSERVATEURS OU DES AUTEURS qui ont cité les résultats. *Remarques particulières.*
		Par seconde pendant le travail.	Par journée de travail, le plus ordinairement de 8 heures.	
Pour les Hommes.				
Un homme en agissant avec ses jambes, pour élever seulement le poids de son corps en montant une rampe ou un escalier.	Sur le poids du corps.	$0^{d},0097$	280^{d}	Suivant M. Navier.
Idem.	*Idem.*	0,0071	205	Suivant Coulomb.
En agissant sur une roue à chevilles, comme dans une roue de carrière, en se tenant à la hauteur du centre.	Sur la roue.	0,0090	259	Suivant M. Navier.
Idem. En se tenant vers le bas de la roue.	*Idem.*	0,0084	251	*Idem.*
En montant une pente d'environ 0,14 par mètre, et en élevant seulement le poids de son corps.	Sur le poids du corps.	0,0064	184	Suivant M. Hachette.
En poussant ou tirant horizontalement, comme en manœuvrant un cabestan.	Sur le point où les bras agissent.	0,0072	207	Suivant M. Navier.
En tirant dans le halage.	Sur la corde.	0,0038	110	Suivant M. Hachette.
En agissant sur une manivelle, comme dans la sonnette à déclic.	Sur la manivelle.	0,0060	172	Suivant M. Navier.
Idem.	*Idem.*	0,0054	155	Suivant M. Guéniveau

INDICATIONS DU MODE EMPLOYÉ POUR PRODUIRE LE TRAVAIL.	POINT OU LE TRAVAIL EST MESURÉ.	TRAVAIL DYNAMIQUE exprimé en dynamodes, ou 1000 kilog. élevés à 1,00,		INDICATIONS DES OBSERVATEURS OU DES AUTEURS qui ont cité les résultats. — Remarques particulières.
		Par seconde pendant le travail.	Par journée de travail, le plus ordinairement de 8 heures.	
En élevant une charge sur son dos.	Sur la charge.	$0^d,0019$	56^d	Suivant Coulomb.
En tirant une corde pour élever le mouton d'une sonnette à tirande.	Sur le poids élevé.	0,0025	72	Suivant Coulomb.
Idem.	*Idem.*	0,0017	48	Suivant M. Lamandé.
En élevant des poids par une brouette, en comprenant le temps perdu pour revenir à vide.	*Idem.*	0,0012	35	Suivant M. Hachette.
Nota. Le temps du travail est ordinairement de huit heures; c'est d'après cette supposition qu'on a calculé le travail par seconde de temps.				
Pour les Chevaux.				
Un cheval ordinaire, attelé à un manége et travaillant pendant huit heures, en allant au pas.	Sur le trait.	0,0405	1166	Suivant M. Navier.
Idem.	*Idem.*	0,0389	1123	Suivant M. Hachette.
Un cheval en allant au trot, et travaillant seulement de 4 à 5 heures.	Sur le trait.	0,0600	972	Suivant M. Navier.
Un cheval attelé à un manége, pour élever de l'eau à l'aide de pompes, travaillant de 5 à 6 heures.	Sur l'eau élevée.	0,0312	618	Moyenne de trois observations de M. Hachette.

INDICATIONS DU MODE EMPLOYÉ POUR PRODUIRE LE TRAVAIL.	POINT OÙ LE TRAVAIL EST MESURÉ.	TRAVAIL DYNAMIQUE exprimé en dynamodes, ou 1000 kilog. élevés à 1,00,		INDICATIONS DES OBSERVATEURS OU DES AUTEURS qui ont cité les résultats. — *Remarques particulières*
		Par seconde pendant le travail.	Par journée de travail, le plus ordinairement de 8 heures.	
Un cheval attelé à un manége, pour élever du minerai avec une machine à molettes, aux mines de Freiberg, en Saxe.	Sur le minerai élevé.	$0^{d},0365$	de 990^{d} à 1118	Cité par M. D'Aubuisson.
Un cheval attelé à un manége, pour élever des pierres à l'aide d'un treuil.	Sur le poids élevé.	0,0292	842	Observation de M. Hachette à Antony, près de Paris.
Un fort cheval, comme ceux dont on se sert en Angleterre, travaillant 8 heures en allant au pas.	Sur le trait.	0,0769	2188	Suivant Watt. Le travail est calculé pour 8 heures; il est de 273 par heure, et de 6564 par 24 heures.
Le cheval fictif, dit *cheval de machine*, adopté par la plupart des mécaniciens français, comme unité pour une source continue de travail.	Sur le point où agit la force.	0,0750	2160	Le travail est calculé pour 8 heures; il est de 270 par heure, et de 6480 pour 24 heures.

2°. *Pour la Chaleur employée dans les Machines à vapeur.*

INDICATIONS DES SYSTÈMES DE MACHINES.	PRESSIONS en atmosphères.	POINT ou LE TRAVAIL EST MESURÉ.	TRAVAIL DYNAMIQUE produit par la combustion d'un kilogramme de charbon, exprimé en dynamodes ou 1000 kilog. élevés à 1m,00.	INDICATIONS DES OBSERVATEURS ou DES AUTEURS qui ont cité les résultats. — *Remarques particulières.*
Machines des mines de Valenciennes, avec détente, employées à élever du minerai, avec un charbon de terre de mauvaise qualité.	de 3 à 4	Sur le minerai élevé.	de 21 à 22^d	Observations de M. Combes, ingénieur des Mines, faites avant l'année 1824.
Idem, avec du charbon de meilleure qualité.	de 3 à 4	*Idem.*	de 31 à 32	*Idem.*
Machine à détente établie à Paris, au Gros-Caillou, brûlant du charbon de terre d'Auvergne et de Blanzy.	de 3 à 4	Sur l'eau élevée seulement, laquelle a été mesurée très exactement.	de 46 à 50	Observations de M. de Prony, en 1821.
Machine de M. Frimot, à haute pression, sans condenseur et presque sans expansion, employée à élever de l'eau à Brest.	8	Sur l'eau élevée, exactement mesurée.	87	Résultats d'observations faites par une Commission nommée par le Ministre de la Marine.
Machine établie à Londres pour élever de l'eau.	de 1 à 2	Sur l'eau élevée, exactement mesurée ; non compris les frottemens du liquide dans le tuyau de conduite.	96	Observation de M. Anderson, citée par M. Genyes.
Pour l'ensemble des machines des mines de Cornouailles, employées à élever de l'eau.	de 1 à 3	Sur l'eau élevée, mais en la mesu-		Moyenne des observations de M. Léan, citées

INDICATIONS DES SYSTÈMES DE MACHINES.	PRESSIONS en atmosphères.	POINT où LE TRAVAIL EST MESURÉ.	TRAVAIL DYNAMIQUE produit par la combustion d'un kilogramme de charbon, exprimé en dynamodes ou 1000 kilog. élevés à 1m,00.	INDICATIONS DES OBSERVATEURS ou DES AUTEURS qui ont cité les résultats. — *Remarques particulières.*
		rant par la course des pistons seulement.		dans le Traité de Nicolson. L'eau élevée étant calculée d'après la course des pistons serait évaluée au moins à un 5e en sus de ce qu'elle doit être. Mais comme évaluation du travail disponible pour l'appliquer à un autre effet, ces résultats pourraient ne pas être trop forts, eu égard aux pertes de travail par la transmission jusqu'à l'eau à élever.
Produit moyen, en 1811.			55d	
en 1812.			64	
en 1813.			70	
en 1814 et 1815.			73	
Pour l'ensemble des machines des mines de Cornouailles, sans distinction de machines, une grande partie étant à détente.	De 1 à 3.	Sur l'eau élevée, mais en la mesurant par la course des pistons seulement.		Ces nombres sont extraits d'une note de M. Henwood, insérée dans le Journal d'Édimbourg, janvier 1829. L'eau élevée est évaluée de même par les courses des pistons. On fera à ce sujet la même observation que ci-dessus.
Produit moyen, en 1824.			97	
en 1825.			105	
en 1826.			103	
en 1827.			115	
en 1828.			126	
Nota. Une des machines est donnée comme ayant produit jusqu'à 315d pour 1 kilog. de charbon. Quelque réduction qu'on fasse pour la différence entre la quantité d'eau élevée et celle qui est calculée d'après la course des pistons, le produit sera encore très considérable.				

INDICATIONS DES SYSTÈMES DE MACHINES.	PRESSIONS en atmosphères.	POINT où LE TRAVAIL EST MESURÉ.	TRAVAIL DYNAMIQUE produit par la combustion d'un kilogramme de charbon, exprimé en dynamodes ou 1000 kilog. élevés à $1^m,00$.	INDICATIONS DES OBSERVATEURS ou DES AUTEURS qui ont cité les résultats. — *Remarques particulières.*
Pour les divers systèmes de machines qui se font aujourd'hui en France, suivant ce qu'annoncent les constructeurs.	De 1 à 4 environ.	Sur l'arbre du volant.	De 54^d à 108.	Ces deux produits supposent que la consommation de charbon est, pour chaque *force de cheval*, de $2^{kil.},50$ à $5^{kil.}$ par heure, ou de $600^{kil.}$ à $1200^{kil.}$ par 24 heures.

Nota. La combustion d'un kilogramme de poudre produit :

1°. Sur le projectile dans le fusil de gros calibre. . . . . 15^d

2°. Sur le projectile dans une pièce de 24. . . . . 27^d

3°. *Pour le Vent.*

INDICATIONS.	POINT où LE TRAVAIL est mesuré.	TRAVAIL DYNAMIQUE exprimé EN DYNAMODES, ou 1000 kilogrammes élevés à 1m,00, Par seconde.	Par 24 heures.	REMARQUES PARTICULIÈRES.
Pour un moulin ordinaire, portant 4 ailes, ayant une tenture de 10m,30 de longueur, et 2m de largeur; cette tenture commençant à 2m,00 de l'axe.				Toutes ces quantités de travail résultent des observations faites anciennement par Coulomb sur des moulins des environs de Lille.
Vent frais.				
Pour une vitesse du vent de 2m,27 par seconde.	Sur l'arbre qui porte les ailes.	0d,025	2160d	Produit égal à 0,33 cheval de machine de 0d,075 par seconde.
Vent bon frais, faible.				
Pour une vitesse de 4m,05 par seconde.	*Idem.*	0 ,148	12787	Produit égal à 1,97 cheval de machine.
Vent bon frais, plus fort.				
Pour une vitesse de 6m,50 par seconde.	*Idem.*	0 ,631	54518	Produit égal à 8,41 chevaux de machine.
Forte brise.				
Pour une vitesse de 9m,10; mais la tenture des ailes n'ayant plus que 8m,30 de longueur, en commençant toujours à 2m de l'axe.	*Idem.*	0 ,890	76896	Produit égal à 11,86 chevaux de machine.
Vent moyen d'une année.				
En ayant égard au temps de repos et aux différens vents.	*Idem.*	0 ,210	18144	Ce travail moyen déduit de l'observation de l'huile fabriquée, revient au tiers de celui que donnerait un vent constant de 6m,50; il est égal au produit de 2,80 chevaux de machine.

4°. Pour les chutes d'eau et les courans, le travail recueilli étant comparé à celui qui résulte de la chute.

INDICATIONS des MACHINES EMPLOYÉES pour recueillir LE TRAVAIL.	MANIÈRE dont la hauteur de la chute est estimée pour évaluer le travail que l'on compare à celui qu'on recueille.	POINT où LE TRAVAIL recueilli est mesuré.	PORTION du TRAVAIL TOTAL de la chute qu'on recueille avec la vitesse de la roue qui convient au maximum.	INDICATIONS DES OBSERVATEURS ou DES AUTEURS qui ont cité les résultats. *Remarques particulières.*
Roue à palettes planes dans la direction des rayons, ces palettes étant assez imparfaitement emboîtées.	Du niveau de l'eau dans le réservoir supérieur, au fond du coursier, dans lequel l'eau s'écoule sous la roue.	Sur les palettes mêmes.	0,30	Observation de Smeaton sur une petite roue d'expérience. Moyenne des résultats moyens, pour chaque changement dans les élémens.
Idem.	*Idem.*	Sur le poids élevé par une corde s'enroulant sur l'arbre de la roue.	0,28	*Idem.*
Roue à palettes planes de 0,88 de large, sur 0,40 de haut, recevant l'eau sous une chute de 2^m,10; les palettes ayant, dans le coursier, un jeu d'environ 0,04.	Du niveau de l'eau dans le bief supérieur au niveau de l'eau dans le bief inférieur.	Sur des pilons que fait marcher l'arbre de la roue.	0,25	Observation de M. Poncelet, sur une roue d'une poudrerie à Metz.
Idem.	*Idem.*	Sur l'arbre de la roue.	0,34	*Idem.* Résultat déduit approximativement du précédent, en évaluant les frottemens par aperçu.

INDICATIONS des MACHINES EMPLOYÉES pour recueillir LE TRAVAIL.	MANIÈRE dont la hauteur de la chute est estimée pour évaluer le travail que l'on compare à celui qu'on recueille.	POINT où LE TRAVAIL recueilli est mesuré.	PORTION du TRAVAIL TOTAL de la chute qu'on recueille avec la vitesse de la roue qui convient au maximum.	INDICATIONS DES OBSERVATEURS ou DES AUTEURS qui ont cité les résultats. — *Remarques particulières.*
Roue à palettes planes dans un courant beaucoup plus large que ces palettes.	Il n'y a pas de chute ni de travail moteur déterminé; mais on peut convenir de comparer le travail recueilli à la force vive que posséderait une portion du courant, dont la section serait la surface même des aubes.	Sur un poids élevé à l'aide d'une corde enroulée sur l'arbre de la roue à palettes.	0,23	Observation de M. Christian, sur une petite roue de 0,63 de diamètre.
Roue à aubes courbées verticalement, de M. Poncelet, exécutée en grand, sous une chute de $1^m,11$ environ.	Du niveau de l'eau dans le bief supérieur, au niveau de l'eau dans le bief inférieur à la sortie de la roue.	Sur l'arbre de la roue.	0,51	Observation de M. Poncelet. Moyenne des résultats moyens pour chaque changement dans les élémens.
Roue à augets, n'ayant qu'un diamètre moindre que la hauteur de la chute, et recevant l'eau à son sommet. Cette roue exécutée en petit pour une expérience.	Du niveau de l'eau dans le réservoir supérieur, au fond du coursier horizontal au-dessous de la roue.	Sur les augets mêmes.	0,65	Observation faite en petit, par Smeaton. Moyenne des résultats moyens pour chaque changement dans les élémens.
Idem.	*Idem.*	Sur le poids élevé par une corde qui s'enroule sur l'arbre de la roue.	0,61	*Idem.* Résultat déduit par approximation de l'observation précédente.

INDICATIONS des MACHINES EMPLOYÉES pour recueillir LE TRAVAIL.	MANIÈRE dont la hauteur de la chute est estimée pour évaluer le travail que l'on compare à celui qu'on recueille.	POINT où LE TRAVAIL recueilli est mesuré.	PORTION du travail total de la chute qu'on recueille avec la vitesse de la roue qui convient au maximum.	INDICATIONS DES OBSERVATEURS ou DES AUTEURS qui ont cité les résultats. — *Remarques particulières.*
Roue à augets ou à palettes, parfaitement emboîtées dans un coursier et faisant fonction d'augets, comme elles sont construites en Angleterre.	Du niveau de l'eau supérieure au niveau de l'eau inférieure.	Sur l'arbre de la roue.	0,73	Évaluation admise par les Anglais, pour estimer le travail qui sera reçu de l'arbre de ces roues. Ce résultat suppose que la quantité d'eau est assez considérable pour que les pertes, par le jeu autour des palettes, soient peu de chose en comparaison de cette quantité d'eau.
Roue à augets recevant l'eau un peu au-dessus du centre, mais avec un coursier qui les emboîte pour éviter les pertes d'eau.	La chute est calculée du niveau du bief supérieur au fond du coursier, sous la roue; mais elle se trouve ainsi un peu faible	Sur un poids élevé par une corde qui s'enroule sur l'arbre de la roue.	0,78	Observation de M. Christian, sur une roue de 3m,28 de diamètre et une chute de 2m,48. L'expérience a eu peu de durée; mais la force vive, acquise par la roue, était assez petite pour être négligée.
Roue horizontale de M. Burdin, dans le système des roues proposées par Borda. Ces roues tournent autour d'un axe vertical; elles sont formées de canaux courbés verticalement. Ces canaux ont leurs ouvertures supérieures au milieu de la hauteur de la chute, et leurs issues inférieures au bas de la chute; ils reçoivent l'eau lorsqu'elle a acquis déjà une vitesse due à la moitié de la chute. La forme de ces ouvertures supérieures et la vitesse qu'on laisse prendre à la roue sont combinées de manière que l'eau entre sans choc et sort sans vitesse sensible. Ces roues conviennent à des chutes qui fournissent peu d'eau et qui ont une assez grande hauteur.	Du niveau du bief supérieur au niveau du bief inférieur.	Non énoncé.	De 0,65 à 0,75	Résultat énoncé par M. Burdin, dans la 3e livraison des *Annales des Mines*, année 1828.

NOTE

Sur un Mécanisme propre à mesurer le travail transmis dans une machine par un arbre tournant, ou par une roue d'engrenage.

Lorsqu'on aura besoin de mettre de la précision en mesurant le travail transmis par un arbre tournant, et qu'on voudra tenir compte à la fois du mouvement et de la force, quelque changement que celle-ci éprouve, je vais indiquer un moyen dont on pourra faire quelques essais. Je ne le propose ici que comme un sujet d'étude de la part des constructeurs : c'est à l'observation seule à faire connaître le parti qu'on peut en tirer.

Pour faciliter l'intelligence de la description, supposons d'abord que la force avec laquelle l'arbre agit à une certaine distance de son axe soit constante pendant le mouvement. Dans ce cas, en admettant qu'on ait constaté cette force, la mesure du travail se réduirait à compter le nombre des tours de l'arbre. Pour cela on pourrait, entre autres moyens, garnir cet arbre d'un disque, dont la circonférence toucherait un cylindre qui tournerait par l'effet de son frottement contre ce disque. On entretiendrait ce frottement au moyen d'un ressort de pression qui agirait sur une chappe dans laquelle seraient placés les petits tourillons de ce cylindre. Cette chappe ayant la faculté de se mouvoir autour d'une charnière parallèle à l'axe du cylindre, le ressort ferait appuyer celui-ci contre le disque. Le mouvement de rotation du cylindre ferait marcher un système compteur qui accuserait le nombre des tours. De ce nombre, on conclurait le travail produit, puisque nous avons supposé qu'on connaissait la force constante qui a agi pendant le mouvement.

Mais, dès que la force est variable, ce compteur ne suffit pas. Le travail croissant non-seulement avec le nombre des tours de l'arbre, mais encore avec cette force, il faut trouver moyen de faire marcher le compteur en raison composée de l'effort et de la vitesse de l'arbre. Voici comment on peut y parvenir.

Concevons que le disque qui tourne avec l'arbre devienne un anneau qui en soit détaché, et qui, tout en tournant, puisse avancer ou reculer dans le sens de l'arbre, à mesure que la force croît ou décroît, de telle manière qu'on soit maître de la dépendance qu'il y aura entre le déplacement du disque et l'intensité variable de la force. Nous reviendrons tout à l'heure sur la disposition propre à cet objet; admettons, pour le moment, qu'elle soit exécutée; alors, au lieu de mettre un cylindre en contact avec le disque tournant, on emploiera un cône dont l'axe sera incliné de manière que la génératrice correspondante au contact soit perpendiculaire au disque, comme l'était d'abord la génératrice du cylindre. Lorsque le disque, tout en tournant avec l'arbre, se portera en avant ou en arrière par l'effet du changement de la force, ainsi que nous le supposons, il touchera le cône plus loin ou plus près de son sommet, et le cercle correspondant au contact variera de rayon: ce cône fera donc l'office d'un pignon dont le rayon changerait. Le ressort de pression qui le fait appuyer contre le disque rendra le frottement équivalent à une espèce d'engrenage qui subsistera continuellement, et fera marcher le cône avec le disque (*). Comme le nombre de tours que fait le cône dans un temps donné pour une certaine vitesse de l'arbre tournant est d'autant plus grand que le disque le touche plus près du sommet, le compteur, qui accuse le nombre de tours du cône, en marquera d'autant plus, toutes choses égales d'ailleurs, que la force dont nous avons parlé sera plus grande, puisque c'est par l'accroissement de cette force que le disque tournant s'est porté vers la pointe du cône.

Il ne nous reste plus qu'à examiner comment, lorsque la force croît ou décroît, on fera avancer ou reculer le disque tournant, de manière que pour chaque tour de celui-ci le cône fasse un nombre de tours proportionnel à cette force. Il suffit, pour cela, que ses variations produisent un changement de forme dans la machine, et que ce changement serve à pousser le disque tournant. Pour parvenir à ce but, on fera en sorte que la roue dentée qui communique le mouvement de l'arbre au

(*) M. Brochi, conservateur et constructeur des modèles, à l'École Polytechnique, ayant bien voulu construire cette communication de mouvement, j'ai pu me convaincre que, malgré le déplacement assez rapide du disque, le cône ne cesse pas d'être conduit par le frottement comme s'il y avait un engrenage. C'est M. Brochi qui a eu l'idée de tenir la chappe à une charnière.

reste de la machine, puisse, à volonté, ne plus être liée à l'arbre que par l'intermédiaire d'un système de ressorts qui céderont sous la pression, et permettront à cette roue de leur donner une légère torsion autour de l'arbre. D'abord, pour rendre la roue indépendante de l'arbre, il suffira qu'elle soit comme un anneau ou manchon ayant un trou circulaire dans lequel passera l'arbre. En adaptant sur celui-ci des deux côtés de la roue des joues saillantes qui l'embrasseront, et en se ménageant le moyen de placer des goupilles qui traversent ces joues et la roue, on la liera à volonté avec l'arbre quand ces goupilles seront placées, et on la rendra indépendante quand on les aura retirées momentanément pour faire usage du mécanisme propre à mesurer le travail. C'est alors qu'il faudra que des ressorts seuls établissent une liaison entre l'arbre et la roue. Pour cela, on garnira l'arbre, à quelque distance de la roue, d'un collier faisant corps avec lui, et formant une culasse dans laquelle seront fixés par une extrémité des ressorts droits parallèles à l'arbre et formant faisceau alentour. Les autres extrémités de ces ressorts passeront dans des trous ou collets pratiqués sur le côté de la roue dentée dont nous venons de parler. Lorsque les goupilles qui la lient avec l'arbre seront retirées, cette roue ne sera plus conduite que par l'intermédiaire du faisceau de ressorts. Ceux-ci alors prendront une légère torsion, qui variera suivant le degré de force que la roue dentée aura à exercer. Il sera facile de constater cette force pour chaque degré de torsion en faisant des mesures préalables. Comme on pourra rendre les ressorts aussi forts qu'on voudra, la force habituelle qui est exercée sur la roue ne produira pas un grand degré de torsion sur ces ressorts. Pour faire croître rapidement la résistance avec la torsion, on pourra placer un second, un troisième et un quatrième faisceau de ces ressorts, tous cencentriques, mais dont les bouts, au lieu de toucher la roue constamment, en seront détachés pour atteindre successivement les uns après les autres des parties saillantes sur cette roue. De cette sorte, à mesure que la torsion augmentera, il y aura un plus grand nombre de ressorts qui viendront presser ces parties saillantes, et la force croîtra rapidement avec cette torsion. On pourra donc s'arranger de manière que si la force habituelle produit une torsion de 2 à 3 centimètres à la circonférence de la roue dentée, la plus grande force qui puisse avoir lieu quand elle serait quadruple de la force moyenne ne produise qu'une torsion de 4 à 5 centimètres.

Enfin, la dernière condition à remplir sera de produire, par le moyen des degrés de torsion, un déplacement du disque qui soit tel, que celui-ci vienne toucher le cône plus ou moins près du sommet, et précisément de manière que le nombre des tours de ce cône correspondant à un tour de l'arbre soit proportionnel à la force. On peut employer pour cela différens moyens : en voici un que j'indique pour montrer la possibilité de la solution du problème. Le disque tournant autour de l'arbre sera tenu par trois tiges longitudinales qui pourront glisser chacune dans un ou deux collets tenant à l'arbre et tournant avec lui. Ces collets pourront être simplement des trous percés dans des rayons saillans. Le disque, tout en tournant avec l'arbre, aura donc la possibilité de se porter en avant ou en arrière avec les tiges qui le tiennent. Celles-ci viendront s'appuyer sur des cames ou tasseaux saillans ménagés sur le côté de la roue dentée. A l'aide d'un ressort de pression qui agira sur le disque qui forme chapeau de ces trois tiges, elles seront forcées d'appuyer contre ces cames. Celles-ci auront une forme telle, qu'à mesure que les ressorts se tordront, et que la roue dentée aura ainsi tourné d'un petit angle par rapport à l'arbre, elles pousseront les tiges qui s'appuient sur leurs contours et le disque s'approchera du sommet du cône. Si la force, et par suite la torsion, vient à diminuer, les cames se déplaçant en sens contraire, laisseront revenir les tiges qui s'appuient dessus, et le disque reviendra plus près de la base du cône. Pour donner aux cames la forme convenable, on mesurera par observation les degrés de torsion de la roue dentée, qui correspondent à chaque degré de force appliquée à l'arbre. Cela se fera facilement à l'aide de poids qu'on suspendra à une corde enroulée sur cet arbre, pendant qu'on maintiendra la roue dentée dans une position fixe. Désignons par x l'écartement dû à la torsion, mesuré à la distance de l'axe de rotation où l'on veut placer les cames, et par F la force : on aura, par expérience, la relation approximative entre x et F; nous la représenterons par $F = \varphi(x)$. L'ordonnée de la courbe que doit former la saillie des cames devra être telle, que le disque aille toucher le cône au point convenable pour que la vitesse de rotation de celui-ci reste proportionnelle à F. Ainsi, en désignant par y cette ordonnée, par F_0 la plus petite force qui se produira pendant ce mouvement, laquelle sera toujours au moins celle qui est nécessaire pour vaincre les frottemens; et enfin, en représentant par b la longueur du cône, on devra avoir

$\frac{b-y}{b} = \frac{F_0}{F}$ ou $y = b\left(1 - \frac{F_0}{F}\right)$; et comme on a $F = \varphi(x)$, cette équation donnera la courbe que doit former la came. La plus faible valeur de la force F qui est F_0 donnera le point de départ qui devra mettre le disque en contact avec la plus grande largeur du cône. A ce point, on aura $y = 0$. Ensuite, à mesure que F ou $\varphi(x)$ croîtra, l'ordonnée y croîtra aussi; mais, quelque grande que devienne la force, cette ordonnée sera toujours un peu inférieure à b, et le disque n'atteindra pas tout-à-fait le sommet du cône.

On pourrait encore opérer le déplacement du disque de la manière suivante : on adapterait à la roue et à l'arbre des appendices qui viendraient se mettre l'un à côté de l'autre, et qui s'écarteraient par l'effet de la torsion; on relierait ensuite ces deux appendices par deux tringles à articulations formant les deux côtés d'un triangle isocèle, dont la base serait l'écartement dû à la torsion, en sorte que, suivant que celle-ci serait plus ou moins grande, le sommet du triangle, qui est l'articulation des deux tringles, serait poussé ou retiré; le disque étant attaché à trois de ces sommets de triangle à articulation, serait aussi poussé ou retiré par l'effet de la torsion.

Avec ce mode de renvoi de mouvement, le déplacement du disque serait l'ordonnée d'un arc d'ellipse dont le degré de torsion serait l'abscisse. En disposant de l'angle que feront les deux tringles pour la plus petite et la plus grande force, l'arc de l'ellipse correspondrait à telle ou telle partie de cette courbe, en sorte qu'on pourrait s'arranger pour qu'il s'éloignât peu de l'arc de courbe qui est donné par l'équation $y = b\left(1 - \frac{F_0}{\varphi(x)}\right)$. Ce moyen dispenserait du ressort de pression qui, dans la disposition précédente, agit sur le disque pour faire appuyer les tiges sur les cames; mais il serait moins exact, et il exigerait toujours qu'avant de choisir le premier écartement des points d'attache des tringles, ainsi que la longueur de celles-ci, on eût déterminé par expérience la relation entre la force et l'écartement de ces points d'attache.

Si l'on voulait rendre le mouvement du disque plus sensible, et l'augmenter dans une certaine proportion, on pourrait placer plusieurs lozanges à articulation, se reployant ou s'allongeant tous ensemble lorsque l'angle que font ces tringles s'ouvre ou se referme : on obtiendrait ainsi, au sommet du dernier lozange, un mouvement correspondant aux ordonnées d'une ellipse plus allongée vers son sommet, les abscisses étant toujours les écartemens des points d'attache des deux tringles.

Peut-être serait-il à craindre que, même avec cette latitude de rendre le mouvement du disque plus sensible, à l'aide des tringles et de ces lozanges, on n'arrivât pas encore à donner une relation convenable entre la force et le déplacement du disque : c'est ce qu'on ne pourrait reconnaître qu'après avoir fait des expériences sur la variation de la force des ressorts. En tout cas, le premier mode des cames saillantes donnerait toujours toute l'exactitude qu'on pourra désirer, si ce dernier ne fournissait pas une approximation assez grande.

Quant au compteur qu'on adaptera au cône, on pourra prendre, soit de simples roues à chevilles, soit le compteur multiplicateur de M. Viard; ils offriront l'un et l'autre assez peu de résistance pour ne pas gêner le mouvement du cône.

Le même mécanisme que nous venons d'indiquer pour tenir compte des variations dans la force, peut s'employer, avec quelque modification, dans le cas où l'on se sert du frein pour mesurer le travail que peut fournir un moteur. Pour cela, on placera le levier qui forme une des branches du frein, du côté où le frottement tendra à faire presser son extrémité contre un ressort appuyé sur le sol, de sorte que pour des accroissemens dans le frottement, le ressort sera comprimé davantage, et l'extrémité du levier s'abaissera. Sur l'arbre tournant, ou sur une poulie de rapport qu'on y aura placée, on mettra une corde sans fin pour renvoyer le mouvement à une poulie plus grande, qui sera isolée de la machine, et qui fera tourner un petit axe horizontal parallèle à l'arbre et placé près de l'extrémité du levier du frein. Cet axe tournera dans des coussinets appuyés sur un socle posé sur le sol, et indépendant de la machine. Un disque placé sur cet axe à quelques décimètres de cette poulie, tournera avec elle, et aura une vitesse de rotation proportionnelle à celle de l'arbre de la machine. Pour accuser le nombre de tours de cet arbre, et pour tenir compte en même temps des variations de force, on fera frotter ce disque contre un cône tournant autour d'un axe placé dans une chappe; celle-ci tiendra à un socle par une articulation. Un ressort pressant contre cette chappe fera appuyer le cône contre le disque pour augmenter le frottement qui établit la communication du mouvement. Il faudra que, par l'effet du changement de force qui se produit à l'extrémité du levier du frein, le socle qui porte le cône, et par suite le cône lui-même, puisse se déplacer parallèlement à l'axe de rotation du disque, de manière à en être touché plus ou moins près de son sommet, et à la distance convenable. Pour cela, à l'extrémité du levier et sur le côté, on adaptera une came saillante; elle sera destinée à pousser une tige tenant le socle sur lequel porte le cône tournant. Cette tige pourra glisser dans deux collets fixes appuyés sur le sol, de manière à se mouvoir suivant une direction parallèle à l'axe de rotation du disque : un petit ressort de pression agissant sur son extrémité opposée, l'obligera à appuyer toujours sur la came. Ainsi, lorsque le levier du frein s'abaissera en comprimant le ressort qui le supporte, la came, qui s'abaissera aussi, poussera la tige et en même temps le socle qui porte le cône; le point de contact de celui-ci avec le disque tournant se portera donc plus près de son sommet. Lorsque le levier se relèvera, et que le ressort sera moins comprimé, la came se relèvera, et la tige, revenant en sens contraire, le cône sera touché par le disque plus loin de son sommet. Il sera facile, comme dans le cas précédent, de déterminer la courbure de la came, de manière que le point de contact du disque et du cône soit à une distance telle du sommet de ce dernier, que, pour une même vitesse du disque ou de l'arbre de la machine, la vitesse de rotation de ce cône soit toujours proportionnelle à la force du ressort qui agit sur le levier. Il suffira, pour cela, de déterminer par expérience la relation entre la force de ce ressort et les degrés de compression qu'il peut prendre; ce qui se fera très facilement en le chargeant avec des poids.

Dans le mécanisme qu'on vient de décrire, on peut remarquer qu'en donnant le mouvement au disque par une corde sans fin passant sur l'arbre de la machine, on a l'avantage de ralentir son mouvement et celui du cône, ce qui donne à celui-ci plus de facilité de changer sa vitesse. Si ce cône marchait trop rapidement, il serait à craindre que, par l'effet de sa vitesse acquise, le frottement contre le disque ne fût pas suffisant pour l'empêcher de glisser contre ce disque, pour peu qu'il eût un peu de masse. Cet effet pourrait peut-être nuire à l'exactitude du mécanisme que nous avons indiqué d'abord, pour le cas où l'on n'emploie pas le frein et où le travail de la machine est recueilli à l'aide d'un système de ressorts fixés à un arbre tournant. Si l'on reconnaissait que cet inconvénient pût entraîner trop d'inexactitude, et qu'on voulût y remédier; on pourrait d'abord renvoyer le mouvement de l'arbre à un disque isolé, comme nous venons de l'indiquer pour le cas du frein; mais alors, au lieu de faire déplacer ce disque par l'effet des variations de force, on ferait déplacer le cône. Pour cela, on communiquerait au socle qui le porterait le mouvement de translation du chapeau des tiges qui appuient sur la came. Il suffirait pour cela de se servir d'un levier embrassant le bord de ce chapeau avec une fourchette qui ne génerait pas le mouvement de rotation que prend celui-ci en même temps que l'arbre.

FIN.

ERRATA.

Page 17, 2e ligne par en bas, $\frac{v^2}{29}$, *lisez* $\frac{v^2}{2g}$

25, 2e alinéa, 4e ligne : *où elle a*, lisez *où il a*

37, 11e ligne par en bas, *par*, lisez *pdz*

39, 6e ligne, *supprimez* (33) au commencement de l'alinéa

48, 6e ligne, *supprimez* (40) au commencement de l'alinéa

48, au commencement du 2e alinéa, au lieu de (41), *lisez* (40)

51, 5e ligne de l'article (42), condensateur, *lisez* condenseur

52, 2e ligne de l'article (42), condensateur, *lisez* condenseur

52, 10e ligne de l'article (42), condensateur, *lisez* condenseur

52, 14e ligne de l'article (43), condensateur, *lisez* condenseur

65, 4e ligne, *sur les choses obliques*, lisez *sur les chocs obliques*

101, 24e ligne, $\frac{PV_0'^2}{2g}$, *lisez* $\frac{P'V_0'^2}{2g}$

121, 9e ligne, en équilibre, *lisez* équivalentes

124, 13e ligne, $\Sigma vw \cos(\widehat{vw})$, *lisez* $\Sigma mvw \cos(\widehat{vw})$

160, 2e ligne, $\Sigma \frac{pa^2}{1g}$, *lisez* $\Sigma \frac{pa^2}{g}$

199, 3e ligne par en bas, dans la note, $\frac{1}{y} Ca^2$, *lisez* $\frac{1}{9} Ca^2$.

243, 2e ligne, *supprimez* de cette partie.

www.ingramcontent.com/pod-product-compliance
Ingram Content Group UK Ltd.
Pitfield, Milton Keynes, MK11 3LW, UK
UKHW020557230726
13926UKWH00005B/2061

9 782016 184691